ENCYCLOPÉDIE-RORET

FABRICANT DE COULEURS

ET

DE VERNIS.

TOME SECOND.

EN VENTE A LA MÊME LIBRAIRIE :

Manuel du Fabricant d'Encres de toutes sortes, d'écriture, d'imprimerie, sympathiques, etc., par MM. DE CHAMPOUR et F. MALEPEYRE. 1 vol. . . . . 1 fr. 50

— **Bleus et Carmins d'indigo** (Fabricant de), par M. Félicien CAPRON. 1 vol. . . . . 1 fr. 50

— **Coloriste,** contenant le mélange et l'emploi des Couleurs, ainsi que les différents travaux de l'enluminure, par MM. PERROT, BLANCHARD et THILLAYE. 1 vol. orné de figures. . . . . 2 fr. 50

— **Peinture d'Histoire naturelle,** par M. DUMÉNIL. 1 vol. orné de figures. . . . . 3 fr.

— **Peinture et Fabrication des Couleurs,** ou traité des diverses Peintures exécutées avec des couleurs à l'eau, par M. Joseph PANIER, élève et succ. de M. LAMBERTYE, fabricant de couleurs fines. 1 vol. 1 fr. 50

— **Peinture à l'Aquarelle,** par M. P. D. 1 vol. orné de planches coloriées. . . . . 1 fr. 75

— **Miniature, Gouache, Lavis à la sépia, Aquarelle et Peinture à la cire,** par MM. C. VIGUIER, LANGLOIS de LONGUEVILLE et DUROZIEZ. 1 gros vol. orné de figures. . . . . 3 fr.

C.

MANUELS-ROIRET.

NOUVEAU MANUEL COMPLET

DU

FABRICANT DE COULEURS

ET

DE VERNIS

CONTENANT

LES MEILLEURES FORMULES
ET LES PROCÉDÉS LES PLUS NOUVEAUX ET LES PLUS USITÉS
DANS CES DIFFÉRENTS ARTS

PAR

MM. RIFFAULT, VERGNAUD ET TOUSSAINT.

NOUVELLE ÉDITION,
Entièrement refondue et ornée de Figures

PAR

M. F. MALEPEYRE ET LE Dr ÉMIL WINCKLER.

TOME SECOND.

————•••••◦◦◦●◦◦◦•••••————

PARIS

A LA LIBRAIRIE ENCYCLOPÉDIQUE DE RORET,
RUE HAUTEFEUILLE, 12.
1862.

AVIS.

Le mérite des ouvrages de l'**Encyclopédie-Roret** leur a valu les honneurs de la traduction, de l'imitation et de la contrefaçon. Pour distinguer ce volume, il porte la signature de l'Editeur, qui se réserve le droit de le faire traduire dans toutes les langues, et de poursuivre, en vertu des lois, décrets et traités internationaux, toutes contrefaçons et toutes traductions faites au mépris de ses droits.

Le dépôt légal de ce Manuel a été fait dans le cours du mois de mars 1862, et toutes les formalités prescrites par les traités ont été remplies dans les divers États avec lesquels la France a conclu des conventions littéraires.

NOUVEAU MANUEL COMPLET

DU FABRICANT

DE

COULEURS ET VERNIS

SECTION VI.

COULEURS VERTES.

—

§ 1.   TERRE VERTE DE VÉRONE.

On trouve près de Vérone, en France, en Allemagne, en Hongrie, dans l'île de Chypre, des masses terreuses renfermées dans des roches amygdaloïdes, des porphyres des basaltes, qui ont une couleur vert céladon quand on les observe en masse, et vert clair quand on les réduit en poudre, douces au toucher, comme toutes les terres magnésiennes, et à odeur d'argile. C'est la terre verte de Vérone, ou simplement la terre de Vérone du commerce, dont on a fait usage en peinture dès le temps des Grecs et des Romains, et qu'on emploie aujourd'hui, après l'avoir lavée, dans la peinture du paysage, à raison de sa solidité.

On distingue dans la droguerie, deux espèces de terres de Vérone : celle venant de Vérone même et des gisements analogues, et la terre verte de l'île de Chypre. La terre de Vérone, qui est celle qui possède la plus belle nuance, a été analysée par M. Bertier, et plus récemment par M. Delesse, qui y a rencontré :

Silice. 51.21
Alumine 7.25
Protoxyde de fer. 20.72
Magnésie. 6.16

Soude. 6.21
Eau. 4.49
Protoxyde de manganèse. . . . . . traces.

La terre de l'île de Chypre a une couleur entre le vert-de-gris et le vert-pomme. Klaproth y a trouvé :

Silice 51.5
Protoxyde de fer. 20.5
Potasse.. . . . . 18.0
Magnésie. 1.5
Eau.. . . . . 8.0

Il existe dans la nature beaucoup d'autres matières terreuses vertes dont les arts pourraient tirer parti, et dont la nuance verte est différente de celle de la terre de Vérone : telle est la terre de Pologne, qui est vert poireau, la terre verte d'Unghvar, provenant de la décomposition des trachytes, qui est vert pré ; la terre verte qu'on ne trouve, il est vrai, qu'en petits grains disséminés dans les calcaires grossiers des assises inférieures des dépôts marins des environs de Paris, etc.

§ 2. MALACHITE.

Substance verte qu'on trouve principalement en Sibérie, dans les monts Ourals, dans le Bannat, en Tyrol, en Saxe, en Bohême, en Angleterre, etc., et qui est un carbonate de cuivre hydraté naturel, en masses mamelonnées de nuances diverses. La malachite, qu'on appelle aussi *vert de montagne, vert de Hongrie*, réduite en poudre très-fine, fournit une couleur verte magnifique, mais d'un prix tellement élevé, que les artistes ont été obligés d'y renoncer. On a cherché avec succès à la remplacer, d'abord par le vert de Brunswick et par le vert de Brême, couleurs artificielles dont nous donnons plus loin la fabrication, et plus tard par le vert de Schweinfurt et le vert mittis, qui sont plus solides que ces derniers.

§ 3. VERT D'IRIS.

Le vert d'iris est une couleur dont on faisait autrefois usage dans la miniature, mais tellement fugace qu'on l'a abandonnée ; on la préparait avec la fleur de l'iris, qu'on faisait macérer à froid dans de l'eau d'alun ou dans l'eau gommée ; on filtrait et on laissait évaporer à l'ombre sur des assiettes.

§ 4. VERT DE VESSIE.

Le vert de vessie est une masse vert foncé qui ne sert que dans la peinture à l'eau, au lavis ou à fabriquer des pastels, et qu'on prépare surtout dans les environs de Nuremberg et dans le midi de la France. Nous croyons utile ici de faire connaître les perfectionnements apportés par M. R. de Hagen dans cette fabrication, et qu'on trouve décrits dans le *Technologiste*, t. 14, p. 415.

« Le vert de vessie ou vert végétal, qui est, comme on sait, dit M. de Hagen, le suc du nerprun (*rhamnus catharticus*), se prépare par des moyens différents qui, bien loin de fournir un beau vert, ne donnent très-souvent qu'une couleur jaune verdâtre, jaune sale ou jaune grisâtre, etc. Cette coloration en jaune verdâtre ou en vert jaunâtre, provient communément de ce que, dans la préparation du vert de vessie, on a pris des baies de nerprun dans un état complet de maturité; celle en jaune sale ou en jaune grisâtre, de ce qu'on a pris ces mêmes baies dans un moment où elles avaient déjà dépassé cette complète maturité. Il arrive encore parfois que le vert de vessie, lorsqu'on le charge avec un pinceau comme couleur à l'eau, manque de transparence, ce qui est communément dû à une addition de carbonate de magnésie. On voit encore souvent cette couleur se présenter sous la forme d'une masse collante et visqueuse, parce que, pour donner au suc une couleur verte, on s'est servi de carbonate de potasse. Enfin, on rencontre aujourd'hui dans le commerce du vert de vessie de couleur plus ou moins brune ou brun verdâtre qui provient toujours d'une cuisson, poussée trop loin, de la masse quand on l'évapore et qu'on l'épaissit sur un feu trop intense.

» Toutes les propriétés des différentes espèces de vert de vessie qui viennent d'être mentionnées se rencontrent souvent réunies à un degré plus ou moins marqué dans un même vert, de façon que cette couleur doit en paraître d'autant plus mauvaise; c'est ainsi, par exemple, qu'on rencontre fréquemment, sous le nom de vert de vessie, une masse qui est à la fois jaune et opaque lorsque, pour faire apparaître la couleur du suc des baies cueillies parfaitement mûres, on se sert de magnésie. Si, au suc de ces baies mûres, on ajoute de la potasse, le vert de vessie est toujours humide, et quand on l'étend au pinceau, il paraît jaune et altéré. Enfin, les propriétés anormales du vert de vessie proviennent souvent aussi des rapports quantitatifs des substances nécessaires à sa préparation.

» Comme j'ai eu l'occasion d'apprendre à connaître plusieurs modes de préparations du vert de vessie, et même de faire des expériences à ce sujet, j'ai pensé qu'il pouvait y avoir quelque utilité à entrer dans quelques détails sur le moyen de le préparer d'une très-belle qualité.

» Pour fabriquer de beau vert de vessie, c'est-à-dire quand on veut l'avoir d'une couleur verte décidée et translucide, on doit d'abord employer des baies de nerprun qui n'ont point encore atteint leur complète maturité, dont le suc, par conséquent, ne paraît pas encore entièrement bleu, mais vire toujours légèrement au vert. En second lieu, on se gardera d'employer, tant pour la cuisson des baies que pour rapprocher le suc cuit et exprimé, une température trop élevée, toujours d'abord un feu de charbon, puis ensuite un bain-marie. En troisième lieu, on se servira, pour faire apparaître la couleur verte, du sulfate d'alumine et de potasse ou alun, parce que c'est ce sel qui fournit le plus beau vert, que le suc acquiert et conserve ainsi une bonne consistance, et enfin que quand on l'applique au pinceau, il conserve sa transparence. Telles sont les trois conditions qu'il est indispensable d'observer dans la fabrication du vert de vessie; et comme il importe aussi de connaître les proportions, nous donnerons comme formule, les indications suivantes :

» On prend une quantité quelconque de baies de nerprun qui ne soient pas encore entièrement mûres, et on les fait cuire avec un peu d'eau sur un feu doux de charbon et dans une bassine de cuivre qu'on a bien écurée, en agitant presque continuellement jusqu'à ce qu'on forme une sorte de bouillie dont on exprime le suc à la presse, et répétant ensuite la même opération sur le résidu. Les liqueurs qu'on obtient, et qui renferment à peu près tout le suc des baies, sont versées dans une chaudière bien propre et amenées sur un feu doux, par voie d'évaporation, à la consistance d'un fort extrait. Il faut, toutefois, avoir l'attention, avant de mettre ces liqueurs sur le feu, de les abandonner quelque temps au repos pour qu'elles éclaircissent, et de les passer à travers une flanelle.

» Aussitôt que le suc a acquis la consistance d'un extrait, on en prend le poids, sans le transvaser pour cela, parce qu'on a dû peser préalablement les chaudières, et pour chaque kilogramme de liqueur, on prend 65 grammes d'alun qu'on fait dissoudre dans une suffisante quantité d'eau, et qu'on ajoute, en remuant toujours, à la masse épaissie. Quand le tout est bien battu et bien mélangé, on évapore de nouveau, mais au bain-marie, en poussant l'évaporation aussi loin qu'il est possible sans altérer la matière, et lorsqu'on juge le moment arrivé et que le vert est préparé, on en remplit des vessies de veau dans lesquelles on le laisse sécher à l'air.

» Un vert de vessie préparé par la méthode qu'on vient de décrire paraît, quand on l'observe en masse, de couleur noire, mais regardée devant la lumière et sur les bords, il paraît d'un beau vert. Etendu au pinceau comme couleur à l'eau, il ne couvre pas le moins du monde et reste complètement translucide ; il sèche très-promptement après l'application et présente alors une très-belle couleur vert de feuille. Exposé en morceaux à l'air, il ne devient pas humide ; en outre, son emploi ne donne lieu à aucun inconvénient et ne laisse rien à désirer.

» Au moyen de l'addition de l'alun au vert de vessie, on peut le préparer sous les nuances les plus variées et les plus belles ; pour cela, il n'y a qu'à modifier la proportion de l'alun afin d'obtenir les différents tons de vert dont on a besoin. Si, au contraire, on veut que les nuances du vert virent au jaune, il n'y a qu'à faire choix, pour ces préparations, de baies de nerprun de plus en plus mûres et en proportion de la teinte jaune qu'on veut produire.

» Puisqu'on a dans l'alun un moyen pour fabriquer les plus belles qualités de vert de vessie, il convient aujourd'hui de rejeter toutes les autres substances dont on se servait auparavant dans sa préparation, telles que la magnésie, la potasse, la chaux, etc.; car le produit qu'elles fournissent est, tantôt sur un point, tantôt sur un autre, toujours très-défectueux, ainsi que de nombreuses expériences et la pratique l'ont suffisamment démontré. »

§ 5. VERT D'ACIDE PICRIQUE.

M. V. Stein, professeur de l'école polytechnique de Dresde, nous a transmis quelques détails sur cette couleur.

« Depuis quelque temps, dit-il, on produit, dans l'industrie de la fabrication des fleurs artificielles, au moyen d'une couleur jaune à laquelle on ajoute un bleu, un ver de tons variés et de nuances diverses qui, par sa beauté, surpasse le vert de Schweinfurt le plus vif, et dans quelques-unes de ses nuances a la plus grande ressemblance avec lui. L'analyse des éléments a montré que le jaune n'est autre chose que de l'acide picrique, et le bleu du sulfo-indigotate de potasse (carmin d'indigo) qui, par la pureté de leur couleur, donnent le vert le plus beau qu'il soit possible de produire par voie de mélange.

» En mélangeant les solutions d'acide picrique et de carmin d'indigo, on prépare donc une fort belle couleur verte dans laquelle on dissout en même temps la quantité nécessaire de gomme arabique. Il est probable qu'aussitôt que ce vert sera mieux connu, on l'emploiera à la fabrication des papiers peints pour remplacer le vert de Schweinfurt, du moins dans la fabrication de ceux où le prix ne sera pas un obstacle. »

§ 6. VERT DE BRÊME (BLEU DE BRÊME).

M. G.-C. Habich a donné dans le *Technologiste*, t. XVII, p. 413, des renseignements très-précis sur la fabrication de cette couleur, qu'on ne connaissait auparavant que d'une manière assez imparfaite. Nous reproduisons ici la note qu'on trouve à ce sujet dans le recueil mentionné ci-dessus.

« On rencontre dans le commerce, dit M. Habich, sous le nom de bleu de Brême (vert de Brême), une couleur qui est un hydrate d'oxyde de cuivre plus ou moins pur. Cette couleur, préparée pour la première fois, il y a une trentaine d'années, par Kulenkamp et Hoffchlæger, de Brême, a été fabriquée par diverses méthodes qui ne sont pas sans influence sur les propriétés principales de ce produit.

» L'hydrate d'oxyde de cuivre, préparé en précipitant un sel neutre de cuivre soluble, se dessèche constamment en une masse dense à cassure conchoïde. D'un autre côté, les sels de cuivre basiques et insolubles ne fournissent, quand on les traite par les alcalis, que des couleurs pulvérulentes et poreuses. Suivant l'acide du sel de cuivre et le procédé qu'on adopte, la couleur présente des propriétés plus ou moins variables, mais utiles à connaître pour le consommateur, et qu'on doit certainement attribuer aux différents modes de préparation.

» A l'origine, on se servait partout, pour cette fabrication, de l'oxychloride de cuivre hydraté ou chlorhydrate de cuivre basique, et quoique pour la préparation de ce composé avec le cuivre métallique (les vieux cuivres de doublage des navires), on ait proposé différents moyens dans les diverses fabriques, ceux-ci paraissent cependant sans influence sur les propriétés de la couleur après qu'elle a été préparée, mais à la condition expresse que la bouillie vert pâle (qu'on appelle oxyde dans les fabriques) ne renfermera pas de protochlorure de cuivre. Examinons d'abord plus attentivement quelques-uns de ces divers modes de fabrication, afin de pouvoir apprécier dans toute l'étendue l'importance de la condition qu'on vient d'exposer.

» On mélange, pour cette fabrication, dans de grandes cuves ouvertes en bois (mais construites sans un seul clou) ou dans des baquets :

» 1° 100 parties de vieux cuivre de doublage, 99 parties de sulfate de potasse réduit en poudre, et 100 parties de sel marin en humectant avec l'eau pure ;

» 2° 100 parties de cuivre avec 60 parties de sel marin, en mouillant avec 30 parties d'acide sulfurique étendu de trois fois son volume d'eau ;

» 3° Ou bien on verse sur le cuivre une solution de battitures de cuivre dans l'acide chlorhydrique pur.

» Dans le premier cas, on obtient immédiatement du chloride de cuivre qui, en y ajoutant une nouvelle quantité de métal, passe à l'état de chlorure. Ce chlorure, par l'absorption de l'oxygène de l'air, se transforme dans le composé vert basique qu'on appelle oxyde dans les fabriques.

» Dans le second cas, l'acide chlorhydrique mis en liberté transforme, à l'aide de l'oxygène de l'air, le cuivre en chlorure, d'où il résulte, par un nouvel effet d'oxydation, le même sel basique que précédemment.

» On explique le troisième cas absolument de la même manière.

» Maintenant, comme le chlorure de cuivre, quand on le décompose par les alcalis caustiques, abandonne un protoxyde de cuivre jaune orangé, il est évident qu'il faut veiller avec le plus grand soin à ce qu'il ne reste pas la plus légère trace de ce chlorure.

» Dans beaucoup de fabriques, on est dans l'habitude, à cet effet, de préparer la bouillie d'oxyde une année à l'avance, et de l'agiter fréquemment avant de la soumettre au travail, procédé fort dispendieux par la perte de l'intérêt des capitaux. On atteint le même but en faisant sécher entièrement de temps à autre le mélange humide avant de s'en servir, ce qui introduit, à la place de l'eau qui s'évapore, l'air atmosphérique qui, en pénétrant la masse, y détermine une oxydation complète.

» Dans la transformation de cette bouillie verte, dite oxyde, en hydrate d'oxyde de cuivre, il se présente une circonstance tout-à-fait digne d'intérêt. Si l'on introduit peu à peu cette bouillie raffermie dans une lessive de potasse ou de soude caustiques marquant environ 20° Baumé, on obtient, après les lavages complets et la dessiccation, une couleur très-divisée et couvrant beaucoup, qui, quand on l'humecte avec une goutte d'eau, devient plus foncée. Si on étend la bouillie ferme avec son égal volume d'eau, et qu'on introduise le mélange en une seule fois dans la lessive caustique nécessaire à la décomposition et en excès, qu'on agite vivement et abandonne ensuite au repos, le tout se prend en quelques minutes en une masse qu'on peut à peine diviser. La couleur, après avoir été bien lavée, est bien plus légère que la précédente, mais elle couvre moins bien, et quand on l'humecte avec une goutte d'eau, elle présente une macule blanc grisâtre, qui, toutefois, disparaît par la dessiccation.

» Si on entreprend de bleuir la bouillie d'oxyde obtenue par l'un ou l'autre de ces procédés, on n'obtiendra qu'une couleur peu satisfaisante et qui manquera d'intensité et de fraîcheur. On atteindra au contraire le but en ajoutant à cette bouillie, avant de la traiter par la lessive alcaline, une petite quantité d'une dissolution concentrée de sulfate de cuivre. Il paraîtrait qu'il existe un sulfate d'oxyde de cuivre très-basique qui rend la couleur plus foncée, et toutes les couleurs ainsi traitées renferment, indépendamment d'un excès de la lessive caustique qu'on a employée, une petite quantité d'acide sulfurique.

» Nous croyons encore devoir faire les remarques suivantes, qui ne sont pas sans intérêt pour la pratique :

» Pour préparer un produit qui couvre bien, on mélange à 100 kilogrammes de la bouillie raffermie d'oxyde, la solution concentrée de 7 kilogrammes de sulfate de cuivre, puis on ajoute 40 kilogrammes d'une lessive caustique concentrée (de 32° à 36° Baumé), et on agite vivement les matières. Ce mélange est alors versé dans la quantité de lessive caustique (environ 150 kilogrammes marquant 20° Baumé) nécessaire pour compléter la décomposition, on lave avec le plus grand soin, et, avant de

jeter la couleur sur un filtre, on la fait passer au travers
d'un tamis fin en crin. On évite à la dessiccation une trop
forte élévation de la température, condition importante
basée sur les propriétés de l'hydrate d'oxyde de cuivre,
et, chose qui ne l'est pas moins, c'est de ne faire passer
à travers l'étuve qu'un air pur et parfaitement libre de
toutes émanations acides ou sulfureuses.

» Le procédé qu'on vient de décrire est celui, qu'à peu
de modifications près, on suit presque partout; mais
dans ce qui va suivre, je ferai connaître une autre méthode qui mérite d'être recommandée vivement à l'attention de tous les fabricants de couleurs.

» Lorsqu'on décompose l'azotate neutre de cuivre par
une quantité insuffisante d'une solution de carbonate de
potasse, le précipité floconneux de carbonate de cuivre
qui se forme d'abord se transforme peu à peu en un sous-
azotate de cuivre qui se dépose sous la forme d'une poudre verte pesante. Si on traite ce sel basique de cuivre
par une solution d'oxyde de zinc potassique, il se forme
une couleur bleu foncé extrêmement légère qui couvre
beaucoup et paraît être un zincate de cuivre avec un mélange d'une très-faible quantité d'un azotate de cuivre
très-basique.

» Pour pouvoir mettre, avec tout l'avantage possible,
ce procédé en pratique, il conviendra d'avoir égard aux
points suivants :

» On chauffera des battitures de cuivre dans un four à
réverbère ou dans une moufle, jusqu'à ce que tout le
protoxyde soit transformé en oxyde, c'est-à-dire jusqu'à
ce qu'un échantillon, qu'on prendra, se dissolve dans l'a-
cide azotique sans dégagement de vapeurs rutilantes. Si
l'acide azotique, ce qui est généralement le cas, renferme
de l'acide chlorhydrique, on verra se déposer, lors de la
dissolution consécutive de l'oxyde de cuivre, l'argent que
cet oxyde renferme toujours, et qu'on peut recueillir sous
forme de chlorure.

» On chauffe alors cette dissolution et on la décompose
par une solution claire de potasse. Aussitôt que l'effervescence est apaisée, on ajoute de nouvelles portions de
carbonate de potasse et on n'interrompt cette addition que
quand il ne reste plus qu'une faible portion de cuivre
dans la solution. Pour recueillir celui-ci, on décante la
liqueur qui surnage le précipité vert, et on lave celui-ci
à plusieurs reprises à courtes eaux; on réunit toutes les
liqueurs et on y précipite complètement le cuivre par

une solution de potasse. Le précipité, qui consiste en carbonate de cuivre, est introduit dans une nouvelle solution de cuivre où il se transforme en un sel basique. On évapore les liqueurs qui laissent cristalliser de l'azotate de potasse.

» Pour préparer économiquement la solution d'oxyde de zinc, on opère ainsi qu'il suit : on jette dans un vase en fonte des rognures de zinc métallique, et on verse dessus une solution de potasse ou de soude caustique : il se dégage immédiatement de l'hydrogène. Lorsque ce dégagement de gaz a cessé, l'opération est terminée et l'alcali est saturé d'oxyde de zinc. Si la liqueur est claire, on l'emploie à la décomposition de l'azotate basique de cuivre ; il en résulte un beau bleu léger de Brême, et la liqueur, quand on s'est servi de potasse, donne de l'azotate de cette base.

» On voit que l'avantage de ce procédé repose principalement sur la préparation économique de l'azotate de cuivre (l'acide azotique pouvant être extrait, à un prix modéré, du salpêtre du Chili), et la préparation, comme produit secondaire de l'azotate de potasse qui a une valeur bien plus élevée. »

§ 7. VERT DE BRUNSWICK.

On emploie beaucoup aujourd'hui l'acide chlorhydrique qu'on se procure à très-bas prix, pour extraire le cuivre des minerais pauvres par voie de solution. Cet acide néanmoins est presque sans action sur le métal en l'absence de l'oxygène ; il convient donc d'y ajouter de temps à autre un peu d'acide azotique. Mais un moyen moins dispendieux d'oxydation du cuivre est d'humecter le minerai avec l'acide chlorhydrique et de l'exposer librement au contact de l'atmosphère. Ainsi traité, le métal devient bien plus avide de chlore et est attaqué même par une solution de chlorure d'ammonium ou de sel marin, avec production d'un sous-chlorure qui se convertit promptement en un oxychlorure qui est d'un beau vert clair et constitue ce qu'on nomme dans le commerce vert de Brunswick.

§ 8. VERT DE SCHEELE.

L'oxyde de cuivre, combiné à diverses matières, fournit un nombre assez considérable de couleurs vertes, toutes malheureusement très-vénéneuses, mais d'un grand éclat. La plus ancienne de ces couleurs est un arsénite de cuivre neutre qui a été découvert en 1778 par Scheele, et qui porte encore son nom. Voici la formule donnée par l'illustre chimiste suédois :

On fait dissoudre dans une chaudière en cuivre 1 kilogramme de sulfate de cuivre bien pur dans 20 litres d'eau, et, d'un autre côté, on prépare un arsénite de potasse en faisant réagir, dans 6 litres d'eau chaude, 1 kilogramme de carbonate de potasse et 325 grammes d'acide arsénieux ; on filtre ces deux dissolutions, et, pendant qu'elles sont encore chaudes, on verse peu à peu, et en agitant toujours, la solution d'arsénite de potasse dans celle de sulfate de cuivre ; on laisse reposer et refroidir, et l'arsénite de cuivre, produit de la double décomposition qui s'est opérée, se précipite, tandis que le sulfate de potasse reste en solution ; on décante, on lave le précipité avec de l'eau chaude, on fait égoutter sur une toile, puis sécher à une douce température : on obtient ainsi 1 kil. 200 grammes environ d'une belle couleur verte.

Ce produit est, comme nous l'avons dit, un arsénite de cuivre neutre, mais on peut le rendre un peu basique en augmentant la proportion du sulfate de cuivre ; la nuance est plus belle, mais la couleur moins solide.

On préfère aujourd'hui, dans cette fabrication, former un arsénite de cuivre soluble en faisant dissoudre dans l'eau chaude l'acide arsénieux, d'une part, et de l'autre, le sulfate de cuivre, puis précipitant par la solution de carbonate de potasse qu'on ajoute peu à peu, et agitant continuellement jusqu'à ce que la couleur arrive à son plus grand éclat.

Le vert de Scheele, qu'on peut employer à l'eau et à l'huile, ne servait guère depuis longtemps qu'à la fabrication des papiers peints, mais son peu de solidité lui fait préférer aujourd'hui le vert de Schweinfurt.

On fabrique aussi une sorte de vert de Scheele, dite laque verte, de la manière suivante :

On prépare une solution d'arsénite de potasse avec 8 litres d'eau, 1 kilogramme de tartrate de potasse et 600 grammes d'acide arsénieux, et quand la solution a été filtrée, on y verse peu à peu une solution bien claire de sulfate de cuivre en agitant sans cesse, on laisse déposer, on décante, on lave le précipité à l'eau claire et froide et on fait sécher à l'étuve.

§ 9.   VERT DE SCHWEINFURT.

Le vert de Schweinfurt est une combinaison d'acétate et d'arsénite de cuivre, dont la nuance peut varier depuis le vert foncé jusqu'au vert pâle, et qui constitue une couleur précieuse pour la peinture et la fabrication des papiers peints. On a indiqué, pour sa fabrication, plusieurs procédés que nous allons faire connaître.

Premier procédé.

Ce procédé est dû à M. Liebig qui l'a décrit de la manière suivante :

On dissout à chaud, dans une chaudière de cuivre, une partie de vert-de-gris dans une suffisante quantité de vinaigre distillé, et on ajoute une dissolution aqueuse d'une partie d'acide arsénieux. Il se forme, par le mélange de ces liquides, un précipité d'un vert sale, qu'il est nécessaire, pour la beauté de la couleur, de faire disparaître. A cet effet, on ajoute une nouvelle quantité de vinaigre, jusqu'à ce que le précipité soit redissous. On fait bouillir le mélange ; il s'y forme, après quelque temps, un précipité cristallin, grenu, d'un vert de la plus grande beauté, que l'on sépare du liquide, qu'on lave avec soin et qu'on fait sécher.

Si la liqueur surnageante contient encore un excès de cuivre, on y ajoute de l'arsenic ; si elle ne contient que de l'arsenic, on y ajoute de l'acétate de cuivre ; si, enfin, elle contient un excès d'acide acétique, on s'en sert de nouveau pour dissoudre le vert-de-gris.

Afin de donner une nuance plus foncée au produit qui est un peu bleuâtre, on le fait bouillir avec 1/10 de potasse du commerce qui fonce la nuance et lui donne de l'éclat.

Deuxième procédé.

On prépare le vert de Schweinfurt en délayant 10 parties d'acétate de cuivre avec suffisante quantité d'eau chauffée à 50 degrés, de manière à en former une bouillie bien liquide et bien homogène, à laquelle on unit ensuite une dissolution de 8 parties d'acide arsénieux dans 100 parties d'eau bouillante, en maintenant le tout en ébullition. Quelquefois, il est nécessaire d'ajouter au mélange un peu d'acide acétique, afin que la couleur soit plus belle et que le vert ait un aspect cristallin. On recueille le précipité qui provient de cette opération, sur un filtre, et on le fait égoutter et sécher.

La liqueur qui surnage ce précipité est employée avantageusement dans une nouvelle opération pour dissoudre l'arsenic, servant ainsi pour faciliter sa dissolution dans l'eau, et y ajoutant un peu de sous-carbonate de potasse, de manière à le convertir en arsénite de potasse.

Troisième procédé.

Ce procédé a été décrit par M. Braconnot, qui prépare ce vert ainsi qu'il suit :

On fait dissoudre dans une petite quantité d'eau chaude 6 parties de sulfate de cuivre; de l'autre côté, on fait bouillir dans l'eau 6 parties d'acide arsénieux avec 8 parties de carbonate de potasse du commerce, et lorsqu'il n'y a plus de dégagement de gaz acide carbonique, on mélange les deux liqueurs en agitant constamment. Il se forme un précipité abondant jaune verdâtre sale auquel on ajoute un léger excès d'acide acétique qui, au bout de quelque temps, donne à ce précipité un aspect cristallin d'un très-beau vert. On lave à l'eau bouillante, on recueille et on fait sécher.

Quatrième procédé.

Dans ce procédé, dû à un fabricant de couleurs, M. Wingens, on fait dissoudre à chaud 9 à 10 kilog. d'acide arsénieux dans de l'eau de rivière, et on verse dans cette dissolution 500 grammes de potasse; on brasse, on abandonne au repos pendant quelques heures, on lave le précipité et on le recueille sur une toile.

Il y a peut-être encore d'autres procédés pour obtenir des nuances variées de ce vert, mais qui ne doivent différer que par les proportions des matières premières, et peut-être par les substances étrangères qu'on introduit dans le produit, et qui souvent n'ont d'autre but que de l'allonger ou de le falsifier. Le vert de Schweinfurt pur est entièrement soluble dans les acides azotique et chlorhydrique.

Le sulfate de cuivre du commerce, qui sert le plus généralement à fabriquer les couleurs vertes arsénicales, contient toujours du fer qui nuit beaucoup à la pureté et à la vivacité de ces couleurs. M. A. Bacco a indiqué un moyen simple, prompt et économique, pour purger de fer les solutions de sulfate de cuivre. A cet effet, il prépare du sous-carbonate de cuivre en gelée en versant une solution de carbonate de soude dans une solution de sulfate de cuivre, il agite le mélange, puis recueille le sous-carbonate sur un filtre.

Pour purifier maintenant une solution de sulfate de cuivre qui renferme du fer, on verse un peu de ce sous-carbonate de cuivre en gelée, préparé récemment et encore humide dans cette solution, on agite. Le mélange devient d'abord trouble et pâlit, puis il prend tout-à-coup une teinte rougeâtre, et enfin, après l'avoir abandonné au repos, il s'en sépare une dissolution magnifique et pure de sulfate de cuivre.

§ 10. VERT MITTIS, VERT DE VIENNE, VERT DE KIRCHBERGER.

Le vert Mittis est un arséniate de cuivre qu'on prépare en faisant dissoudre à chaud 20 parties d'arséniate de potasse dans 100 parties d'eau et mélangeant à cette solution, en agitant sans cesse une solution de 20 parties de sulfate de cuivre. Il se forme un précipité pulvérulent vert clair et vert pré qu'on lave et fait sécher. En variant les proportions, on peut modifier la teinte dont on trouve dans le commerce plusieurs numéros qui, malheureusement, ne varient parfois de couleur que par l'introduction de matières étrangères.

On prépare l'arséniate de potasse en faisant bouillir l'acide arsénieux dans l'acide nitrique concentré, filtrant, saturant par du carbonate de potasse et faisant cristalliser l'arséniate.

§ 11. CENDRES VERTES.

Pour préparer les cendres vertes, qui sont un mélange de sulfate et d'arsénite de cuivre, on prépare un arsénite de chaux en faisant bouillir, dans une chaudière, de la chaux caustique avec le double de son poids d'acide arsénieux, on tire au clair, et dans cette liqueur encore chaude et en agitant continuellement, on verse une solution de sulfate de cuivre. Il se produit par double décomposition une poudre verte de sulfate de chaux et de l'arsénite de cuivre qu'on lave et fait sécher à l'ombre.

Les cendres vertes ne servent que pour enluminures et n'ont pas assez de corps pour être employées dans la peinture à l'huile.

§ 12. VERT SANS ARSENIC D'ALLEMAGNE.

Depuis quelque temps, on colporte et on emploie largement en Allemagne, sous la forme de cubes légers et d'une structure lâche, une couleur qui, sous le nom de *vert sans arsenic*, est destinée à remplacer le vert arsénical de Schweinfurt. Cette couleur, qui n'a pas l'éclat de ce dernier vert, peut néanmoins recevoir de nombreuses applications, mais il ne faut pas croire cependant qu'il ne soit pas vénéneux.

Nous ignorons la manière dont on fabrique cette couleur, mais M. C. Struve, qui en a fait l'analyse, a trouvé qu'elle était composée de :

Chromate de plomb.............	13.65
Carbonate basique de cuivre....	80.24
Oxyde de fer...............	0.77
Carbonate de chaux..........	2.65
Eau......................	2.58
	99.89

Ce vert est très-solide et couvre mieux que celui de Schweinfurt.

§ 13. VERT D'ERLAA.

Le vert d'Erlaa est, suivant M. Weilhem, une couleur verte qu'on prépare dans une petite ville de la Saxe, qui porte ce nom, de la manière suivante :

On se procure une solution d'un sel de cuivre très-pur, et ce qu'il y a de plus avantageux dans ce cas est le composé double qu'on obtient, quand, à du sulfate de cuivre ordinaire, on ajoute 30 pour 100 de sel marin. On prend donc 100 parties de la solution de ce composé double, et on les verse dans un lait de chaux composé avec 300 parties d'eau et 40 à 50 parties de chaux bien blanche et bien cuite. Aussitôt que la couleur bleue se forme, on y ajoute de 8 à 12 parties d'un sel soluble de chrome, de préférence le chromate neutre de potasse, puis on lave la couleur avec l'eau, et on exprime de suite.

L'emploi de divers sels de cuivre et d'une plus ou moins grande quantité de chaux ou de sel de chrome produit une grande variété de nuances de cette couleur.

§ 14. VERT MINÉRAL.

Cette couleur, peu recherchée dans le commerce, parce qu'elle couvre peu, est un mélange d'oxyde de cuivre hydraté avec une proportion plus ou moins grande d'arsénite de cuivre. On la prépare en dissolvant dans l'eau, du sulfate de cuivre et 12 à 15 pour 100 d'arsenic blanc, et précipitant par une solution de potasse caustique. Si à ce précipité on ajoute, suivant M. Habich, du zincate de potasse, décrit à l'article du vert de Brême, on obtient une couleur claire extrêmement brillante et peu chère. 100 kilog. de cuivre fournissent, avec 15 kilog. d'arsenic et de zincate alcalin, un produit de 93 kilogrammes de couleur.

On produit aussi un vert minéral d'une teinte vert pomme à reflet bleuâtre, qui couvre et sèche vite, mais qui a le défaut de noircir promptement, en mélangeant ensemble 2 parties de vert de Scheele, 6 de céruse, 2 d'oxyde noir de cuivre, 3 de bleu de montagne, et 1/2 d'acétate neutre de plomb.

§ 15. VERT PAUL VÉRONÈSE.

On ignore encore le mode de fabrication de cette belle et solide couleur. Tout ce qu'on sait, c'est que c'est encore un arsénite ou un arséniate de cuivre qu'on tire d'Alsace et d'Angleterre, qui est d'un prix élevé, et qui s'emploie dans la peinture à l'huile et dans celle à l'eau.

§ 16. VERT ANGLAIS.

Le vert anglais, dont on trouve des variétés infinies dans le commerce, n'est que du vert de Scheele auquel on mélange, pendant qu'il est en pâte, du sulfate de baryte ou du sulfate de chaux délayés dans une petite quantité d'eau. Sa nuance varie depuis le vert pomme jusqu'à celle feuille morte. On l'emploie à l'huile et à l'eau, mais généralement seul, parce qu'il altère les autres couleurs.

§ 17. VERT DE NEUWIED.

A. On fait dissoudre 16 parties de sulfate de cuivre dans de l'eau chaude, et on décompose par une solution d'arsenic. On laisse déposer la liqueur claire, puis, dans une cuve, on éteint 4 parties de chaux pure bien cuite, et on étend avec de l'eau froide, pour faire un lait de chaux qu'on verse à travers un tamis de crin fin, toujours en agitant la solution arsénicale de cuivre. La couleur verte qui se forme est lavée à plusieurs reprises. On prépare d'autres qualités de cette couleur par les recettes suivantes :

B.	Sulfate de zinc..	8 kilog.
	Acide arsénieux.	1.250
	Chaux.	1.000
C.	Sulfate de cuivre.	8 kilog.
	Acide arsénieux.	0.750
	Chaux.	2.000

C'est de cette manière qu'on prépare la couleur appelée en Allemagne *vert pickel*, en portant la dose d'arsenic à 3 kil.750 ou 4 kilogrammes.

§ 18. VERT MILORY, VERT SOIE, CINABRE VERT, VERT DE FEUILLE.

On ignore encore le mode réel de fabrication de cette belle couleur verte qu'on trouve dans le commerce sous la forme de trochisques, qui s'allie bien avec les autres et s'emploie dans la peinture à l'huile. On l'imite jusqu'à un certain point, en mélangeant ensemble, dans certaines proportions, du cyanoferrure de potassium, du sulfate de fer, de l'acétate de plomb et du chromate de potasse. Quelques chimistes assurent qu'il y entre du sulfate de baryte.

Ces verts, suivant M. Arnaudon (le *Technologiste*, t. 20, p. 519), sont des mélanges intimes de jaune de chrome et de bleu de Prusse, avec addition d'alumine ou d'autres bases ou sels neutres et incolores. Ces verts possèdent un certain éclat et sont très-riches en fond, mais ils participent à tous les inconvénients des couleurs binaires (que l'on prépare par un mélange de deux couleurs simples, dans ce cas le jaune et le bleu), de changer de nuance et de perdre de leur brillant lorsqu'ils viennent à être éclairés par la lumière artificielle. Ces verts ont de plus le défaut de ne pas résister aux alcalis, qui les font virer au jaune-brun en détruisant le bleu ; ils sont altérés également par les acides, lesquels les font virer au bleu en décomposant le jaune de chrome ; ils s'altèrent sous l'influence des rayons solaires ; mélangés à des couleurs formées de sulfure, par exemple le cinabre rouge, l'orpiment, ils se ternissent par suite de l'action du soufre sur le plomb, qui forme la base du jaune de chrome.

On connaît aussi, sous le nom de *vert de Prusse*, une couleur qu'on prépare en versant du cyanure jaune de potassium et de fer dans un sel soluble de cobalt (azotate, sulfate, chlorure, etc.) qui est d'une teinte très-riche, mais passe aisément au gris rougeâtre.

On peut préparer des verts minéraux binaires plus solides que les précédents, en ce qu'ils ne noircissent pas aux émanations sulfhydriques, en employant comme couleur jaune le sulfure de cadmium, le jaune de Naples, les chromates de baryte, d'étain, de zinc, et pour bleu, l'outremer et le bleu de cobalt.

§ 19.   VERT AU STANNATE DE CUIVRE.

Ce vert, suivant M. Gentele, possède un ton vert qui ne le cède en rien aux verts d'arsenic. Parmi les diverses formules qu'on donne pour sa préparation, en voici une qui fournit un bon produit marchand :

On prend 125 parties de sulfate de cuivre qu'on fait dissoudre dans de l'eau de pluie ; à cette dissolution, on ajoute une dissolution de 59 parties d'étain dans l'acide nitrique, et dans ce mélange, on verse un excès de lessive de soude caustique qui donne lieu à un précipité vert qu'on lave et fait sécher.

On prépare un vert moins beau par le procédé suivant : on porte au rouge, dans un creuset de Hesse, 100 parties de nitrate de soude (salpêtre du Chili) et 59 parties d'étain, et quand la masse est refroidie, on la dissout dans une lessive caustique étendue. On laisse la solution s'éclaircir, puis on l'étend d'eau ; on traite par cette solution froide une solution de sulfate de cuivre, et le précipité jaune rougeâtre qui se forme, prend bientôt, par des lavages et la dessiccation, une belle couleur verte.

§ 20.   VERT DE ELSNER.

Ce vert de cuivre, dans lequel il n'y a pas d'arseric, n'a pas autant de feu que ceux où entre cette dernière substance ; mais les différentes nuances qu'on trouve en Allemagne, sont néanmoins de bonnes couleurs pour la peinture, qui ne manquent pas non plus de feu, et sont moins mates que l'outremer vert.

On prépare ces couleurs vertes en versant dans une solution de sulfate de cuivre, une décoction de bois jaune clarifiée par la gélatine, ajoutant à ce mélange 10 à 12 pour 100 de sel d'étain (chlorydrate de protoxyde d'étain), puis enfin précipitant tout le cuivre qui se trouve en solution par une addition en excès d'une lessive de potasse ou de soude. On lave complètement le précipité, et en le faisant sécher, la couleur verte prend un ton bleuâtre. On l'obtient avec un reflet plus jaunâtre, en employant une plus grande proportion de la décoction de bois jaune.

§ 21. CINABRE VERT.

Nous avons donné à la page 303, à l'occasion des couleurs préparées avec le chrome, la préparation d'une couleur verte qui est un mélange de jaune de chrome avec le bleu de Paris, mais on débite en Allemagne sous le nom de cinabre vert (*grüner zinnober*) une couleur du même genre et aussi sans arsenic qui varie de ton depuis le vert foncé jusqu'au vert clair, et que M. L. Elsner conseille de fabriquer ainsi qu'il suit :

On prépare une solution de chromate jaune de potasse et une solution de cyanoferrure jaune de potassium, et on les mélange ensemble. D'un autre côté, on prépare aussi une solution d'acétate neutre de plomb et une solution de proto-acétate de fer qu'on obtient en décomposant une solution de sous-acétate de plomb par une solution de sulfate de fer : il se précipite du sulfate de plomb, et il reste en solution du proto-acétate de fer. C'est la solution claire qu'on emploie à la précipitation, mais on peut avoir recours à un autre mode de préparation de cet acétate.

On mélange donc la solution plombique avec celle de fer, et si à ce mélange on ajoute les solutions salines mélangées ci-dessus, on obtient un précipité plus ou moins clair ou foncé, qu'on lave et fait sécher à une douce chaleur. Les tons foncés ou clairs s'obtiennent, par exemple pour les premiers, en faisant dominer le sel de fer et le cyanure, et pour les seconds, le sel de plomb et le chromate.

§ 22. LAQUES VERTES, VERT VÉGÉTAL, VERT D'HERBE, VERT DE CHINE.

On appelle communément laque verte, une couleur préparée avec la laque d'une matière colorante jaune et le bleu de Prusse ; ces laques présentent une fort belle couleur, mais généralement fugace et peu solide.

Les laques vertes et les verts végétaux peuvent, suivant M. Arnaudon, être divisés en trois catégories.

La première de ces catégories comprend les verts complexes formés par le mélange d'un bleu végétal et d'un jaune minéral ou *vice versâ ;* exemple : le carmin d'indigo avec le *jaune de chrome,* le *jaune de Naples,* le *jaune de Cassel* ou *de Vérone* (oxychlorure de plomb), l'*orpiment,* le *jaune de cadmium.* Ces verts, et en particulier ceux où le jaune est un chromate ou un sulfure, s'altèrent facilement, par suite d'une oxydation ou d'une réduction ; dans le cas inverse, c'est-à-dire celui où le bleu est minéral et le jaune végétal, par exemple le bleu de Prusse, le bleu de molybdène, le bleu d'outremer, etc., associés à la gomme-gutte, au stil-de-grain, à la gaude, on a encore ici à craindre les altérations mutuelles des deux couleurs composantes ; ainsi le bleu de Prusse, en présence d'une matière organique, passe peu à peu au noir, tandis que le jaune mélangé vire au brun ; le bleu d'outremer lui-même pâlit si le jaune est susceptible de développer une action acide. Quant au vert par le bleu de molybdène, c'est une oxydation du composé de molybdène qui amène ordinairement la destruction de la couleur.

Dans la deuxième catégorie, on peut comprendre les verts complexes résultant du mélange d'un jaune et d'un bleu végétal, par exemple, le bleu d'indigo et le jaune de gaude, le jaune indien, le jaune de *gardenia,* de *broussonetia.* Ces verts, quoiqu'ils ne puissent pas être considérés comme des couleurs permanentes, ont sur les précédents, l'avantage de conserver plus d'harmonie dans leur dégradation. Les plus solides de cette catégorie sont ceux formés par l'indigo associé au jaune de graine de Perse, de gaude et du *gardenia,* et au jaune indien.

Pour la peinture à l'aquarelle, on pourrait aussi employer un mélange d'acide picrique ou de picrate d'ammoniaque et de carmin d'indigo, mais ce vert n'a pas de stabilité, et des peintures que j'avais exposées à la lumière solaire étaient, après quelques mois, devenues jaunâtres, puis tout à fait jaunes, et enfin sont passées au roux par suite d'une décomposition réciproque de l'acide picrique et de l'indigo.

Enfin, dans la troisième catégorie, celle des laques vertes végétales, nous trouvons la laque verte proprement dite formée par une matière colorante naturellement verte et un oxyde métallique incolore, par exemple le *vert d'herbe* ou chlorophylle associé à la chaux, le vert de vessie ou matière colorante extraite de l'écorce ou des baies de norprun que l'on précipite par la chaux ou l'alumine. Le *vert de Chine* doit aussi trouver sa place ici, quoique son prix, fort élevé encore, n'ait pas permis de l'appliquer à la peinture.

Ce vert, vu le jour, n'a rien d'extraordinaire, et par sa teinte vert bleuâtre, il se rapproche de l'outremer vert; mais, éclairé par la flamme des bougies, du gaz, acquiert une pureté et un éclat de couleur qui, joints à sa parfaite innocuité, l'ont rendu précieux pour les articles d'habillement ou de luxe qui doivent briller à la lumière artificielle. Ce vert résiste assez bien à l'air, mais il est loin de présenter une stabilité comparable à celle de l'indigo; il s'altère bien plus rapidement que ce dernier lorsqu'on l'expose à la lumière solaire et surtout sous une influence alcaline. Les acides font virer au bleu violet le vert de Chine.

§ 23. LAQUE VERTE MINÉRALE.

Cette laque est un mélange d'oxyde de cuivre et d'oxyde de zinc qu'on prépare en faisant dissoudre jusqu'à saturation du cuivre dans un mélange de 1 partie d'acide azotique et 3 parties d'acide chlorhydrique auquel on mélange une dissolution de zinc dans l'acide azotique concentré, et traitant par une solution de carbonate de potasse qui produit un précipité vert clair des deux oxydes, qu'on fait sécher, réduit en poudre et qu'on chauffe dans un creuset jusqu'à ce que ce mélange ait acquis une belle nuance verte. Cette couleur, qu'on pulvérise très-fin, à laquelle on donne improprement le nom de laque minérale, s'emploie à l'huile, à la gouache et est très-solide.

§ 24. VERT DE RINMANN, VERT DE COBALT, VERT DE ZINC.

Le vert de Rinmann est une combinaison de l'oxyde de zinc avec l'oxyde de cobalt. On le prépare en dissolvant à chaud, dans 4 kilogrammes d'acide azotique concentré, 500 grammes de minerai de cobalt aussi pur que possible et versant dans cette liqueur une solution de 1 kilogramme de zinc dans 5 kilogrammes d'acide azotique. On étend d'eau et, dans cette dissolution, on verse une solution de carbonate de potasse, on laisse se former le précipité qui est blanc rosé, puis on le recueille sur une toile, on le fait sécher et on le chauffe dans un creuset à une haute température. Il reste dans le creuset une matière colorante d'un beau vert et très-solide.

M. R. Wagner, qui s'est occupé de la fabrication du vert de Rinmann, s'exprime ainsi dans une note qui est insérée dans le *Technologiste*, tome XVIII, page 409.

« On donne, dit-il, comme on sait, le nom de vert de Rinmann (vert de cobalt) à une couleur découverte, vers la fin du siècle dernier, par le chimiste suédois Rinmann, et qu'on obtient en portant au rouge un mélange d'oxyde de zinc et de protoxyde de cobalt. C'est moins le ton peu agréable de la nuance que le prix élevé des matériaux propres à la préparation de ce vert de cobalt, qui sont la cause que cette couleur verte n'a jamais été employée généralement, et qu'aujourd'hui encore on ne rencontre sa description que dans les ouvrages de chimie, et la couleur elle-même que dans les collections de préparations chimiques.

» Dans ces derniers temps, depuis que le zinc a pu être livré au commerce à un prix peu élevé, et qu'on peut obtenir à un prix modéré du protoxyde de cobalt assez pur, les conditions pour la fabrication du vert de cobalt ont été bien plus favorables que précédemment. J'ai donc saisi cette occasion pour entreprendre, sur le meilleur mode de préparation du vert de cobalt, une série d'expériences dont je vais communiquer les résultats.

» D'abord, il est indispensable de préparer un protoxyde de cobalt aussi exempt qu'il est possible de tous métaux étrangers. On fait usage, dans ce but, de l'oxyde de cobalt que livrent au commerce les fabriques de couleurs bleues de la Saxe (Oberschlemma, Pfannenstiel) ; on fait dissoudre dans 3 parties d'acide chlorhydrique, on évapore la solution à siccité, on redissout le résidu dans 6 parties d'eau et l'on fait passer à travers la liqueur un courant d'acide sulfhydrique gazeux, tant qu'il se forme un précipité. La liqueur qu'on décante sur les sulfures des métaux étrangers est de nouveau évaporée à siccité, et le résidu dissous dans la quantité d'eau nécessaire pour que la liqueur forme 10 parties. Un litre de cette dissolution ne contient guère plus de 100 grammes de protoxyde de cobalt, et, par conséquent, 100 centimètres cubes en renferment 10 grammes. C'est cette liqueur qu'on conserve pour l'usage.

» Si on précipite cette solution par le carbonate de soude et qu'on mélange, après les lavages, le carbonate de protoxyde de cobalt hydraté encore humide avec du blanc de zinc, on obtient une bouillie violet rougeâtre qui, après avoir été séchée et soumise à une calcination soutenue, constitue une masse verte, de couleur d'autant plus intense que la quantité de solution cobaltique employée a été plus considérable.

» Le vert de cobalt peut être considéré comme un mélange de zincate de protoxyde de cobalt (correspondant à l'aluminate de cobalt de l'outremer cobaltique ou bleu Thenard) et d'oxyde de zinc. L'ammoniaque extrait, du vert de cobalt calciné, d'abord de l'oxyde de zinc, puis la combinaison zinccobaltique se dissout ensuite. Le verre en fusion est, ainsi qu'on devait s'y attendre, coloré en bleu par le vert de cobalt. Si la solution cobaltique est, dans la préparation du vert de cobalt, employée en quantité telle que pour un équivalent de blanc de zinc, on prenne au-delà d'un équivalent de protoxyde de cobalt, on trouve, après la calcination, une masse d'un vert sale ou plutôt une masse noire. On obtient le plus beau ton de ce vert en combinant 9 à 10 parties de blanc de zinc avec de 1 à 1 1/2 de protoxyde de cobalt. Mais, dans tous les cas, la nuance de la couleur n'atteint jamais la vivacité des verts de cuivre, et rarement celle de l'outremer vert.

» M. Louyet, chimiste belge, a montré, dans un travail sur la préparation de l'oxyde de cobalt et de l'aluminate de protoxyde de cobalt purs, qu'une addition d'acide phosphorique ou d'acide arsénique dans la préparation de l'outremer de cobalt exaltait la beauté de la couleur. Si l'addition des acides favorise la combinaison du protoxyde de cobalt avec l'alumine, la présence desdits acides doit également exercer une influence favorable sur la préparation du vert de cobalt. L'expérience a confirmé cette induction. Si on précipite la solution cobaltique dont on a indiqué la préparation, par du phosphate ou de l'arséniate de potasse, le phosphate ou l'arséniate de protoxyde de cobalt qu'on obtient ainsi, possède la propriété de communiquer au blanc de zinc une couleur verte à une température bien inférieure à celle nécessaire pour le protoxyde de cobalt ordinaire. Le protoxyde de cobalt semble, en outre, être ouvert par ces deux acides et couvre mieux ; enfin la couleur verte est plus pure et plus éclatante. Les arséniates alcalins se comportent comme les acides phosphorique et arsénique. Si à la masse du mélange ordinaire, on ajoute, avant la calcination, une petite quantité d'acide arsénieux, puis qu'on calcine, on obtient une masse d'un vert extraordinairement éclatant, qui, par l'entremise de l'acide arsénieux qui se vaporise en partie, se présente comme une masse lâche et spongieuse qui permet de la broyer très-facilement. J'appelle, en conséquence, l'attention des fabricants qui voudraient préparer en grand le vert de cobalt sur la propriété dont jouit l'acide arsénieux, d'exalter notablement la beauté de cette couleur.

» L'acide borique, en tant qu'il facilite la combinaison du protoxyde de cobalt avec l'oxyde de zinc, exercerai peut-être aussi une action avantageuse, mais je n'ai pas encore réussi à découvrir la forme la plus convenable sous laquelle il conviendrait de l'ajouter au mélange. Le borate de protoxyde de cobalt, quand on le mélange en forte proportion au blanc de zinc, donne, après la calcination, un vert bleu, ou bien quand la proportion es moindre, une masse bleue compacte.

» J'ai obtenu un résultat tout-à-fait semblable lorsque j'ai précipité la solution de protoxyde de cobalt par le verre soluble, puis mélangé le silicate de cobalt qui est résulté avec le blanc de zinc et calciné.

» L'oxyde d'antimoine, qui est isomorphe avec l'acide arsénieux et qu'on obtient en précipitant du perchlorure d'antimoine par du carbonate de soude, n'a modifié en rien la couleur du vert de cobalt. »

M. R. Wagner a fait l'analyse des verts de Rinman fabriqués en Allemagne.

Une sorte vert clair empruntée au Cabinet technologique de l'Université de Würzbourg, se composait, sur 100 parties, de :

Oxyde de zinc	80.040
Oxyde de fer	0.298
Protoxyde de cobalt	11.662
	100.000

Une autre sorte préparée depuis plusieurs années par lui, dont la nuance surpassait en beauté les plus belles couleurs vertes de cuivre sans arsenic, lui a présenté l'analyse :

	I.	II.
Oxyde de zinc........	71.93	71.68
Protoxyde de cobalt.....	19.15	18.93
Acide phosphorique.....	8.23	8.29
Soude............	0.69	»

On doit à MM. Barruel et Leclaire un procédé que voici, pour préparer un vert de Rinmann, que ces chimistes appellent vert de zinc.

Pour obtenir, disent–ils, le vert de zinc, on prend 245 kilog. d'oxyde de zinc préparé comme on l'a dit à l'article du jaune de chromate de zinc, on fait une solution chaude de 49 kilog. de sulfate de cobalt sec et pur ; on verse cette solution sur l'oxyde de zinc délayé avec le moins d'eau possible ; on l'agite pour bien mélanger le tout ; on fait sécher la matière, puis on la calcine pendant trois heures dans un four à moufles et chauffé au rouge clair. On la projette dans l'eau après l'avoir laissée refroidir un peu, on la lave et on la fait sécher.

MM. Barruel et Leclaire ont aussi découvert un autre vert de zinc où ce métal n'est plus combiné avec le cobalt, mais avec le fer, et qui paraît être un cyanure ferroso-zincique. Voici comment ils le préparent :

On réduit du bleu de Prusse en poudre fine, et on le délaie dans une solution concentrée de chlorure de zinc ; on abandonne cette bouillie à elle–même pendant quelque temps, et lorsqu'elle a acquis la nuance désirée, on la lave à grande eau, et on recueille le précipité qu'on fait sécher à l'ombre. Ce vert est très-beau, mais peu solide.

§ 25. VERT DE CHROME.

Le vert de chrome est le sesquioxyde de ce métal qu'on obtient, dans les arts, par divers procédés que nous allons décrire.

1º On calcine dans un creuset du bichromate de potasse, ce sel se décompose et donne naissance à de l'oxyde vert de chrome, que des lavages débarrassent de la potasse.

2º On décompose du bichromate de potasse par l'acide chlorhydrique ; il se forme du chlorhydrate de potasse qu'on enlève par des lavages à l'eau, et il reste de l'oxyde vert de chrome.

3º On fait une dissolution concentrée de bichromate de potasse, on la porte à l'ébullition et on y ajoute, par petites portions, de la fleur de soufre tamisée et en poudre très-fine. Le mélange prend une teinte verdâtre, et le chrome se réduit en un hydrate d'oxyde gélatineux. On lave à l'eau bouillante, on sèche et on chauffe au rouge dans un creuset.

Ou bien, par la voie sèche, on fait un mélange intime, à parties égales, de bichromate de potasse et de fleur de soufre, qu'on chauffe au rouge dans un creuset. Le produit est traité par l'eau chaude, qui dissout le sulfure de potassium et le sulfate de potasse qui se sont formés, et laisse l'oxyde de chrome très-divisé, sous la forme d'une belle poudre verte.

4° Dans une solution bien neutre d'azotate de protoxyde de mercure, on verse du bichromate de potasse. Il se forme un précipité orangé qu'on lave et fait sécher à une douce chaleur. Quand il est sec, on le pulvérise et on le chauffe dans une cornue en grès munie d'une allonge plongeant dans l'eau froide. Le mercure, sous l'influence de la chaleur, se volatilise et se condense dans l'eau, et il reste dans la cornue de l'oxyde de chrome en poudre, d'un beau vert foncé.

5° On chauffe dans un creuset un mélange de 3 parties de chromate neutre de potasse et 2 parties de sel ammoniac. Les sels se décomposent, et il se forme du chlorure de potassium et de l'oxyde de chrome qu'on sépare par des lavages multipliés à l'eau chaude. En calcinant au rouge sombre, la couleur devient plus éclatante.

6° On mélange intimement 1 partie de bichromate de potasse et 1 partie de fécule de pomme de terre, et on calcine dans un creuset à une haute température. On lave le produit à l'eau bouillante pour enlever le carbonate de potasse qui s'est formé et un peu de bichromate non décomposé. On jette sur un filtre, on sèche et on chauffe de nouveau pour chasser l'eau. Cet oxyde est, dit-on, fort beau, et sa poudre est facile à travailler au pinceau.

M. F. Casoria, chimiste italien, ayant voulu juger de la valeur comparative des quatre premiers procédés, a cru devoir les soumettre à des expériences propres, surtout dans le but de composer les gradations de la couleur dans le même oxyde.

» 1° Le premier procédé, dit-il, que j'ai expérimenté à deux reprises différentes, concerne la décomposition du chromate de mercure; il m'a constamment fourni une matière très-divisée d'un vert foncé.

» 2° L'oxyde de chrome précipité du chlorure de

chrome par l'ammoniaque, est d'un vert entre le gris et le bleu.

» 3° L'oxyde de chrome qui résulte de la décomposition du bichromate simple de potasse, par le moyen d'une température très-élevée, est vert foncé, très-cohérent, et, sous le rapport de la nuance, se rapproche de celui obtenu par la calcination du chromate de mercure.

» 4° Enfin, la décomposition du chromate de potasse par le soufre a fourni un oxyde vert intense assez pesant.

» Pour ma propre satisfaction, j'ai encore expérimenté les autres procédés, qui m'ont donné des résultats moins satisfaisants.

§ 26. VERT ÉMERAUDE.

Le vert émeraude est encore un oxyde de chrome, mais préparé d'une manière particulière.

On connaissait depuis longtemps dans le commerce, sous ce nom de vert émeraude, vert Pannetier, une belle couleur verte très-solide qui se vendait à un prix très-élevé. M. Pannetier, qui en était l'inventeur, n'a pas publié son procédé et ne l'a communiqué qu'à M. Binet, en récompense, dit-on, de l'assistance que celui-ci lui avait prêtée en mettant ses fours à potier à sa disposition. Tout ce qu'on a pu savoir de cette composition secrète, c'est que ce vert était un composé de chrome préparé par la voie sèche, et quelques expérimentateurs ont prétendu y avoir trouvé de l'acide borique.

Les beaux travaux d'Ebelmen, sur la production artificielle des espèces minérales, ont montré le parti qu'on pouvait tirer de l'acide borique comme dissolvant. À une haute température, l'acide borique agit d'une manière analogue à d'autres dissolvants, celle de l'eau, par exemple, et forme alors avec le corps dissous, une combinaison plus ou moins stable, et de cette combinaison ou dissolution, on peut séparer le corps dissous toutes les fois que l'on vient à enlever le dissolvant, soit par l'action d'une plus forte température, ou bien par un corps ayant plus d'affinité pour le dissolvant que n'en a le corps dissous lui-même, c'est le cas de l'évaporation, de la précipitation par l'alcool, etc.

Ebelmen, en faisant usage de l'acide borique, avait eu recours à la méthode de l'évaporation; M. Guignet a employé, lui aussi, le même fondant; mais au lieu de le chasser à une haute température, il l'enlève par l'eau.

Voici, au reste, en résumé, le mode de procéder de M. Guignet.

Cette couleur peut être fabriquée par les deux procédés suivants :

Premier procédé. — On chauffe sur la sole d'un four à réverbère maintenu au rouge sombre, un mélange consistant en 1 partie de bichromate de potasse et 3 parties d'acide borique raffiné, après avoir mouillé le tout avec une suffisante quantité d'eau pour former une pâte épaisse (1). On jette cette masse pendant qu'elle est encore rouge de feu dans l'eau froide et on la lave avec l'eau bouillante pour lui enlever complètement le borate de potasse qui s'est formé. L'oxyde hydraté reste et peut être recueilli de suite, séché et conservé pour l'usage. En évaporant les eaux de lavage, et ajoutant de l'acide chlorhydrique, on peut recouvrer l'acide borique et le faire en grande partie rentrer en charge.

Second procédé. — On remplace le bichromate de potasse employé dans le premier procédé par une quantité égale de chromate de soude, qu'on obtient en dissolvant dans l'eau bouillante 61 parties de chromate neutre de potasse et 53 parties d'azotate de soude, et se servant d'acide borique comme précédemment. Le chromate neutre de potasse peut, dans ce dernier cas, être remplacé par un mélange de 92 parties de bichromate de potasse et 89 parties de carbonate de soude cristallisé, en employant la même quantité d'azotate de soude. Dans les deux cas, la solution dépose, en refroidissant, une grande quantité de nitre qu'on peut livrer au commerce et qui défraie une partie des dépenses. Les eaux-mères renferment le chromate de soude qu'on peut purifier par voie de cristallisation, ou bien, comme ce sel cristallise avec difficulté, la liqueur peut être évaporée à siccité, et, pourvu que tout le nitre soit déposé, le chromate de soude sera suffisamment pur pour être employé comme on l'a indiqué ci-dessus.

Dans le second moyen pour fabriquer le chromate de soude, les proportions indiquées produisent deux fois autant de chromate de soude que dans le premier.

. Lorsque la couleur verte est fabriquée avec le chromate

---

(1) Il ne faut pas dépasser le rouge sombre, autrement la substance entrerait en fusion complète, au lieu de rester sous la forme d'une masse poreuse, et l'oxyde formé passerait à l'état anhydre, et comme on sait, l'oxyde anhydre de chrome est d'une couleur vert pâle.

de soude, les eaux de lavage renferment du borax qu'on peut livrer directement au commerce ou qu'on peut convertir en acide borique au moyen de l'acide chlorhydrique. La couleur préparée avec le chromate de soude est un vert d'une teinte plus claire que celui produit par le chromate de potasse; on peut obtenir au besoin des teintes encore plus claires en ajoutant au mélange d'acide borique et de bichromate de potasse, un peu d'alumine, de magnésie ou de sulfate artificiel de baryte, avant d'introduire dans le four à réverbère.

On peut, dans la fabrication de ces verts, remplacer les chromates de potasse et de soude par le chromate de chaux préparé directement en calcinant le minerai de chrome, ou fer chromé, avec la craie par l'action d'une flamme oxydante.

« Quoique le premier procédé paraisse fort simple, il est cependant nécessaire, dit M. Casoria, qui l'a expérimenté avec soin, d'indiquer quelques précautions qui, si on les négligeait, ne feraient obtenir qu'un produit ne différant en rien de ceux qu'on recueille par les procédés rappelés plus haut. La première condition à laquelle il convient d'avoir égard est d'éviter autant qu'il est possible un degré élevé de chaleur; celle à laquelle on doit s'arrêter a été indiquée quand on a dit que le mélange fond à une température inférieure à la chaleur rouge. Bien au contraire, si, dans le but d'obtenir une plus grande quantité de produit, on détermine une décomposition à peu près complète du bichromate de potasse, en dépassant le degré de chaleur, on recueille un précipité copieux, mais d'un vert sale. La dose excessive d'acide borique exerce alors sur la couleur de l'oxyde une influence manifeste, chose que nous pouvons affirmer par des expériences réitérées. »

En ce qui concerne l'économie du procédé, il est nécessaire d'avertir que les premières eaux de lavage déposent, en refroidissant, une très-grande quantité d'acide borique, et contiennent le bichromate de potasse qui a échappé à l'action décomposante de la chaleur et de l'acide borique avec des quantités variables de borate de potasse. Il n'est pas nécessaire de démontrer que ces deux résidus du procédé peuvent servir d'une manière à peu près indéfinie dans les opérations suivantes, et pour le même objet, et c'est ainsi qu'une certaine quantité d'acide borique sert à un grand nombre d'opérations, ce qui a lieu également pour le bichromate de potasse.

Le mérite de ce procédé peut très-bien être constaté par une expérience des plus simples. On peut, en effet, l'exécuter avec quelques décigrammes de matière dans une petite capsule de platine et à l'aide d'une lampe à l'esprit-de-vin. Le petit essai, délayé dans un excès d'eau bouillante, laisse précipiter une substance verte assez belle à l'œil, et qu'on pourrait confondre avec la plus belle qualité du vert de Scheele.

M. Arnaudon a proposé dans le *Technologiste*, t. XX, page 519, un procédé différent pour préparer un bel oxyde de chrome, couleur comparable au plus beau vert de Schweinfurt.

Voici ce procédé :

On prend à peu près parties égales de deux sels, soit leur équivalent

> Phosphate d'ammoniaque neutre cris-
> tallisé. 128
> Bichromate de potasse. 149

On les mélange intimement au moyen de la pulvérisation, ou plutôt en les dissolvant dans le moins d'eau possible à chaud et évaporant jusqu'à consistance de bouillie peu épaisse, de manière que le liquide se prenne en masse par le refroidissement; cette masse, concassée en petits morceaux, est introduite dans un vase à fond plat et chauffée dans une étuve de 170 à 180°; lorsque cette température est atteinte, le mélange se ramollit, puis tout-à-coup, lorsque la masse est redevenue pâteuse, elle se boursouffle, change de couleur avec dégagement d'eau et d'un peu d'ammoniaque échappé à la réaction; on continue à soutenir la température pendant une demi-heure environ, en ayant soin de ne pas aller au-delà de 200°, car si l'on dépasse ce point, si l'on chauffe par exemple à la température à laquelle M. Guignet obtient le vert émeraude, la couleur verte disparaît et fait place à une couleur brun foncé de bioxyde de chrome et si l'on porte au rouge brun, elle disparaît à son tour et le mélange se colore en bleu stable en présence de l'eau. En s'arrêtant au point convenable, lorsque la masse est devenue verte, et lavant à l'eau chaude pour emporter les sels solubles, on finit par avoir l'oxyde de chrome en poudre presque impalpable; sa couleur est d'un beau vert de feuilles naissantes et peut être rapprochée du vert du premier cercle de M. Chevreul. Le vert obtenu par ce procédé, débarrassé de toute matière soluble, autant que peut le faire un lavage à l'eau chaude, séché à + 160° et chauffé au rouge dans un tube, donne de l'eau, ne noircit pas comme le bihydrate de MM. Guignet et Salvetat, mais change de couleur; il est rouge violet à chaud, passe au gris (1) en refroidissant et devient vert quand il est complètement refroidi. Toutefois, ce vert n'a pas la même nuance qu'avant d'avoir été chauffé, et au moyen de quelque ménagement, il est possible d'obtenir un vert de sesquioxyde de chrome anhydre qui, par l'éclat, le cède à peine au vert de Schweinfurt; quant à la composition de ce vert, M. Arnaudon n'ose rien affirmer de bien positif, vu que malgré les lavages répétés jusqu'à ce que ces derniers ne donnent plus de traces d'acide phosphorique, en fondant la couleur avec du nitre et du carbonate de potasse, on constate encore la présence de l'acide phosphorique, quoique les quantités obtenues ne permettent pas de décider si cet acide est combiné en proportions définies ou retenu par une affinité analogue à celle du tannin sur la peau et celle des matières colorantes sur les étoffes, et que M. Chevreul a désignée sous le nom d'affinité capillaire.

M. Arnaudon faisant abstraction des traces d'acide phosphorique ainsi obtenues, a trouvé que ce sesquioxyde de chrome contient en moyenne 11.70 pour 100 d'eau, ce qui correspondrait au monohydrate de sesquioxyde de chrome CrO^3, HO.

Ce vert de chrome jouit au plus haut degré de la propriété de briller à la lumière artificielle, il résiste aux acides et aux alcalis, ainsi qu'aux émanations sulfhydriques. Les couleurs qu'il produit par un mélange avec d'autres matières colorantes n'éprouvent pas d'altération, et c'est une couleur très-peu vénéneuse. À raison de tous ces avantages, il est à désirer que les peintres l'admettent dans leurs travaux, et s'ils arrivaient à se composer une palette en couleurs aussi solides, leurs chefs-d'œuvre traverseraient les temps et seraient moins exposés à être défigurés par de maladroites restaurations.

Cette couleur peut aussi être appliquée sur les tissus par impression, soit à l'albumine, soit à l'huile siccative.

(1) Cette couleur grise est due à la diminution du rouge et à l'augmentation du vert, couleurs complémentaires qui, par leur réunion, constituent le noir.

§ 27. Vert de titane.

M. L. Elsner a proposé de préparer avec le titane une couleur verte dans laquelle il n'entre ni cuivre ni arsenic. Voici le procédé tel que ce chimiste l'a décrit :

Il y a déjà plusieurs années, dit M. Elsner, que Lampadius avait donné connaissance de quelques tentatives qu'il avait faites pour préparer avec le rutile (1) une belle couleur vert foncé. Pour cela, il portait au rouge, dans un creuset de Hesse, 500 parties de rutile en poudre débourbé, avec 1,500 parties de potasse purifiée, saturait la masse fondue avec l'acide chlorhydrique, filtrait et précipitait la liqueur claire par une solution de ferrocyanure de potassium. Le précipité, lavé et séché, donnait le vert de titane. Avec 500 parties de rutile, Lampadius avait obtenu environ 855 parties de ce vert titanique.

Pour préparer le vert de titane, tant avec le rutile qu'avec l'isérine débourbés, on a employé le procédé suivant, qui a paru le plus convenable pour sa fabrication.

Le minérai ayant été débourbé est fondu avec douze fois son poids de sulfate acide de potasse dans un creuset de Hesse; la masse fondue est, après le refroidissement, broyée, puis mise en digestion jusqu'à sa complète dissolution, et à une température de 50° C., dans l'acide chlorhydrique étendu de moitié de son poids d'eau, et filtrée à chaud pour séparer toute la partie insoluble du minerai; la liqueur filtrée est évaporée, tandis qu'elle est encore chaude, jusqu'à ce qu'une goutte enlevée et posée sur une plaque de verre ou de porcelaine y prenne la consistance d'une bouillie. On laisse le tout refroidir dans une capsule de porcelaine, et on jette la bouillie, qui est de l'acide titanique assez pur, sur un filtre où on la laisse bien égoutter. On peut évaporer de nouveau la liqueur filtrée, et en retirer encore de l'acide titanique. La bouillie, suffisamment égouttée, est étendue de beaucoup d'eau à laquelle on ajoute un peu d'ammoniaque, pour s'opposer à la formation d'un sel de fer basique, et soumise à une ébullition soutenue dans une capsule de porcelaine. L'a-

(1) Le rutile est un oxyde plus ou moins mélangé d'oxyde de fer et d'oxyde de manganèse, et parfois d'oxyde de chrome, et l'isérine ou nigrine, une combinaison d'acide titanique et de protoxyde de fer avec mélange de quelques autres substances.

cide titanique, qui est alors peu soluble, devient, après une filtration et un lavage, presque blanc; et en le traitant ainsi, à plusieurs reprises, par le sulfate acide de potasse, et comme il vient d'être dit, on peut enfin l'obtenir bien exempt de fer.

L'isérine renfermant ordinairement du carbonate de chaux, il sera plus convenable de la faire digérer dans l'acide chlorhydrique étendu, avant de la traiter par le sulfate acide de potasse, afin, par ce moyen, d'enlever toute la chaux.

Sur l'acide titanique à l'état de bouillie qu'on a recueillie par le procédé qui vient d'être indiqué, on verse une dissolution concentrée de sel ammoniac, on agite avec soin et on filtre. L'acide titanique qui reste sur le filtre, est mis en digestion dans l'acide chlorhydrique étendu et à une température de 50 à 60 degrés centigrades, jusqu'à dissolution aussi complète que possible, et la liqueur acide, après addition d'une solution de ferrocyanure de potassium, est portée vivement à l'ébullition. Il en résulte ainsi un précipité d'un beau vert ou vert de titane, qu'on lave avec de l'eau aiguisée d'acide chlorhydrique. La solution de l'acide titanique doit être acide, car si on se contentait de laver avec l'eau pure, il en résulterait, par l'addition à la bouillie du ferrocyanure de potassium, un précipité brun jaunâtre, qui passerait au vert par l'ébullition dans l'acide chlorhydrique étendu. En traitant par l'ammoniaque, le précipité vert se décompose et blanchit. La liqueur qui a filtré du vert de titane, contient encore de l'acide titanique, qu'on peut obtenir par l'ammoniaque, sous forme de précipité blanc floconneux.

Le vert de titane obtenu tant du rutile que de l'isérine, se présente, après la dessiccation, sous la forme d'une poudre d'un beau vert foncé : toutefois, cependant, il ne doit pas être chauffé au-delà de 100 degrés centigrades, parce qu'il se décompose aussitôt. Par conséquent, la dessiccation doit se faire avec précaution.

Par la méthode indiquée, on prépare avec l'isérine (et par conséquent aussi avec tout minerai de titane ferrugineux), malgré la proportion considérable de fer que renferme ce minérai, un vert tout aussi beau qu'avec le rutile.

Indépendamment de cela, on peut, avec la liqueur sulfurique ferrifère, et au moyen du cyanoferrure de potassium, préparer du bleu de Prusse, de façon que la méthode décrite permet d'obtenir avec l'isérine de l'acide titanique, du vert de titane et du bleu de Prusse.

§ 28. OCRE VERTE.

M. Bouland, d'Orléans, a composé une couleur dite ocre verte, dont voici la formule :

A 50 kilogrammes d'ocre extraite de la terre et séchée en plein air et au soleil, pulvérisée et délayée dans une suffisante quantité d'eau, on ajoute 1 kilogramme d'acide chlorhydrique que l'on mélange, en l'agitant fortement, à la matière première, et 1 kilog. de prussiate de potasse dissous dans l'eau ; agitez vivement ce mélange comme le premier, en ayant soin de laisser entre les deux opérations un intervalle de 24 heures ; versez enfin une solution aqueuse de persulfate de fer, afin d'obtenir une teinte uniforme.

La plus ou moins grande quantité de prussiate de potasse produit les diverses nuances des teintes que l'on peut toutes obtenir par ce procédé.

Cette ocre est employée dans les fabriques de papiers de tenture.

§ 29. OUTREMER VERT.

C'est un vert-bleu clair qui tient de la nature de l'outremer bleu. Comme ce dernier, il est composé de soufre, de silice, d'alumine, de soude, avec des traces de fer et de chaux ; la différence paraît surtout devoir se rapporter à la plus forte dose de soufre que l'on trouve dans l'outremer vert ; en effet, si, la température de l'opération étant la même, on laisse affluer l'air dans les creusets où l'on prépare l'outremer, celui-ci aura une teinte bleue ; si l'air n'intervient pas pour brûler le soufre en excès, l'outremer sera coloré en vert, lequel passera au bleu par grillage à l'air.

L'outremer vert est brillant à la lumière artificielle, résiste aux émanations sulfureuses et n'est pas beaucoup attaqué par les alcalis ; mais les acides les plus faibles le blanchissent en dégageant de l'acide sulfhydrique. Mélangé à d'autres couleurs ou délayé avec des vernis, de la gomme ou de l'huile, il s'altère dès que ces substances sont acides ou sont susceptibles de développer un acide.

§ 30. VERT-DE-GRIS.

D'après les recherches les plus récentes, le vert-de-gris est un acétate basique de cuivre hydraté, formé en proportions variables d'acétate bibasique et d'acétate tribasique de cuivre. Nous ne nous étendrons pas longuement sur la fabrication de cette couleur, connue des peintres de l'antiquité, qui fait d'ailleurs l'objet d'un commerce particulier dans certaines localités.

Le vert-de-gris se fabrique en France, dans les départements de l'Aude et de l'Hérault, en oxydant des lames de cuivre de 2 à 3 millimètres, battues et chauffées à 80° C. au moyen de l'oxygène de l'air, et sous l'influence des vapeurs d'acide acétique fourni par du marc de raisin auquel on a fait subir une fermentation acétique, et dans lequel on les plonge. Au bout d'un certain temps que l'expérience apprend à apprécier d'après divers caractères, on enlève ces lames du marc, on les expose à l'air et on les chauffe à 30° C., on les trempe dans l'eau froide et on les remet dans le marc. Quand on a répété cette opération quatre, cinq, six ou sept fois, le vert-de-gris, qui a acquis une épaisseur de 2 à 3 millimètres, est râclé, pétri dans des auges, renfermé dans des sacs en cuir et exposé au soleil pour le faire sécher suffisamment.

On prépare aussi du vert-de-gris en humectant des plaques de cuivre avec du vinaigre.

Le vert-de-gris est tantôt vert pur, tantôt vert bleuâtre, suivant, dit-on, la quantité d'acétate sesquibasique de cuivre qu'il renferme ; et quand il est pur, il se dissout complètement et sans effervescence dans les acides azotique et sulfurique étendus.

Le vert-de-gris est une couleur excessivement vénéneuse et peu solide.

§ 31. VERDET CRISTALLISÉ, VERT DISTILLÉ, CRISTAUX DE VÉNUS.

Le verdet est un acétate neutre de cuivre qu'on fabrique dans le midi de la France. Ce sel est d'une belle couleur verte, d'une saveur styptique et sucrée ; il est très-soluble dans l'eau et dans l'alcool ; il cristallise en rhombes très-réguliers, d'une superbe couleur verte très-foncée, qui tire sur le noir. La chaleur le décompose. Il se dégage de l'acide acétique coloré par un peu d'oxyde qu'il entraîne.

Suivant Vogel, il se sublime en même temps un peu de cet acide anhydre, qui est en cristaux d'un blanc satiné.

On prépare cet acétate de cuivre en faisant dissoudre le vert-de-gris dans le vinaigre, filtrant cette dissolution et faisant cristalliser.

On emploie ce sel dans la peinture, pour les couleurs vertes, pour le lavis des plans. Il est très-vénéneux. La couche verte qui se forme sur les vases de cuivre, est un sous-carbonate de cuivre plus vénéneux encore.

On peut se procurer le verdet par la voie des doubles décompositions, et c'est même ce procédé que l'on suit dans les fabriques d'acide acétique par la carbonisation du bois. A cet effet, on précipite une solution de 100 kilogrammes d'acétate de chaux par une solution de 140 kilogrammes de sulfate de cuivre, les deux sels se décomposent : il en résulte du sulfate de chaux insoluble et de l'acétate de cuivre soluble ; après avoir laissé reposer, la liqueur est décantée, puis évaporée pour faire cristalliser.

C'est en choisissant ceux de ces cristaux les plus riches en couleur, qu'on forme, en les faisant dissoudre dans une eau légèrement alcaline, la liqueur connue sous le nom de *vert-d'eau*, qu'on emploie pour le lavis des plans.

§ 32. COULEURS AU SULFATE DE ZINC.

Nous terminerons ce que nous avions à dire sur les couleurs en général, par la description d'un procédé de fabrication de couleurs à l'oxyde de zinc, qui a été proposé par MM. L. Ador et E. Abadie, dont voici la substance :

« L'oxyde de zinc, qui forme la base de cette fabrication, s'obtient par la décomposition des sels de ce métal au moyen de la chaleur, soit dans des fours, soit dans des cornues. Les avantages que présentent ces couleurs, sont leur salubrité et leur économie. Lorsque cet oxyde de zinc provient de la décomposition des sulfates, il s'en dégage de l'acide sulfurique monohydraté (acide de Nordhausen), et il reste un oxyde qui, combiné avec d'autres oxydes métalliques, produit toutes les couleurs, nuances ou teintes qu'on peut désirer.

» On prépare ainsi qu'il suit le sulfate de zinc, dont on fait usage dans ces préparations :

» On dissout du zinc métallique dans l'acide sulfurique marquant 18 à 20° Baumé. Lorsque la saturation est complète, on abandonne quelque temps au repos, afin de pouvoir tirer au clair. Dans cet état, la liqueur marque de 36 à 38° B. On l'évapore à consistance pâteuse dans des vases en plomb chauffés à feu nu, en ayant soin d'agiter la matière, après quoi on retire du feu pour empêcher le vase d'entrer en fusion. On enlève le sulfate de zinc en pâte épaisse, et on le dépose sur des plaques de zinc ou de plomb, où on le laisse refroidir, en l'étendant et le divisant autant que possible avec une spatule en bois.

» Les mélanges de sels métalliques à l'aide desquels on obtient les diverses couleurs avec le sulfate de zinc, sont les suivants :

» *Jaunes délicats, appelés jaunes romains.* On les obtient par la simple décomposition produite par la chaleur qu'on applique au sulfate de zinc dans des cornues ou des fours.

» *Jaunes chamois.* On mélange 100 parties de sulfate de zinc en solution avec 1 partie 1/4 d'une solution de sulfate de fer marquant 28 à 30° B.

» *Chamois jaunes.* On mélange 100 parties de sulfate de zinc en solution avec 2 parties 1/2 de solution de sulfate de fer marquant 28 à 30° B.

» *Chamois foncés.* On augmente la proportion de la solution de fer suivant le degré d'intensité qu'on veut donner à la couleur.

» *Jaunes d'or.* A 100 parties de sulfate de zinc en solution, on mélange 2 parties 1/2 d'une solution d'azotate de manganèse marquant 12 à 14° B.

» *Jaunes d'or foncés.* On les obtient en augmentant la proportion de l'azotate de manganèse.

» *Verts ressemblant aux verts de Scheele.* On mélange à 100 parties de sulfate de zinc, 2 parties 1/2 d'une solution d'azotate de cobalt marquant 20° B.

» *Verts foncés.* On augmente la proportion de l'azotate de cobalt.

» *Verts jaunâtres.* On mélange à 100 parties de sulfate de zinc, 2 parties 1/2 d'une solution d'azotate de nickel marquant 16°, et quelques gouttes d'une solution d'azotate d'argent.

» *Gris.* On les obtient en ajoutant à 100 parties de sulfate de zinc en solution, 2 parties 1/2 d'une solution de sulfate de cuivre.

» *Bronzes.* A 100 parties de sulfate de zinc, on ajoute : 1° 3 parties d'une solution d'azotate de nickel marquant 15 à 16° B.; 2° 3 parties d'une solution d'azotate de cobalt de la même force; 3° de 1 à 1 1/2 pour 100 d'une solution d'azotate de cuivre de la même force.

» *Bronzes foncés.* On emploie les mêmes matières et en

Couleurs et Vernis. Tome 2.   4

mêmes proportions, mais on soumet pendant plus long-temps à l'action du feu.

» *Roses*. On mélange 100 parties de sulfate de zinc en solution à 2 à 3 parties d'une solution d'azotate de fer marquant 20 à 25° B.

» *Roses foncés*. On augmente la proportion de l'azotate de fer.

» *Blancs*. On les obtient en employant le sulfate de zinc à l'état très-pur, c'est-à-dire bien exempt de tout autre sel, et principalement de ceux de fer, dont on recherche la présence par le cyanure de potassium. Dans ce dernier genre de fabrication, il faut apporter le plus grand soin à ce que les appareils ou les plaques de séchage soient d'une propreté parfaite, et au lieu de faire sécher sur feuilles de plomb ou de zinc, on coule dans des vases ou pots en grès.

» Les diverses combinaisons de matières et les actions chimiques qui produisent ces couleurs, exigent des temps variables pour leurs transformations et avant d'être complètes, suivant les appareils, la chaleur du foyer, ou suivant les couleurs ou nuances qu'on se propose d'obtenir. L'opération a besoin d'être surveillée attentivement, et lorsqu'on a atteint la nuance désirée, il faut vivement enlever du feu.

» Le sulfate de zinc à l'état plastique et mélangé aux solutions des sels métalliques colorants, est introduit dans une cornue ou dans un four, et on allume le feu. On poursuit le travail pendant quatre à huit heures dans les cornues, et moitié de ce temps environ dans des fours à réverbère. Des ouvreaux sur les côtés, permettent d'observer la marche de l'opération dans le four, de manière à pouvoir extraire les matières quand on a atteint la nuance voulue.

» Les oxydes de zinc colorés, extraits des cornues ou des fours, sont détachés des parois, réduits en poudre dans un moulin à cône ou des moulins à meules, et ensuite broyés et tamisés finement.

» Les azotates, chlorures et acétates de zinc produisent des résultats analogues quand on les traite de la même manière et avec les mêmes sels métalliques. On peut aussi fabriquer toute espèce de couleurs en mélangeant à du carbonate de zinc des carbonates de tous les métaux colorants, mais au lieu de les traiter à l'état liquide, on les travaille à l'état sec et en poudre. Il est nécessaire que les carbonates de zinc, ainsi que ceux colorants de fer,

de cuivre, de cobalt, d'antimoine, de manganèse, de bismuth, de nickel, etc., soient très-purs.

» La proportion des carbonates colorants ne doit jamais
être au-dessous de 6 pour 100 en poids du carbonate de
zinc, et cette proportion augmente suivant la nuance de
la couleur qu'on veut obtenir.

» Les opérations occupent une période de deux à trois
heures. Quand la couleur et la nuance est obtenue, on
extrait du four, on pulvérise et on tamise comme on a
déjà dit. »

CHAPITRE III.

Dessiccation et adhérence des couleurs.

Une des questions les plus importantes, dans l'application des couleurs, est la facilité avec laquelle elles sèchent
quand elles ont été broyées avec l'eau, les essences,
l'huile ou les vernis. Il est nécessaire en effet que ces
couleurs prennent assez promptement un certain degré
de dessiccation qui permette d'habiter les lieux dans lesquels on les applique, ou qui s'oppose à ce qu'on les enlève et les détériore par l'usage des objets sur lesquels on
les a étalées. Jusque dans ces derniers temps, on n'avait
eu recours, pour rendre les couleurs siccatives, qu'à un
procédé qui consistait à les délayer dans une huile bouillie avec la litharge, mais la chimie a fait faire récemment
quelques progrès à cette partie de l'art et nous croyons
devoir rapporter quelques travaux à ce sujet.

SECTION Iʳᵉ.

SICCATIF APPLICABLE AU BLANC DE ZINC.

Les couleurs préparées au blanc de zinc sèchent plus
difficilement que celles qui sont au blanc de plomb,
l'inventeur, M. Leclaire, pour éviter cet inconvénient du
blanc de zinc, a cherché un siccatif plus puissant que la
litharge, et a reconnu que, de tous les oxydes métalliques
qu'on peut employer, le peroxyde de manganèse est celui
qui est préférable. Voici son procédé.

On fait cuire pendant 6 à 8 heures, de l'huile de lin
épurée, puis à 100 kilogrammes d'huile cuite, on ajoute
5 kilogrammes de peroxyde de manganèse en poudre,

que l'on peut mettre dans un sachet, comme pour la litharge. On fait bouillir, en agitant la masse, pendant 5 à 6 heures; on laisse refroidir et on filtre.

Ce siccatif est ajouté dans les proportions de 0,05 à 0,1 du poids du blanc.

Il vaut mieux faire le mélange de l'huile et du blanc pendant le broyage de ce dernier, la mélange est alors plus intime.

SECTION II.

HUILES SICCATIVES.

M. Leclaire ne s'est pas borné à ce procédé pour oxygéner les huiles, il a aussi cherché un moyen de les rendre encore plus épaisses et voici ce qu'il a imaginé pour cela.

L'huile oxygénée par le peroxyde de manganèse peut être épaissie, dit-il, au point de se solidifier; elle peut alors produire les mêmes effets que la litharge.

On prend 100 parties d'huile oxygénée par le peroxyde de manganèse, on ajoute 15 parties de chaux délayée dans de l'eau. On fait bouillir le tout ou on chauffe à la vapeur pour évaporer l'eau; l'huile fait alors avec la chaux une masse épaisse qui est un siccatif. On la livre au commerce en pains tel qu'on l'obtient, ou en poudre en l'écrasant, ou en pâte en la broyant avec parties égales d'huile manganésée. On pourrait le broyer avec de l'essence de térébenthine ou des térébenthines de Venise ou de Bordeaux, mais le siccatif est moins actif que s'il est broyé avec l'huile manganésée. 3 à 5 parties de ce siccatif suffisent pour faire sécher très-promptement la peinture.

On peut encore faire des siccatifs en combinant la chaux avec des résines et des térébenthines, dans les proportions indiquées pour l'huile.

SECTION III.

SICCATIF EN POUDRE, DE M. GUYNEMER.

Depuis longtemps, dit M. Guynemer, dans un brevet pris pour cet objet, on cherche une poudre blanche, impalpable, se mélangeant intimement avec le blanc de zinc et accélérant sa siccité.

L'emploi des siccatifs à base de plomb, tels que la litharge et le sel de saturne, par exemple, offrent l'inconvénient d'enlever au blanc de zinc une partie de ses avantages, qui sont l'inaltérabilité et l'innocuité.

C'est pour cela que M. Leclaire avait proposé pour le blanc de zinc une huile rendue siccative par le manganèse.

L'emploi de ces huiles offre quelquefois des difficultés, soit parce qu'on ne sait pas bien les fabriquer partout, soit parce qu'elles sont coûteuses à transporter par suite du coulage et des droits d'octroi, etc., soit enfin, parce que l'ouvrier se plaint dans certains cas qu'elles rendent la peinture moins éclatante.

M. Leclaire a indiqué dans ses brevets le moyen de faire cette huile siccative, et l'emploi de toutes les combinaisons de manganèse comme siccatifs.

La société de la Vieille-Montagne, représentée par M. Guynemer, a acquis la propriété des brevets de M. Leclaire, et ce qui suit n'est qu'un procédé de fabrication d'un nouveau siccatif en poudre de manganèse.

On prend :

Sulfate de manganèse pur.	1 partie.
Acétate de manganèse pur.	1
Sulfate de zinc calciné.	1
Oxyde de zinc blanc.	97
	100 parties.

On réduit en poudre, au mortier, les sulfates et acétate; on les rend impalpables, en les tamisant à la toile métallique n° 140.

On étend les 97 parties d'oxyde de zinc, on les saupoudre avec les 3 parties d'acétate et de sulfates. Puis, pour obtenir la saturation, on écrase le tout, par parties, avec un couteau de bois, et on mélange bien intimement les 100 parties.

Cette opération constituera un siccatif en poudre blanche, impalpable, qui, mélangé dans la proportion de 1/2 ou 1 pour 100 au blanc de zinc, augmentera d'une manière énorme la siccité de ce produit, et lui permettra de sécher en dix ou douze heures.

SECTION IV.

SICCATIFS DIVERS, SICCATIF ZUMATIQUE.

M. Zienkowiez est le chimiste qui nous paraît avoir traité le plus largement la question des siccatifs en peinture dans un brevet inséré dans le tome 24, page 319, du

Recueil des Brevets d'invention. Nous donnerons ici un extrait de ce travail et de la composition du siccatif zumatique.

« Depuis que l'on a cherché, dit M. Zienkowiez, à substituer le blanc de zinc au blanc de plomb dans la peinture, on a dû s'occuper naturellement de substituer à la litharge, qui est un oxyde de plomb, comme principal élément siccatif, une matière exempte des inconvénients qui ont fait abandonner la céruse. En effet, si l'action des vapeurs hydrosulfurées altère l'éclat et la blancheur des peintures au blanc de plomb, il n'eût pas été logique d'employer comme siccatif, dans la peinture au zinc, une matière qui contient du plomb, car alors on perdait les avantages que présente le blanc de zinc, de ne pas ternir ou jaunir comme le blanc de plomb.

» On a constaté depuis longtemps que plusieurs oxydes et sels métalliques, nommément le sulfate de zinc, la terre d'ombre et l'oxyde de manganèse, ont la propriété de se combiner avec les huiles et de les rendre plus siccatives ; mais l'oxyde de plomb ayant été reconnu comme celui qui a le plus d'action sur l'huile, on a préféré jusqu'à présent l'employer au lieu des autres, puisqu'il n'offrait pas avec le blanc de plomb l'inconvénient qu'il présenterait avec le blanc de zinc.

» Aux oxydes métalliques que nous venons de citer, nous devons ajouter les oxydes ou protoxydes des métaux de la troisième classe, de Thenard, c'est-à-dire de fer, de cobalt et d'étain.

» Toutefois, comme la plupart de ces protoxydes sont ou d'une préparation difficile, ou s'altèrent rapidement à l'air, et ne peuvent dès-lors être conservés, et ainsi être employés industriellement, nous avons dû rechercher si ces mêmes oxydes, combinés à certains corps, ne pourraient pas à la fois être obtenus manufacturièrement et économiquement, et conserver sur les huiles leur action siccative, quelle que soit l'époque de leur fabrication, jusqu'au moment de leur emploi.

» D'un autre côté, il est reconnu que les siccatifs secs sont préférables, sous beaucoup de rapports, aux huiles siccatives ; mais la difficulté est dans leur préparation convenable.

» C'est à raison des considérations qui précèdent, que je me suis livré à la recherche des moyens propres à atteindre un but que d'autres ont atteint avant nous avec plus ou moins de succès, à savoir : la siccité de l'huile employée avec le blanc de zinc sans litharge ou oxyde de plomb.

» A cet effet, d'un côté, je me suis servi des indications des auteurs pour le choix de certaines matières ; d'un autre côté, j'ai fait des recherches et des essais basés sur une théorie qu'il nous semble inutile d'exposer ici.

» Cependant, je dois dire qu'une des bases principales de mes procédés repose sur la combinaison avec les protoxydes des métaux de la troisième classe, de Thenard, c'est-à-dire de fer, d'étain, de nickel, et principalement des protoxydes de manganèse et de cobalt, sur la combinaison de ces oxydes avec des acides, comme les acides benzoïque, succinique, urobenzoïque et borique, qui conservent à ces oxydes, en les protégeant contre l'oxygène de l'air, la propriété qu'ils ont d'agir sur les huiles, en agissant comme ferment sur elles pour déterminer l'absorption de l'oxygène de l'air par ces mêmes huiles, et les faire sécher par résinification. Tout acide combiné à ces protoxydes, et ayant assez d'affinité pour eux, pour rendre la fabrication du siccatif plus facile et plus économique, et donner des produits capables de se conserver, se trouve implicitement compris dans notre procédé du moment où il remplira ces conditions, et en même temps, celle de tenir excessivement peu à ces protoxydes, et conséquemment de permettre à ces derniers d'agir sur les huiles alors que, du contact avec l'oxygène de l'air de ces corps mêlés aux huiles employées dans la peinture au blanc de zinc, il se forme un dégagement d'acide carbonique.

» En raison de la revendication, je pourrais implicitement y ajouter celle des protoxydes déjà cités, en ce sens que, malgré l'indication qu'on en a faite avant nous, il est impossible de les employer dans l'état où on les obtient par les moyens indiqués par les auteurs, et particulièrement le protoxyde de manganèse pur.

» Les diverses expériences auxquelles je me suis livré jusqu'à ce jour, m'ont amené à constater qu'on devait donner la préférence à l'urobenzoate et au borate de protoxyde de cobalt, ou plus économiquement à l'urobenzoate et au borate de manganèse.

» Je vais donner les indications des procédés de préparation et de fabrication que j'ai suivis.

1° *Du benzoate de cobalt et du benzoate de manganèse.*

» On fait dissoudre dans l'eau bouillante de *l'acide benzoïque;* on sature graduellement, et en agitant la liqueur au moyen du carbonate de cobalt réduit en poudre, jusqu'à ce qu'il n'y ait plus effervescence et que le papier bleu de tournesol ne rougisse plus dans la liqueur.

» On filtre pour séparer l'excès de carbonate; on évapore la liqueur jusqu'à siccité, et on chauffe jusqu'à ce que le sel ait perdu toute son eau et ait pris une teinte brun clair.

» On obtient ainsi une matière amorphe solide, brunâtre et aussi facile à réduire en poudre que de la résine, et qui se conserve à l'état pulvérulent sous toutes les températures, et avec une simple enveloppe en papier.

» Essai fait de ce sel siccatif, je me suis assuré qu'il en fallait une proportion d'environ 3 pour 1000 kilogrammes d'huile de lin, mêlée à 1200 kilogrammes environ de blanc de zinc, pour que, par une température intérieure relativement froide et humide, soit d'environ 12 à 15° C., une peinture exécutée avec ce siccatif ait séché en un laps de temps de dix-huit à vingt heures.

» Le benzoate de manganèse se prépare de la même manière, en substituant le carbonate de manganèse au carbonate de cobalt.

» Ce sel siccatif présente, à peu de chose près, les mêmes caractères physiques que le précédent.

» Appliqué dans les mêmes conditions, il en faut un peu moins, et il sèche un peu plus vite.

» Le prix élevé de l'acide benzoïque m'a fait rechercher un congénère de cet acide pouvant présenter, par ses combinaisons salines, les mêmes propriétés que le premier, en offrant un avantage de bon marché.

» C'est alors que j'ai essayé l'acide *urobenzoïque* ou *hippurique,* dont l'application, dans mes expériences, a démontré l'efficacité.

» Les urobenzoates de cobalt et de manganèse s'obtiennent de la même manière que les benzoates des mêmes bases.

» Les matières, dont je me suis servi dans mes essais, sont relativement d'un prix trop élevé pour une fabrication industrielle, dont je viens de donner la composition et le mode de préparation; mais il est permis d'espérer qu'on parviendra à fabriquer d'une manière très-économique l'acide benzoïque et l'acide urobenzoïque.

2° *Du borate de cobalt.*

» On prend un sel soluble de cobalt, soit, par exemple, du sulfate, qu'on fait dissoudre dans l'eau froide ; on précipite la solution par une solution aqueuse froide de borax, borate de soude, dans les proportions voulues.

» Le précipité de borate de cobalt est recueilli sur des toiles, lavé à l'eau froide et séché à l'air.

» Le borate de manganèse se prépare de la même manière, en substituant au sel de cobalt un sel soluble de manganèse, soit, par exemple, le chlorure, par raison d'économie.

» Au surplus, même conservation et même emploi en tout que les sels siccatifs précités.

3° *Emploi des résines.*

» Dans le même but de produire un siccatif sec, dégagé de tout corps étranger, de nature à nuire à l'action des agents dessiccateurs ou à rendre hygrométrique le produit fabriqué, j'ai essayé l'emploi des résines, qui, par leur acidité, jouent un rôle analogue à celui des acides que nous avons mentionnés.

» Ainsi, appliquant au cobalt et au manganèse le procédé ci-après décrit, nous avons obtenu un véritable sel siccatif ne contenant aucune matière étrangère à l'action à produire, et se conservant à l'état pulvérulent comme les autres sels siccatifs décrits plus haut.

» A cet effet, on prend un résinate alcalin (de potasse ou de soude), qu'on fait dissoudre dans l'eau chaude ; on précipite cette solution par une quantité convenable de sulfate ou de chlorure de cobalt ou de manganèse pur.

» Le précipité, qui se forme, est un résinate de cobalt ou de manganèse insoluble qu'on recueille sur des toiles et qu'on fait sécher.

» Recueilli ainsi à l'état amorphe, il est réduit en poudre et conservé comme les autres sels siccatifs, dont il a les mêmes propriétés, étant employé dans les mêmes conditions et les mêmes proportions.

4° *Borate de manganèse.*

» En poursuivant le cours de mes expérimentations et m'attachant plus spécialement à l'emploi du borate de manganèse, en raison surtout de la rapidité avec laquelle le protoxyde de manganèse qu'il renferme absorbe l'oxygène de l'air, tout en se dégageant de l'acide avec lequel il est combiné, en passant à l'état d'oxyde de manganèse intermédiaire, je me suis aperçu que si l'on dépassait la proportion de 2 à 3 millièmes de ce sel de manganèse par 1000 de blanc de zinc, la peinture, surtout pour les fonds blancs, pouvait prendre une coloration préjudiciable au travail.

» C'est alors que, pour remédier à cet inconvénient qui pouvait se présenter souvent, en raison de la difficulté du dosage entre les mains d'ouvriers inexpérimentés, j'ai dû rechercher un mode d'emploi de notre siccatif, ou plutôt de son mélange avec le blanc de zinc qui paralysât l'effet fâcheux résultant d'une quantité trop considérable de siccatif dans la peinture.

» C'est alors que j'ai eu l'idée de mélanger préalablement le borate de manganèse avec une certaine quantité de blanc de zinc, de manière à ce qu'on pût impunément outrepasser le dosage, c'est-à-dire mêler à la masse de blanc de zinc et d'huile, ce mélange de premier siccatif et de blanc de zinc à l'état pulvérulent, dans une proportion plus grande que celle strictement nécessaire, sans produire les effets de coloration qui se manifestaient dans le premier mode d'addition du siccatif pur au blanc de zinc. Toutefois, je ferai observer que ce n'est pas d'une manière absolue que je dis qu'on peut outrepasser les quantités indiquées; nous voulons seulement parler d'un dosage augmenté par maladresse ou par ignorance, et dès lors dans de certaines limites.

» Voici, au surplus, le mode de mélange du siccatif avec une certaine quantité de blanc de zinc, et la mesure de ce mélange avec le blanc, l'huile, au moment où l'on doit s'en servir:

» On prend, d'une part, environ 30 grammes de borate de manganèse avec lequel on fait une bouillie épaisse; d'autre part, 1 kilogramme de blanc de zinc n° 1, récemment fabriqué et délayé dans de l'eau, à l'état de bouillie claire.

» On mêle la bouillie de borate de manganèse avec la bouillie de blanc de zinc, et on agite pour opérer le mélange qu'on verse ensuite sur une toile; on le laisse égoutter, puis on le soumet à la presse et on le fait sécher à l'étuve. Il en est retiré dans un état pulvérulent et conservé ainsi dans des barils ou même dans des sacs en papier jusqu'à ce qu'on en fasse usage.

» Cette quantité de siccatif, ajoutée à 20 kilogrammes de blanc de zinc, suffira pour faire sécher rapidement la peinture, et quand bien même la quantité de blanc de zinc serait réduite d'un quart ou d'un cinquième, ou le siccatif augmenté dans la même proportion, on est sûr que la peinture n'en sera pas affectée, sous le rapport de la coloration.

» Le siccatif au borate de manganèse est tellement énergique qu'il convient même de le mitiger dans les proportions suivantes :

» On prend 1 kilogramme de borate de manganèse, sel supérieur aux autres par son énergie qui permet de l'employer en quantité plus faible pour obtenir un siccatif d'une force voulue ; on pulvérise ce borate bien sec, puis on le mélange avec 25 kilogrammes de blanc de zinc, par brassage d'abord, puis par agitation, dans un tambour tournant autour de son axe placé horizontalement.

» Dans la peinture artistique et en décors, on n'emploie les siccatifs, quels qu'ils soient, qu'avec les bitumes, les laques, pour produire des glacis, c'est-à-dire des tons transparents. Le siccatif zumatique ne saurait remplir convenablement ce but, à cause de l'opacité et de la propriété couvrante du blanc de zinc qui entre dans sa composition. J'ai donc remplacé le blanc de zinc par une substance qui remplît le même but que l'alumine dans les laques, c'est-à-dire une matière sans opacité qui ne nuit en rien à la teinte et à la transparence des couleurs dans lesquelles on la fait entrer comme siccatif.

» Le corps employé pour être mélangé avec le borate de manganèse ou les autres sels signalés plus haut, est le carbonate de zinc pur obtenu par double décomposition, en précipitant une solution d'un sel de zinc quelconque par une solution, en léger excès de carbonate de soude cristallisé, et cela dans les circonstances les plus favorables à cette décomposition.

» Le carbonate de zinc pourrait être remplacé par le sulfate de baryte, l'argile, les carbonates de chaux ou de magnésie, en un mot, par toute substance devenant transparente dans l'huile ; mais des raisons de convenance et de probité industrielle nous font employer de préférence le carbonate de zinc qui donne au nouveau produit une valeur commerciale réelle et qui n'expose en rien l'honorabilité de ceux qui l'emploieraient.

» Ce produit, qui est comme le complément du siccatif zumatique, a reçu le nom de *laque zumatique*.

» On le prépare dans les proportions suivantes qui sont

celles, à peu de chose près, du siccatif zumatique, quant aux quantités de borate de manganèse :

Parties en poids.

Carbonate de zinc 90
Borate de manganèse. 10
Huile de lin. 90

» Le tout est broyé impalpablement et renfermé dans des vessies ou des tubes en étain ; ce dernier moyen est préférable.

» Le borate de protoxyde de manganèse, qui fait la base du siccatif et de la laque zumatiques, jouissant également de la propriété de faire sécher rapidement les huiles employées dans la fabrication des encres d'impression, soit en lithographie, taille-douce, ou toute autre impression à l'huile ou au vernis, MM. Barruel et Jean ont proposé l'emploi du borate de manganèse dans la fabrication ou l'emploi des encres d'imprimerie.

» On peut étendre l'usage du borate de protoxyde de manganèse à la préparation ou à l'emploi des vernis gras ; l'introduction de ce borate dans ces produits, pendant ou après leur préparation, leur communique une rapidité de dessiccation très-grande, sans nuire à leur éclat et à leur ténacité.

» Enfin, le borate de manganèse peut être très-utilement employé dans la préparation des cuirs vernis et des toiles cirées. »

SECTION V.

PROPRIÉTÉS DES PEINTURES A L'HUILE DE S'ÉTENDRE, SÉCHER ET ADHÉRER.

M. Chevreul a publié, dans les *Annales de Physique et de Chimie*, de 1857, un mémoire très-important sur la peinture à l'huile, un véritable traité sur cette partie de l'art des constructions. Nous aurions voulu reproduire entièrement le travail de cet illustre chimiste, mais son étendue s'oppose à ce que nous puissions l'insérer intégralement dans ce manuel. Nous nous bornerons donc à mettre sous les yeux des lecteurs le résumé et les conclusions de l'auteur.

« La peinture, dit-il, est employée à deux fins, soit pour donner à la surface des objets une couleur différente de celle qu'elle a, soit pour conserver cet objet en

ndant sa surface moins susceptible d'être altérée par
air, la pluie, ou salie par la poussière, par des corps
huileux, etc., auxquels cette surface pourrait être exposée.

» Trois conditions sont essentielles à remplir :

» La *première*, c'est que la peinture ait assez de liqui-
dité pour s'étendre à la brosse, avec assez de viscosité,
cependant, pour adhérer aux surfaces, de manière à ne
pas couler lorsque les surfaces sont inclinées ou même
verticales, et à conserver l'égalité d'épaisseur qu'elle a dû
recevoir du peintre.

» La *deuxième*, c'est qu'après l'application, elle devienne solide.

» La *troisième*, c'est qu'après être devenue solide, elle
adhère fortement à la surface sur laquelle elle se trouve.

» J'ai prouvé que la solidification de la peinture soit à
la céruse, soit au blanc de zinc, est due à l'absorption de
l'oxygène atmosphérique ; mais, puisqu'il est reconnu
que l'huile pure se solidifie, on voit que la solidification
est l'effet d'une cause première indépendante du siccatif,
de la céruse ou du blanc de zinc.

» Mes expériences montrent, en outre, que la céruse et
le blanc manifestent la propriété siccative dans beaucoup
de cas, et que cette propriété existe dans certains corps
que l'on peint, particulièrement dans le plomb.

» Dès lors, le peintre, intéressé à savoir, du moins ap-
proximativement, le temps que sa peinture mettra à sécher, doit prendre en considération tous les principes
qui concourent à cet effet; conséquemment, un *siccatif*
ne doit plus être considéré comme la *cause unique* du
phénomène que présente la peinture lorsqu'elle se *sèche*,
puisqu'à ce phénomène concourt un ensemble de corps
qui ont la propriété de sécher dans des circonstances dé-
terminées. En outre, il existe un fait remarquable, c'est
que la *résultante* des activités de chaque espèce de corps
entrant dans la constitution d'une peinture, ne peut s'é-
valuer par la somme des activités spéciales de chaque
corps; ainsi, de l'huile de lin pure, dont l'activité est représentée par 1,985, et de l'huile manganésée, qui l'est
par 4,719, étant mélangées, en ont une qui l'est par
30,826.

S'il est des corps qui augmentent la propriété siccative
de l'huile de lin pure, il en est d'autres qui semblent
doués de la propriété contraire.

» Exemple :

Couleurs et Vernis.   Tome 2.   5

» L'huile de lin, appliquée en première couche sur verre, a séché en 17 jours ;

» La même huile, mêlée d'oxyde d'antimoine, 26 jours.

» Dans cette circonstance, l'oxyde d'antimoine a donc été anti-siccatif.

» L'huile de lin mêlée d'oxyde d'antimoine, appliquée en première couche sur toile peinte à la céruse, a séché en 14 jours.

» L'huile de lin mêlée d'arséniate de protoxyde d'étain, appliquée sur la même toile, n'était pas encore prise en 60 jours.

» Le bois de chêne paraît bien avoir la propriété siccative à un haut degré, car,

» Dans l'expérience du 23 décembre 1849, trois couches d'huile ont mis à sécher 159 jours.

» Dans l'expérience du 10 mai 1850, une première couche de lin a mis à sécher, à la surface seulement, 32 jours.

» Le peuplier paraît avoir la propriété anti-siccative à un degré moindre que le chêne, et le sapin du Nord semble l'avoir à un degré moindre que le peuplier.

» Dans l'expérience du 10 mai 1850, trois couches d'huile de lin ont mis à sécher :

» Sur le peuplier, 27 jours ;

» Sur le sapin du Nord, 23 jours.

» S'il existe une activité siccative et une activité contraire ou anti-siccative dans les corps, il ne me paraît pas douteux qu'il doive y avoir des circonstances où des corps ayant été couverts d'huile de lin, celle-ci n'éprouvera aucune influence de la part de la surface sur laquelle elle aurait été étendue. Les expériences du 10 mai 1850, où une première couche de lin a été donnée au cuivre, au laiton, au zinc, au fer, à la porcelaine et au verre, me semblaient indiquer, sinon dans tous ces corps, du moins dans quelques-uns, l'indifférence dont je parle. La première couche était sèche sur toutes ces surfaces après 48 heures.

» Je me hâte de dire que je ne prétends pas distinguer les corps mis en contact avec de l'huile de lin, ou plus généralement avec une huile siccative quelconque, en siccatifs, en anti-siccatifs, et en indifférents ou neutres, parce qu'il est entendu que, ne séparant pas les circonstances dans lesquelles les corps sont placés des propriétés qu'ils manifestent, ces circonstances variant, les propriétés observées dans les premières circonstances, pourront varier dans les circonstances suivantes. Dès lors il y aurait erreur, selon moi, à envisager la propriété dont je parle comme étant absolue dans les corps. J'ai tout lieu de penser qu'un corps peut être siccatif et anti-siccatif dans des circonstances différentes, soit que la différence porte sur la température, ou sur la présence ou l'absence d'un autre corps, etc.; par exemple, le plomb est siccatif, relativement à l'huile de lin pure, tandis que la céruse, à laquelle nous avons reconnu la propriété siccative, est anti-siccative par rapport à l'huile de lin appliquée sur le plomb métallique.

» Si les peintres veulent se rendre compte des opérations qu'ils exécutent, il faut nécessairement qu'ils se placent au point de vue où je viens de considérer la dessiccation de la peinture; c'est ainsi que, dans des cas déterminés et différents les uns des autres, ils pourront modifier leurs procédés habituels avec quelque chance de les perfectionner. L'huile de lin est siccative; cette propriété augmente presque toujours par son mélange avec la céruse, et dans beaucoup de cas, avec le blanc de zinc même. Si le mélange n'est pas assez siccatif, il faut le rendre tel par un complément qui peut être de l'huile lithargisée ou manganésée; il est entendu que l'on doit tenir compte de la surface que l'on peint, du cas où la peinture est appliquée en première couche, en deuxième ou en troisième couche, et enfin de la température de l'air et de la lumière.

» Au point de vue où nous nous plaçons, le siccatif, restreint à l'huile lithargisée ou manganésée, perd beaucoup de son importance, puisqu'on pourra s'en passer en deuxième et en troisième couche, et même en première, si la température concourt efficacement à l'effet.

» D'un autre côté, il pourra être avantageusement remplacé par toutes les couleurs claires dans lesquelles la couleur jaune ou brune est nuisible, si l'esprit du peintre est bien pénétré des applications qu'il peut faire de quelques-unes des observations consignées dans ce mémoire.

» Ainsi, l'huile de lin, exposée à la lumière au milieu de l'air atmosphérique, perd sa couleur et devient siccative; on peut donc, dès lors, l'employer avec la céruse ou le blanc de zinc, sans altérer la blancheur des corps.

» Puisqu'en associant le blanc de zinc au sous-carbonate de zinc, on peut, à la rigueur, se passer de siccatif, c'est encore un moyen de se soustraire aux inconvénients des siccatifs colorés, en même temps qu'il donne l'espérance de trouver des associations de corps incolores qui pourront encore présenter plus d'avantages que celles dont je viens de parler.

» Mes expériences démontrent que les procédés généralement pratiqués par les marchands de couleurs, pour rendre les huiles siccatives en les faisant chauffer avec des oxydes métalliques, laissent à désirer sous le double rapport de l'économie du combustible et sous celui de la coloration du produit. Puisqu'en effet j'ai démontré :

1º Qu'une exposition de l'huile à une température de 70 degrés, pendant huit heures, en augmente très-sensiblement la propriété siccative ;

2º Qu'en ajoutant le peroxyde de manganèse à cette même huile chauffée de la même manière, on la rend assez siccative pour s'en servir ;

3º Qu'il suffit de chauffer une huile de lin pendant trois heures, à la température où l'on opère généralement dans les laboratoires des marchands de couleurs, avec 15 d'oxyde métallique pour 100, lorsqu'on veut obtenir une huile très-siccative.

» Mes expériences expliquent parfaitement le rôle de l'huile de lin, ou plus généralement celui d'une huile siccative dans la peinture. Effectivement, lorsqu'on mêle de l'acide oléique à des oxydes capables de le solidifier, l'acide, passant presque instantanément de l'état liquide à l'état solide, ne peut rien présenter d'uniforme dans l'ensemble des molécules de l'oléate produit. Il en est tout autrement d'une huile siccative passant progressivement à l'état solide, par suite de l'absorption de l'oxygène. La lenteur avec laquelle s'effectue le changement d'état, permet aux molécules huileuses l'arrangement symétrique qui les rendrait transparentes si elles ne renfermaient pas entre elles des molécules opaques ; mais si celles-ci ne prédominent pas, l'arrangement est tel, que la surface de la peinture est luisante et même brillante, à cause de la lumière qui est réfléchie spéculairement par l'huile devenue sèche.

CHAPITRE IV.

Bronzage.

On a donné à un certain nombre d'objets en plâtre, en bois, en papier ou en carton, une couleur de bronze qui varie suivant la nature des substances employées pour la produire, et se rapproche plus ou moins de la couleur du bronze véritable.

1. On peut bronzer d'une manière très-brillante au moyen de feuilles d'or broyées à la molette avec du miel ou un mélange de gomme ; on se sert pour cela des rognures obtenues dans le travail du batteur d'or. On enduit l'objet que l'on veut bronzer avec une couche d'huile de lin, et l'on répand ensuite dessus la poudre métallique, par exemple avec un petit tampon de linge.

2. On peut employer au même usage l'*or mussif* (sulfure d'étain), dont on broie une partie avec six d'os calcinés et réduits en poudre très-fine ; on prend une petite quantité avec un linge humecté, au moyen duquel on passe la matière sur l'objet qu'on veut bronzer, on le frotte d'abord avec un linge sec, et l'on passe ensuite la pièce au brunissoir.

Quand c'est sur le papier qu'il s'agit d'appliquer l'or mussif, on broie cette matière sans aucun mélange d'os calcinés, on se sert de blanc d'œuf pour glaire ou un vernis léger à l'alcool. La matière est appliquée au pinceau, et l'on brunit ensuite.

3. Quand on plonge dans une dissolution de sulfate de cuivre étendue d'eau bouillante une lame de fer bien nette et décapée, on précipite du cuivre à l'état de poudre fine, qu'on peut laver facilement en l'agitant à plusieurs reprises avec de l'eau. Cette poudre, broyée avec six fois son poids d'os calcinés, peut servir à bronzer comme il a été dit précédemment.

4. Quelquefois on veut communiquer à divers objets une couleur grise, presque semblable à celle du fer, et que l'on nomme *bronze blanc ;* on l'obtient par divers moyens. D'abord, l'*argent mussif* donne une très-belle teinte, mais on se sert aussi d'étain réduit en poudre fine, qu'on se procure en coulant ce métal fondu dans une boîte, dont les parois sont bien enduites de craie en poudre, on agite l'étain fondu dans cette boîte, très-vi-

vement et sans discontinuer, jusqu'à ce que le métal soit entièrement froid. Cette poudre, passée au tamis de soie et délayée dans une dissolution de colle-forte, est appliquée au pinceau sur l'objet que l'on veut bronzer; cela produit une couleur mate, qu'on peut brunir pour l'avoir brillante.

Quant à l'*argent mussif*, il se prépare avec parties égales de bismuth, d'étain et de mercure.

Quand c'est le plâtre qu'on veut bronzer en gris, dit *bronze blanc*, il faut le frotter avec de la plombagine.

5. La fonte de fer bien décapée, plongée dans une faible dissolution de sulfate de cuivre, fait précipiter à sa surface une petite quantité de cuivre métallique, qui y adhère assez fortement; dans cette circonstance, le cuivre prend une teinte rougeâtre qui passe au jaune-brun.

SECTION 1re.

VRAI BRONZE, COULEUR QU'IL ACQUIERT A L'AIR.

Le bronze exposé pendant plus ou moins longtemps à l'action de l'atmosphère, se recouvre d'une couche très-mince de carbonate qui lui donne une teinte verte, connue sous le nom de *patine antique*. On a cherché à la produire rapidement par divers moyens; mais quelque analogie qu'offrent toutes ces teintes artificiellement données, avec celle qui est due à l'action du temps, elles offrent cependant encore des différences qu'un œil exercé découvre facilement : les amateurs d'antiquité n'ont pas lieu de s'en plaindre, puisqu'il leur est toujours possible de distinguer les objets véritablement anciens d'avec leur imitation.

Quoi qu'il en soit, on communique au bronze, destiné à l'ornement et aux médailles, la couleur approchant du bronze antique, en imprégnant leur surface avec différents mélanges.

SECTION II.

DIVERSES COMPOSITIONS DE BRONZE POUR LES MÉTAUX.

Un grand nombre de compositions ou de sauces diverses ont été indiquées et annoncées comme devant produire la patine désirée. Plusieurs de ces compositions ont eu constamment d'assez bons résultats; mais le succès tient aussi beaucoup à la manière d'opérer en les appliquant, car des ouvriers différents, opérant avec la même sauce, obtiennent des teintes souvent fort différentes.

Voici quelques-unes des recettes données :

Le métal, tourné ou riflé, étant bien déroché avec de l'acide nitrique, on passe le mixtion sur la surface à l'aide d'un tampon de linge ou une brosse douce, et on l'y étend bien uniformément.

La nature de l'alliage lui-même exerce une très-grande influence sur la couleur du bronze obtenue, quel que soit le mélange qu'on emploie pour la développer. Comme les alliages, dont on fait usage dans le moulage des divers objets d'ornement, sont très-variables, il doit en résulter que le bronze, saucé d'une manière semblable, peut ne pas donner de résultats analogues.

1. On étend sur la pièce de l'acide nitrique mêlé de 2 à 3 parties d'eau ; la couleur paraît d'abord grisâtre, mais elle passe ensuite au bleu verdâtre.

2. On passe à plusieurs reprises sur la pièce une liqueur composée de 1 partie de sel ammoniac, 3 de carbonate de potasse, et 6 de sel marin dissous dans 12 parties d'eau bouillante à laquelle on ajoute ensuite 8 parties de nitrate de cuivre ; la teinte est d'abord inégale et crue, mais elle finit par s'adoucir et devenir plus uniforme.

3. On peut obtenir un beau bronze vert-bleu, en se servant seulement d'ammoniaque concentrée avec laquelle on frotte le cuivre et dont on renouvelle l'action un grand nombre de fois.

4. La base d'une grande partie d'autres compositions est le vinaigre avec du sel ammoniac. Ainsi, d'habiles ouvriers ne se servent d'autre chose que d'un mélange de 60 grammes de sel ammoniac dissous dans 1 litre de vinaigre.

5. Un autre mélange, qui donne de très-bons résultats, est formé de 30 grammes de sel ammoniac, 8 grammes de sel d'oseille dans 10 litres de vinaigre.

6. Un habile ciseleur de Paris fait usage d'un mélange de 15 grammes de sel ammoniac, 15 grammes de sel marin, 30 gram. d'esprit de corne de cerf, vinaigre, 1 litre.

7. Un autre mélange donne également de bons résultats. Il est composé de : vinaigre, 1 litre dans lequel on met 15 grammes de sel ammoniac, 15 grammes de sel marin, et 15 grammes d'ammoniaque pure.

On trempe une brosse dans le mélange, on frotte la pièce bien décapée jusqu'à ce qu'elle ait pris une belle teinte de bronze ; la pièce ne doit être qu'humectée, et, au moyen d'une seconde brosse, on enlève ensuite jusqu'aux dernières traces d'humidité.

Si, après deux ou trois jours, on trouve encore la teinte trop pâle, il faut recommencer l'opération.

On peut opérer à l'air, la couleur n'en vient que mieux; le cuivre, dans aucun cas, n'a besoin d'être chauffé.

On obtient encore un bel effet au moyen des deux compositions suivantes :

8. Sel ammoniac et sel marin, de chaque 8 grammes, ammoniaque pure, 16 grammes; vinaigre, 1/2 litre.

9. Sel d'oseille, 2 grammes; sel ammoniac, 8 grammes; vinaigre, 1/4 de litre.

On passe le mélange avec une brosse presque à sec sur le bronze, et l'on continue jusqu'à ce qu'on ait la teinte désirée.

Ces compositions donnent une plus belle couleur quand on opère au soleil plutôt qu'à l'ombre.

Quant aux médailles, on les met en couleur d'une manière un peu différente, et la sauce qu'on emploie varie également beaucoup.

10. On mêle bien 500 grammes de sous-acétate de cuivre (vert-de-gris) en poudre avec 333 grammes de sel ammoniac également en poudre; on en fait une pâte liée au moyen du vinaigre. Pour se servir de cette pâte, on en prend gros comme une noix que l'on délaie dans un peu de vinaigre étendu d'eau; on fait bouillir pendant un quart-d'heure, on laisse reposer et l'on décante la liqueur claire. Pour patiner des médailles, on verse dessus la liqueur bouillante et l'on continue l'ébullition pendant cinq ou six minutes, on décante la liqueur et on lave bien ensuite les médailles.

La même liqueur ne peut servir que cinq ou six fois, en y ajoutant chaque fois du vinaigre en petite quantité.

Il faut opérer dans une bassine en cuivre; les médailles se rangent sur de petits morceaux de bois, de manière à ce qu'elles ne touchent pas les parois du vase, ni ne se touchent entre elles.

Il faut immédiatement après essuyer soigneusement les médailles, sans quoi elles changeraient de teinte; ensuite on les dessèche complètement, et, pour leur rendre de l'éclat, il serait bon de pouvoir les frapper de nouveau au balancier.

Il arrive malheureusement trop souvent qu'une partie des pièces prend une mauvaise teinte; les médailles sont fort sujettes à être tachées.

11. On opère de la même manière avec un mélange de 510 parties de vert-de-gris, 250 parties de sel ammoniac que l'on a délayé avec du vinaigre et broyé sur une table de marbre et que l'on conserve dans un vase bien fermé; quand on veut s'en servir, on délaie une petite partie, comme dans la précédente recette, dans un verre de vinaigre et 2 litres d'eau, et l'on fait bouillir pendant 10 à 12 minutes.

Pour des alliages contenant du plomb et de l'étain, on obtient un beau bronze avec un mélange de 100 parties de nitrate de cuivre pur et neutre à 18 degrés du pèse-liqueur et 20 parties de sel ammoniac; il faut n'employer cette liqueur que le plus à sec qu'il sera possible.

Comme objet de curiosité, voici le procédé des Chinois pour bronzer :

D'abord, on lave le cuivre avec du vinaigre et des cendres de bois jusqu'à ce qu'il soit devenu parfaitement luisant, on le fait sécher au soleil et on l'enduit de la composition suivante : 2 parties de vert-de-gris, 2 de cinabre, 5 de sel ammoniac, 2 de bec et de foie de canard, 5 d'alun, le tout fin et bien mélangé, puis on humecte de manière que la composition devienne en pâte liquide que l'on répand sur le cuivre; on l'expose ensuite au feu, puis on laisse refroidir les pièces et on les essuie. Il faut recommencer cette opération huit à dix fois. Le cuivre prend une belle apparence, et d'une telle durée, qu'il ne perd plus rien de sa beauté par l'action combinée de l'air et de la pluie.

On peut obtenir encore un beau bronze avec un mélange de : 1 partie de sel ammoniac, 3 de crème de tartre, et 3 de sel marin, le tout dissous dans 12 parties d'eau chaude à laquelle on ajoute 8 parties d'une dissolution de cuivre.

En augmentant la quantité de sel marin, la couleur devient plus claire et tire au jaune; en la diminuant ou la supprimant tout-à-fait, la couleur passe au bleuâtre. On accélère l'action si l'on ajoute au mélange une plus grande quantité de sel ammoniac.

Il y a certains objets qu'on désire bronzer en rouge : pour cet effet, il faut les enduire avec de l'oxyde de fer; en exposant les pièces à la chaleur, après les avoir frottées presqu'à sec avec une liqueur contenant 1/30 environ de sulfure de potassium, la teinte vire facilement au brun verdâtre.

SECTION III.

RECETTE POUR FAIRE LE BRONZE QU'EMPLOIENT COMMUNÉMENT LES FONDEURS.

Prenez :

Fort vinaigre.	1 litre.
Sel ammoniac.	30 gram.
Alun.	15
Arsenic blanc.	8

Mêlez le tout ensemble, et quand la dissolution des sels est achevée, vous pouvez vous en servir. On peut même obtenir un bon bronze en ne se servant que de sel ammoniac fondu dans le vinaigre. Beaucoup de fondeurs n'en connaissent pas d'autres, et quand leur alliage a été bien fait, la réussite est presque certaine.

Le bronze étant préparé, on polit le métal, ce qui se fait soit à la lime très-douce, soit sur le tour, soit avec le papier à polir, soit en le trempant dans l'eau-forte. Il est indispensable, pour le succès de l'opération, que le métal soit bien net, et surtout qu'il n'y reste aucune trace de gras. L'eau-forte est, de tous les moyens employés, ce qui réussit le mieux, et l'on doit y avoir recours quand on veut obtenir un bronze fini. Les autres méthodes sont cependant très-suffisantes pour les ouvrages moins soignés.

SECTION IV.

MANIÈRE D'APPLIQUER LE BRONZE.

Le bronze s'applique avec une petite brosse, et l'ouvrier doit avoir grand soin d'entretenir constamment l'humidité sur l'ouvrage, afin de l'empêcher de verdir. Lorsqu'on est parvenu à la couleur désirée, ce qui arrive généralement en vingt-cinq ou trente minutes, l'ouvrage doit être avec promptitude passé dans de l'eau froide très-propre, et séché ensuite dans de la sciure de bois, à une douce chaleur, après quoi on y passe une couche de vernis, pour conserver la couleur.

Il arrive cependant assez souvent, qu'à raison de la qualité de l'alliage de cuivre et de zinc, le bronze préparé ne peut donner à l'ouvrage une couleur assez foncée. Voici la meilleure manière de remédier à cet inconvénient :

Prenez environ 8 grammes de noir de fumée, le plus beau que vous pourrez trouver, remuez-le dans un verre d'esprit-de-vin rectifié ; passez le liquide par un linge serré. La pièce sur laquelle on a appliqué le bronze doit être chauffée modérément, soit sur une plaque, soit à feu nu bien clair, jusqu'à ce qu'on ne puisse qu'à peine la tenir dans la main ; alors on étendra successivement sur l'ouvrage, avec une brosse en poil de chameau, des couches très-peu épaisses de la liqueur préparée avec le noir, et on s'arrêtera quand on aura obtenu la nuance qu'on veut avoir.

Quand les couches seront refroidies complètement, on les polira avec une brosse très-douce, ou bien avec un chiffon trempé dans de l'huile verte très-limpide. On étend ensuite sur le tout une couche de laque, et l'on obtient ainsi la plus belle couleur de bronze que soit susceptible de prendre l'alliage de cuivre et de zinc. Si le mélange de noir de fumée ne se trouve pas trop noir, et si le vernis n'est pas d'un jaune trop clair, la couleur du cuivre bronzé sera un superbe vert foncé. On en peut conclure qu'il est possible d'obtenir toutes les nuances de ce qu'on appelle le *vert de bronze*, en employant plus ou moins de mélange de noir de fumée, et un vernis ou laque d'un jaune plus ou moins clair, et en donnant plus ou moins d'épaisseur aux couches de noir. Toutefois, l'ouvrage conservera beaucoup plus longtemps sa couleur, si la couche du bronze peut être rendue assez foncée pour qu'on ne soit pas obligé d'employer le noir de fumée préparé, et c'est ce qui peut se faire, quoique, à la vérité, il faille plus de temps que lorsqu'on se sert du noir.

SECTION V.

MANIÈRE DE DONNER AU BRONZE LA TEINTE CONVENABLE SANS SE SERVIR DU NOIR DE FUMÉE

Lorsqu'une pièce sur laquelle on a appliqué la couleur de bronze a été séchée, si la teinte n'en paraît pas aussi foncée qu'on le désire, il faut la placer devant un feu vif, ou l'exposer aux rayons d'un soleil ardent, à l'abri de tout courant d'air, et la retourner de temps en temps ; on la brosse ensuite avec une brosse douce, et l'on obtient ainsi un très-beau bronze. Mais cette méthode a l'inconvénient d'être un peu longue, et quand on est pressé, on trouve plus d'avantage à se servir du noir de fumée.

SECTION VI.

BRONZAGE DES CANONS DE FUSILS.

Il ne faut que les frotter vivement avec du chlorure d'antimoine fondu, dont on renouvelle l'action à plusieurs reprises; pour bien réussir dans cette opération, il faut chauffer doucement le canon.

SECTION VII.

BRONZAGE DES OUVRAGES EN CUIVRE ALLIÉ AVEC LE ZINC.

La première chose à faire, c'est de préparer la couleur dont on doit se servir. On a publié un grand nombre de recettes pour cette préparation; les deux suivantes semblent être à la fois les plus sûres et les plus économiques.

SECTION VIII.

BRONZAGE POUR LE PLATRE.

Le plâtre peut, à s'y méprendre, acquérir la couleur du bronze antique, tant qu'on n'y porte pas la main, si on l'imprègne d'un savon de cuivre qui a été proposé par D'Arcet et Thenard. Voici comment il faut opérer :

On convertit de l'huile de lin pure en savon neutre au moyen de la soude caustique; on y ajoute ensuite une forte dissolution de sel marin, et l'on pousse la cuisson jusqu'à donner une grande densité à la liqueur; pour obtenir le savon surnageant en petits grains à la surface, on fait égoutter ce savon sur un carrelet, et on l'exprime pour le débarrasser le plus possible de lessive. On dissout ce savon dans de l'eau distillée, et l'on passe la dissolution à travers un linge. D'un autre côté, on a fait dissoudre également dans de l'eau distillée, 80 parties de sulfate de cuivre et 20 de sulfate de fer; on filtre, et l'on y verse de l'eau savonneuse jusqu'à complète décomposition. On ajoute alors un peu des sulfates, on agite à plusieurs reprises et l'on fait bouillir; de cette manière, le savon se trouve en mélange avec un excès de sulfate. On lave à grande eau bouillante, et ensuite à l'eau froide;

on jette dans un linge, on essuie et l'on sèche le plus possible.

On a fait cuire à part 1 kilogramme d'huile de lin pure avec 250 grammes de belle litharge réduite en poudre fine; on passe par un linge, et on laisse déposer à l'étuve; de cette manière, l'huile se clarifie mieux.

On fait fondre ensemble dans un four de faïence, à la vapeur ou au bain-marie, de cette huile de lin cuite, 300 grammes; du savon de cuivre et de fer ci-dessus, 160 grammes; cire blanche pure, 100 grammes, et l'on tient le mélange fondu pendant quelque temps pour dégager toute l'humidité. On fait chauffer le plâtre jusqu'à 80 ou 90 degrés centigrades, dans une étuve, et l'on applique dessus le mélange fondu. Quand le plâtre est devenu assez froid pour que la composition n'y puisse plus pénétrer, il faut remettre la pièce à l'étuve, et l'on chauffe de nouveau à 80 ou 90 degrés, et l'on continue ces applications de la même manière, jusqu'à ce que le plâtre ait absorbé tout ce qu'il peut prendre. On remet alors la pièce à l'étuve pendant quelques instants, pour qu'il ne reste pas de matière à la surface. La porosité naturelle du plâtre permet à l'enduit de pénétrer dans son intérieur; de telle sorte que, quelle que soit la finesse des traits, ils ne sont jamais *flous*, ce que l'on ne pourrait obtenir par aucun moyen. Il est possible de faire pénétrer l'enduit plus ou moins profondément, suivant qu'on répète plus ou moins de fois l'opération.

Quand la pièce a pris la nuance désirée et bu la quantité de savon nécessaire, on frotte légèrement la surface avec un tampon de coton, pour lui donner de l'éclat. Pour imiter très-exactement le vrai bronze métallique, on applique sur quelques points culminants un peu d'*or coquille*. On peut, par le procédé qui vient d'être décrit, imiter complètement les médailles, les statuettes, les cartels de pendules, les vases, etc. Le plâtre ainsi préparé résiste parfaitement à l'humidité, et devient très-durable.

SECTION IX.

BRONZE VERT.

Prenez :

Bon vinaigre..................	1 litre.
Vert minéral.	15 gram.
Terre d'ombre..................	15

Sel ammoniac. . . . .   15 gram.
Gomme arabique.   15
Graine d'Avignon.   60
Couperose verte (sulfate de fer). . . .   15

Et environ 85 grammes d'avoine verte, si vous pouvez vous en procurer, car elle n'est pas indispensable dans la préparation. Faites dissoudre les sels et la gomme dans de petites portions de vinaigre ; mêlez ensuite le tout dans un vaisseau de terre très-solide ; ajoutez la graine d'Avignon et l'avoine, et faites bouillir sur un feu doux ; laissez refroidir et filtrez par une chausse de flanelle. La liqueur sera propre à l'usage.

DEUXIÈME PARTIE.

FABRICATION DES VERNIS.

CONNAISSANCE DES MATIÈRES PREMIÈRES PROPRES A LA FABRICATION DES VERNIS.

Les connaissances que doit posséder un fabricant d'huiles siccatives et de vernis sont : les unes, pharmaco-gnostiques, les autres chimiques, et les autres, mécaniques.

Les connaissances pharmaco-gnostiques sont celles qui supposent la connaissance étendue et exacte des matières premières employées dans la fabrication des vernis.

Sous le nom de connaissances chimiques, on désigne celles qui ont pour objet la connaissance des éléments constitutifs ou chimiques de ces matières, et des moyens qui apprennent à en rechercher la pureté.

Enfin, les connaissances mécaniques sont celles à l'aide desquelles on apprend à mettre les diverses résines en dissolution, à purifier ces dissolutions, à préparer et blanchir les huiles, à fabriquer les huiles siccatives et les vernis et à se servir des divers instruments ou us-tensiles.

CHAPITRE PREMIER.

—

SECTION Ire.

DESCRIPTION DES RÉSINES, POIX, ETC., EN USAGE DANS LA FABRICATION DES VERNIS.

1. *Animé.*

Cette résine, qui provient de l'*hymenœa courbaril*, arbre de la décandrie monogynie de Linnée, et de la famille des *Césalpinées* de Jussieu, coule en abondance au Brésil et en Virginie, rarement dans les Indes orientales, de cet arbre au pied duquel on la rencontre en gros blocs fondus. On la trouve dans le commerce en morceaux, dont la grosseur varie depuis celle d'un pois jusqu'à celle d'un œuf de poule, friables, recouverts à l'extérieur d'une croûte blanchâtre, à l'intérieur d'une couleur blanc jaunâtre, souvent rougeâtre, la plupart du temps interrompue par des couches plus foncées ou plus claires, avec un éclat gras. Cette résine, jetée sur des charbons ardents, brûle en répandant une odeur agréable, elle est insoluble dans l'eau, mais soluble presque en totalité dans l'alcool, ce qui est un moyen excellent pour la distinguer du copal.

2. *Asphalte.*

L'asphalte ou bitume de Judée est une substance minérale naturelle, qui appartient au groupe des Carbonides.

On le trouve en morceaux de couleur noir-brun, sans transparence, d'un éclat gras, éminemment combustibles, à cassure conchoïde et d'une odeur particulière. Il est insoluble dans l'eau, se combine aisément avec les huiles éthérées et grasses, ainsi qu'avec les matières résineuses. On tire celui du Levant, d'Alep, par Smyrne et Marseille. On reconnaît aisément qu'il a été allongé par la poix à l'odeur qu'il répand quand on le brûle. On s'en sert principalement dans la préparation des vernis sur fer, bois, cuir, etc. Poids spécifique de 1,07 à 1,116.

On trouve l'asphalte dans certains filons métalliques avec chaux et baryte, et même dans les terrains calcaires du Harz, de la Hongrie, de la France, de la Suède, de la Suisse, du Caucase, à l'île de la Trinité et au lac Asphaltique, lac de Judée ou mer Morte de la Palestine.

Depuis qu'on a introduit l'éclairage au gaz de houille, le goudron qui distille, et qui est un produit secondaire de la fabrication de ce gaz, fournit à la distillation une matière d'un noir intense, ayant la dureté du verre, un toucher gras, fondant très-aisément et se dissolvant en partie dans les huiles grasses, en totalité dans les essences et parfaitement dans les huiles légères et lourdes qu'on recueille de la distillation sèche du goudron même. On fait aujourd'hui usage de cette matière, sous le nom d'asphalte de gaz, dans la fabrication des vernis.

3. *Benjoin.*

Résine qui provient du véritable *styrax benjoin,* arbre

de la décandrie monogynie de Linnée, et de la famille des *Ebenacées* de Ventenat.

On recueille le benjoin en pratiquant des entailles dans la tige et les branches de l'arbre ; il en découle alors un suc laiteux qui ne tarde pas à se concréter à l'air. On obtient ainsi des masses composées de grains pelotonnés, blancs, jaunes et bruns qui, lorsqu'on les pile ou qu'on les fait fondre, répandent une odeur fort agréable de vanille.

Le benjoin renferme environ 18 pour 100 d'acide benzoïque, et un peu d'huile éthérée à laquelle il doit son odeur. Il fond très-aisément quand on l'expose à la chaleur et est soluble dans l'alcool. Son poids spécifique est = 1.07. On l'emploie pour fabriquer des vernis d'une odeur agréable.

4. *Ambre jaune, karabé, succin.*

Le succin est rangé par M. J.-R. Blum, parmi les oxydes organiques et dans le groupe des bitumes. On le trouve en morceaux arrondis ou anguleux, obtus, à surface inégale, rugueuse ou en morceaux éclatés, rayés ou fondus, mais rarement. Voici quelles sont ses propriétés principales : sa cassure est parfaitement conchoïde ; sa dureté = 2 à 2,5 ; son poids spécifique = 1,08, il est peu friable, clair et souvent translucide, d'un éclat gras plus ou moins prononcé, d'une couleur variable, jaune de miel, jaune de cire, jaune soufre, jaune paille, blanc jaunâtre, brun jaunâtre, brun rougeâtre, etc., laissant une trace jaune blanchâtre quand on le raie, développant énergiquement de l'électricité négative quand on le frotte, brûlant avec une flamme jaunâtre, dégageant alors des vapeurs odorantes, agréables et laissant un résidu charbonneux. Le succin ne fond qu'à une température élevée de 270 à 275° C., il se boursouffle alors beaucoup, puis coule comme une huile. Il ne se dissout qu'avec difficulté dans l'alcool bouillant, et contient une petite proportion d'une huile volatile, d'une odeur suave, et trois résines dont la somme s'élève à 90 pour 100, à savoir : une résine aisément soluble dans l'alcool, une autre moins soluble, et une insoluble et de l'acide succinique (Berzelius).

Le succin qu'on a mis préalablement en fusion, se dissout complètement dans l'essence de térébenthine, dans les huiles légères et lourdes provenant de la distillation des goudrons de gaz et dans le sulfure de carbone. Il se dissout également bien dans les huiles grasses, mais non pas aussi aisément et même pas du tout avant d'avoir été mis en fusion. Généralement, il se ramollit simplement dans les huiles grasses quand il n'a pas été fondu, et quand il a subi cette opération., il se dissout encore presque complètement dans les alcalis avec lesquels il forme des combinaisons analogues au savon. Quand on soumet le succin à une distillation sèche, il fournit, indépendamment des gaz, de l'acide acétique, de l'acide succinique, et une huile combustible, dite huile de succin. Si on arrête cette distillation aussitôt qu'il ne passe plus d'huile, le résidu, dans la cornue, consiste en une résine brun foncé, sans odeur et friable, à laquelle on a donné le nom de colophane de succin, qui est presque insoluble dans l'alcool, en partie seulement soluble dans l'éther et très-soluble dans les huiles volatiles et grasses.

On admet assez généralement que le succin a été, à l'origine, une espèce de baume ou résine provenant, suivant Blumenbach, d'un aloès, et qui, d'après M. Heyne, appartiendrait au genre *Hymenœa*. Les gros morceaux renferment souvent, à l'intérieur, des débris de plantes et des insectes.

On distingue, en Allemagne, deux sortes de succin, celui de mer et celui de terre.

Le succin de mer se pêche en mer ou se recueille sur les rivages, surtout après de fortes tempêtes. On le rencontre principalement sur les côtes de la Prusse, plus rarement sur celles du Danemarck, du Jutland, de la Livonie et de la Courlande, ainsi que sur celles de la Sicile, en particulier à Catane, et celles de Madagascar. Celui qu'on recueille sur les côtes prussiennes (toutes celles de la Prusse orientale) est pêché, mélangé à des herbes marines, avec des filets fabriqués pour cet usage, puis trié. Il est la plupart du temps en petits morceaux irréguliers, mais plus beau et plus clair que le succin de terre.

Par succin de terre, on entend celui qu'on trouve dans le sol, celui entre autres qu'on rencontre avec des morceaux de lignites, dans les sables, etc., sur les côtes de l'Allemagne septentrionale, jusqu'à une profondeur de 30 mètres le long des côtes de la mer Baltique, ainsi qu'en Poméranie, en Prusse, en Bohême, en Autriche, en Wurtemberg, en Pologne, en France, en Espagne, en Sicile, en Norwège, au Groënland, dans l'Amérique du Nord et à Madagascar.

Drapier, qui a analysé une variété de succin de Hennegau, y a rencontré :

Carbone. 80.59
Hydrogène 7.31
Oxygène. 6.73
Chaux. 1.54
Alumine. 1.10
Silice. 6.63
Perte. 2.10
                                          ———
                                          100.00

On distingue dans le commerce, en Allemagne, cinq sortes de succins :

1º Le succin en gros et beaux morceaux (*gross, schone stück*), du poids de 75 à 120 grammes ;

2º Le *tonnenstein*, du poids de 8 à 120 grammes, qu'on emploie principalement à la fabrication de petits objets de toilette et d'ornement, et à faire des bouts de pipes ;

3º Le *fernitz*, qui sert à la fabrication des colliers et des perles ;

4º Le *sandstein*, qui est en morceaux troubles sans translucidité ;

5º Le *schluck*, qui, ainsi que le précédent et les débris du tour et de la taille des objets des premières sortes, sert à la préparation de l'acide succinique et de l'huile de succin par voie de distillation, et à la colophane de succin, qui en est le résidu, qu'on emploie à la fabrication des vernis.

Parmi tous ces succins, c'est la sorte connue sous le nom de fernitz, et principalement les morceaux les plus petits et les plus beaux, qu'on emploie de préférence à la fabrication des vernis au succin.

5. *Colophane ou arcanson.*

Produit du pin sylvestre, arbre de la monœcie monadelphie de Linné eet de la famille des conifères de Jussieu.

Quand on soumet la résine blanche du pin sylvestre, ou la térébenthine fluide à la distillation, on obtient de l'essence de térébenthine et un résidu qui se compose de résine, de parties mucoso-gommeuses, d'un peu d'huile et d'eau, et de térébenthine cuite. Si on traite ce résidu par le tiers de son poids d'eau, on obtient la résine jaune du commerce ; mais si on fait fondre la térébenthine cuite sur un feu doux jusqu'à ce qu'on en ait chassé l'eau, on obtient la colophane.

La colophane forme de gros morceaux de couleur jaune, blanchâtre, rougeâtre, rouge, translucide ou brun foncé et même noire, solides et secs, translucides quand la cassure est récente, éclatants et friables. Quand on réduit en poudre, la couleur est plus ou moins jaune pâle. La colophane se dissout aisément dans l'alcool, les huiles volatiles et grasses. Projetée sur des charbons ardents, elle dégage une odeur résineuse et de térébenthine. Il en arrive aujourd'hui de grosses masses de l'Amérique, qui en fait l'objet d'un commerce considérable.

Pour préparer des vernis à la résine, on choisit la colophane jaune, claire et translucide.

6. *Copal, résine copale, gomme copale.*

Le copal est une résine qui provient de plusieurs arbres des pays tropicaux, et qui sont :

1º L'*hymenæa stilpocarpa*, Heyne, ou *hymenæa courbaril*, Spix, arbre de la décandrie monogynie de Linnée et de la famille des légumineuses de Jussieu ;

2º Le *vateria indica*, Lin., *elæocarpus copaliferus*, Retz et Wahl, plante de la polyandrie monogynie de Linnée et de la famille des elæocarpées de Jussieu ;

3º Le *rhus copalinum*, qui fait partie de la pentandrie trigynie de Linnée et de la famille des sumachinées de De Candolle.

On distingue, en général, trois sortes de copal qui proviennent chacune des arbres mentionnés ci-dessus :

1º Le copal des espèces d'*hymenæa*, connu sous le nom de *copal d'Afrique*, que le commerce tire principalement de la côte de Guinée, de Sierra-Leone, etc. Il ressemble beaucoup au succin ; mais quoi qu'il en soit, on n'est pas encore parfaitement fixé sur l'origine de ce copal ;

2º Le *copal des Indes orientales*, que fournit le *vateria indica* et qui est la résine coulant spontanément de cet arbre ;

3º Le *copal d'Amérique*, qu'on considère comme provenant du *rhus copalinum*, arbrisseau qui croît au Mexique et dans les parties méridionales des Etats-Unis.

Dans le commerce français, le *copal tendre* paraît être le dammar tendre ; le *copal demi-dur* est la résine du courbaril, et le *copal dur*, la résine de la vaterie.

Le copal se présente en fragments irréguliers, arrondis, bruts à l'extérieur ou en boules, coloré depuis le jaune pâle, translucide, jusqu'au jaune brunâtre, transparent, dur et sonore. Son poids spécifique est 1,035 à 1,039. Il est sans saveur et sans odeur, et peut être fondu sans éprouver de décomposition. Soumis à la distillation, il ne fournit pas d'acide succinique. Une solution de potasse caustique le dissout à l'aide de la chaleur ; mais alors, suivant M. Liebig, il se partage en deux résines, l'une reste en solution à froid, et l'autre rend la liqueur trouble et gélatineuse. Le copal est fort peu soluble dans l'alcool. Quand on laisse cette résine réduite en poudre des mois entiers dans un lieu aéré, ou qu'on y ajoute un peu de camphre, elle se dissout un peu plus aisément. Le copal se dissout dans l'éther au sein duquel il commence par se gonfler. En chauffant cette masse boursoufflée et y ajoutant de l'alcool bouillant en petite quantité, elle s'y dissout complètement. L'essence de romarin le dissout plus aisément que celle de térébenthine.

Le copal fond à 75° C. et répand ainsi une odeur aromatique. L'huile rectifiée de caoutchouc et même la créosote dissolvent le copal avec facilité. Le pétrole en dissout à peine 1 pour 100.

7. *Dammar*.

La résine dammar ou dammara est le produit d'un pin que Rumph a décrit sous le nom de *dammara alba*, Lambert sous celui de *pinus dammara*, noms que Salisbury a changés en celui d'*agathis loranthifolia*, et qu'on connaît sous le nom vulgaire de pin des Moluques, arbre qui acquiert une très-grande hauteur et qui appartient à la monœcie monadelphie de Linnée et à la famille des conifères de Jussieu.

Cet arbre végète principalement aux Moluques, à Amboine et dans les îles de l'Archipel indien. La résine qui découle spontanément des arbres indiqués ci-dessus, et probablement aussi de plusieurs autres espèces, vient de Calcutta, et arrive à Londres, où elle est distribuée dans le commerce de l'Europe. On en distingue trois sortes :

1° Le *dammar battu* qu'on recueille à Malacca ;

2° Le *dammar selo* ou *selan*, qui est très-dur et qui vient de Java ;

3° Le *dammar putch*, qui est plus mou que les précédents.

Le dammar de première qualité est incolore, ressemble beaucoup au copal, est plus translucide que lui et plus aisément soluble, mais pas aussi dur. On le trouve et on le débite aussi dans le commerce sous le nom de copal des Indes orientales.

Les morceaux de cette résine jaune pâle, friables, translucides, poudrés à l'extérieur, ont un poids spécifique entre

1,097 et 1,123. Le dammar est soluble dans l'alcool, mais imparfaitement. Si on veut le faire servir à la fabrication des vernis à l'alcool, il faut le traiter préalablement comme le copal. Il se dissout aisément dans l'essence de térébenthine et les huiles grasses, et fournit un meilleur vernis que le mastic. Projeté sur des charbons ardents, il brûle en répandant une odeur agréable, qui rappelle celle de l'encens. On l'exporte en grosses masses du Bengale et de la Chine, où les sortes inférieures servent à enduire ou calfater les navires.

8. *Sang-dragon.*

Le sang-dragon découle, suivant les uns, d'un dracæna des Indes orientales, *dracæna draco*, de l'hexandrie monogynie de Linnée et de la famille des asphodelées de Jussieu, et suivant d'autres :

1º Du *calamus rotang*, de l'hexandrie monogynie de Linnée et de la famille des palmiers de Jussieu, arbres des Indes orientales et des Moluques.

2º Du *calamus draco*, palmier des mêmes familles, aussi des Indes orientales ;

3º Du *pterocarpus santalinus* ;

4º Du *pterocarpus draco*, tous deux de la diadelphie décandrie de Linnée et de la famille des légumineuses de Jussieu.

Le nº 3 végète dans les Indes orientales et à Ceylan, et son bois est connu dans le commerce sous le nom de santal, et le nº 4 croît aussi dans les Indes orientales et dans l'Amérique du Sud, et porte des fleurs jaunes, d'une odeur suave.

Le sang-dragon est une résine qui varie de la couleur rouge foncé à la couleur brun-rouge, découle spontanément des arbres indiqués, ou qu'on en fait couler au moyen de saignées ou d'incisions. On distingue dans le commerce quatre sortes de sang-dragon, qui sont :

1º Le *sang-dragon en larmes*, en masses dont la couleur s'élève jusqu'au rouge intense, qui sont arrondies, ressemblent à des noix muscades, et qu'on livre entourées de feuilles de roseau.

2º Le *sang-dragon en grains*, en masses dont la couleur va jusqu'au rouge intense, rondes et en boules. Ces deux sortes proviennent de l'écorce et du fruit du *calamus rotang*.

3º Le *sang-dragon en bâtons, cylindres ou gâteaux*, formé de masses plates ou de bâtons ronds, rouge-brun, enveloppés dans des feuilles de roseaux lisses à l'extérieur, opaques, avec cassure d'un assez grand éclat.

4° *Sang-dragon en feuilles ou plaques.* La plupart du temps, un produit de l'art qu'on fabrique avec les résidus des trois sortes précédentes, de la gomme-Sénégal, de la colophane et du bois de santal, et qui est fort peu propre à la fabrication des vernis.

Le vrai sang-dragon possède une couleur intense rouge de sang presque noire. Réduit en lames minces, il est presque translucide, friable, et fournit, quand on le broie, une belle couleur rouge foncé. Sa cassure est brillante, esquilleuse, sans odeur ni saveur. Exposé à la chaleur, il répand une odeur qui rappelle celle du storax. Il est soluble dans l'alcool, qu'il colore en rouge de sang, et il en est de même dans l'éther, les huiles essentielles et grasses, les alcalis caustiques et l'eau de chaux. Son poids spécifique est 1,196, et il renferme une petite quantité d'acide benzoïque. Dans la fabrication des vernis, on ne l'introduit guère que comme matière colorante. M. Herberger, qui l'a examiné chimiquement, y a rencontré une résine rouge (la draconine), une huile grasse, de l'acide benzoïque, de l'oxalate de chaux et du phosphate de chaux.

On reconnaît immédiatement le sang-dragon artificiel, en le chauffant, à l'odeur de poix-résine, et à sa solubilité dans l'eau, parce que la majeure partie du principe mucoso-gommeux se dissout dans ce liquide (1).

9. *Elémi.*

Il n'est pas possible, dans l'état actuel de nos connaissances, d'indiquer d'une manière certaine l'origine de cette résine. On croit pouvoir annoncer, cependant, qu'elle provient principalement de deux espèces du genre Amyris.

1° *Amyris elemifera*, L. Arbre de l'octandrie monogynie de Linnée, et de la famille des amyridées de Rob. Brown. C'est de cet arbre que découle l'*élémi d'Améri-*

---

(1) Il paraîtrait que le suc rouge, résineux, se durcissant à l'air, du *croton draco* du Mexique et de plusieurs autres crotons qu'on rencontre dans ce pays, fournissent du sang-dragon, mais que le commerce n'importe pas encore en Europe. Cette résine est rouge-brun foncé, sans odeur ni saveur, répandant, quand on la chauffe, une odeur faible d'acide benzoïque, se dissolvant dans l'alcool, l'éther et les huiles qu'elle colore en rouge, et dans les alcalis qu'elle teint en violet. Il en vient des Indes occidentales, de l'Amérique du Sud et des Canaries.

que, en y faisant des saignées, dans la Caroline, les Indes occidentales et les îles de Bahama. Ce produit est une résine en masses blanches, molles, tenaces, translucides, d'une odeur qui rappelle celle de l'aneth, d'une saveur amère, aromatique, se ramollissant aisément à la chaleur de la bouche. Cette résine, dont le poids spécifique est 1,08, renferme 12,5 pour 100 d'huile essentielle. Frottée dans les ténèbres avec un corps pointu, elle dégage de la lumière.

2° *Amyris ceylanica*, ou *balsamodendron ceylanicum*. Arbrisseau qui produit l'*élémi des Indes orientales*, et qui appartient à la même classe et au même ordre que l'espèce américaine. La résine qui provient principalement de Ceylan et de l'Afrique, est la meilleure sorte et a une odeur très-prononcée de fenouil, mais elle est rare dans le commerce. On s'en sert pour donner de la souplesse au vernis, et il est d'ailleurs facile de reconnaître sa sophistication avec la térébenthine, la résine blanche, l'encens ou l'essence de lavande de basse qualité, par l'aspect plus pâle du produit et à l'odeur.

M. Bonastre, qui a analysé l'élémi, y a rencontré une résine translucide, soluble dans l'alcool, rougissant le papier de tournesol; une résine soluble dans l'alcool bouillant, qui se dépose en cristaux dans la solution; une huile volatile incolore; une matière extractive amère; des matières étrangères mélangées.

M. Rose, de son côté, a fait une analyse élémentaire de la résine cristallisée de l'amyris de Ceylan, qui ne peut pas se combiner aux bases, et y a trouvé :

Carbone.. . . . . 83.25
Hydrogène. 11.24
Oxygène. 5.41
                                            ———
                                           99.90

10. *Caoutchouc, gomme élastique.*

Le caoutchouc normal est le produit du *siphonia elastica* de Persoon, plante de la monadelphie monandrie de Linnée et de la famille des euphorbiacées de Jussieu. Indépendamment de cette plante, il y a un grand nombre de végétaux ou d'arbres de cette famille des euphorbiacées qui fournissent du caoutchouc, et on en trouve également dans les familles des urticées, des apocynées et des lobeliacées.

Le caoutchouc du commerce provient principalement

des Indes occidentales, de l'Afrique et de l'Amérique. C'est une substance qui découle par incision des plantes ci-dessus, sous la forme d'un suc laiteux, couleur jaune pâle, plus pesant que l'eau, épais et d'une odeur désagréable, d'une saveur acidulée. Celui qu'on trouve dans le commerce sous différentes formes, est ce suc qui a été appliqué sur des moules en terre et qu'on sèche en exposant à la fumée.

Cette matière, comme on sait, est éminemment élastique; elle se ramollit dans l'eau chaude, ne se dissout ni dans l'eau, ni dans l'alcool, mais est soluble dans l'éther, le sulfure de carbone et les huiles légères et lourdes provenant de la distillation du goudron de houille. Elle se gonfle dans le pétrole, l'essence de térébenthine, et forme alors une masse collante. Le caoutchouc a un poids spécifique = 0,9355.

Le caoutchouc se combine au soufre, lorsqu'on le chauffe avec ce corps, et constitue ainsi une masse très-élastique, jaunâtre ou grisâtre, à laquelle on a donné le nom de caoutchouc vulcanisé, mais qui n'est d'aucun usage dans la fabrication des vernis.

11. *Gutta-percha* (1).

Le gutta-percha, gutta-tuban, s'extrait de l'*isonandra percha* de Stooker, qui appartient à la dodécandrie monogynie de Linnée et à la famille des sapotées.

De même que le caoutchouc, on le recueille par incision de la plante mère. Celui du commerce n'est jamais pur, mais toujours mélangé à de la sciure de bois, des débris de plantes et de la terre. Il est opaque, jaune ou rouge-brun, à peu près sans odeur et sans nulle saveur.

Le gutta-percha est insoluble dans l'eau. En le lavant dans l'eau chaude, on parvient à le purifier et à lui faire prendre une couleur gris-blanc ou gris. Il a alors une structure soyeuse un peu fibreuse, il est peu élastique, très-tenace à la température ordinaire, se ramollit vers 60°, et se laisse pétrir vers 75 à 78° C. Il est plus léger que l'eau, mais plus dense que le caoutchouc, son poids

(1) Il est incroyable que des savants et des industriels instruits persistent à appeler cette substance la gutta-percha, d'après les indications de quelque importateur ignorant; on doit dire le gutta-percha, comme on dit le caoutchouc, et le mot percha, suivant les Anglais, premiers importateurs de cette substance en Europe, se prononce dans le pays, comme le mot français *perche*.   F. M.

spécifique étant 0,9791. Les meilleurs dissolvants du gutta-percha sont l'essence de térébenthine et l'essence légère qu'on obtient de la distillation sèche de la résine d'Amérique, à laquelle on a donné le nom de *pinoline*. Du reste, il se comporte à peu près comme le caoutchouc vis-à-vis les dissolvants ordinaires. Le benzole, le sulfure de carbone et le chloroforme le dissolvent presque complètement à froid. Suivant M. Soubeiran, le gutta-percha se compose de gutta-percha pur, d'un acide organique, de caséine, d'une résine soluble dans l'éther et l'essence de térébenthine, et d'une autre résine soluble dans l'alcool. L'analyse élémentaire de cette substance a donné à M. Faraday.

Carbone.	87.2
Hydrogène..	12.8
	100.0

On reviendra plus loin sur les solutions de gutta-percha et sur leur emploi dans la fabrication des vernis.

12. *Gommes.*

a. Gomme arabique. C'est le produit de l'*acacia tortilis*, Hayne, et de l'*acacia Ehrenbergiana*, arbres de la monadelphie polyandrie de Linnée et de la famille des légumineuses de Jussieu, qui croît en Arabie et dans les déserts de l'Egypte.

La gomme arabique est un suc qui découle spontanément des arbres indiqués, se concrète au contact de l'air, et est mise dans le commerce sous la forme de masses irrégulières, généralement de la grosseur d'une noix. Ces masses sont tantôt anguleuses, tantôt arrondies, à cassure vitreuse, fendillée, de couleur blanche, jaunâtre, rougeâtre ou brunâtre, sans odeur et d'une saveur fade. La gomme arabique est soluble dans l'eau. Dans le commerce on en distingue deux sortes principales :

1º La gomme arabique de choix ou blonde.

2º La gomme en sorte brune, jaune, ordinaire ou commune.

b. Gomme sénégal. Produit de l'*acacia verek* et de l'*acacia Adansonii*, Guillelmi et Perottet. Cette gomme diffère peu, par sa composition chimique, de la précédente, mais dans le commerce, on la distingue en ce que ses masses sont plus grosses, plus rondes, non fendillées, et d'une couleur qui varie depuis le jaunâtre jusqu'au brun.

c. Autres gommes. La gomme de cerisier ou gomme de pays, a une couleur rouge-brun foncé, et n'est mentionnée ici que parce qu'elle sert à sophistiquer la gomme arabique. Cette gomme contient de la bassorine, et par conséquent elle ne fait que gonfler dans l'eau froide et ne s'y dissout qu'en très-faible quantité.

La léïocome ou gomme d'amidon, la gomme adragante, le mucilage de graine de lin, de graine de cognassier, le salep, etc., etc., sont aussi des matières gommeuses qu'on n'emploie que bien rarement dans la fabrication des vernis.

13. *Gomme-gutte.*

La gomme-gutte, gamboge, est le produit de l'*hebradendron Cambogioides*, Graham (*Cambogia-gutta*, Linnée; *garcinia Cumbogia*, Desrousset), arbre de Ceylan, de la dodécandrie monogynie de Linnée, et de la famille des guttifères de Jussieu.

La gomme-gutte est le suc desséché de l'arbre ci-dessus, qu'on extrait en y pratiquant des incisions; il coule alors sous une forme laiteuse et se concrète à l'air. Le commerce la tire principalement de Siam, de Ceylan, du Malabar, sous la forme de bâtons de 2 à 5 centimètres d'épaisseur, et 10 à 50 de longueur, ou en masses arrondies à cassure irrégulière. A l'extérieur, sa couleur est le jaune brunâtre saupoudré de jaunâtre. Cette résine est cassante, à cassure conchoïde, éclat cireux, sans odeur, d'une saveur d'abord douce, puis âcre et amère, teignant la salive en jaune.

La gomme-gutte est presque entièrement soluble dans l'alcool, mais broyée avec l'eau elle ne donne qu'une émulsion. On préfère celle qui vient en tubes minces, enveloppée dans des feuilles de plantes de la famille des malvacées. Cette substance est vénéneuse et son principe actif est une résine âcre.

M. Christison, qui a examiné les meilleures sortes, y a trouvé :

Résine.	74.2
Gomme..	21.8
Eau..	4.0
	100.0

En fabrication, on se sert de la gomme-gutte pour préparer le vernis d'or, mais son emploi le plus étendu est dans la peinture, à laquelle elle fournit une belle couleur jaune.

14. *Aloès.*

L'aloès est fourni par l'*aloe socotrina*, De Candolle, *aloe spicata*, Thunberg, *aloe perfoliata*, Linnée, qui appartiennent à l'hexandrie monogynie de Linnée, et à la famille des liliacées de Jussieu.

Les plantes qui viennent d'être indiquées fournissent l'aloès translucide ou aloès socotrin, c'est le suc épaissi de l'aloès de ce nom, que le commerce apporte principalement de l'Afrique et du cap de Bonne-Espérance. Jadis cet aloès était empaqueté dans des calebasses, mais actuellement il arrive en tonneaux qui en renferment jusqu'à 100 kilogrammes, et sont enveloppés de peaux d'animaux, en masses irrégulières, dont la couleur varie depuis le noir jusqu'au brun-rouge, qu'on brise facilement, ont une cassure conchoïde, lisse, et sont translucides sur les bords; ayant une odeur particulière qui n'est pas désagréable et une saveur amère persistante assez peu agréable.

L'aloès consiste en une résine aloès (résine particulière) qui y entre pour 25 pour 100, et un corps amer, ou amer d'aloès (corps actif), qui en forme les 75 autres centièmes.

Suivant le mode de préparation, on obtient des sortes diverses d'aloès. Si on fait sécher le suc amer qu'on trouve dans les feuilles de la plante, sous la membrane supérieure, on obtient l'aloès du commerce. La sorte la plus fine se prépare en coupant les feuilles, laissant couler le suc et faisant sécher au soleil. C'est ainsi qu'on prépare l'aloès translucide ou socotrin.

Un autre mode de préparation consiste à réunir les feuilles en faisceau en les liant ensemble, et à les soumettre à l'action de la vapeur d'eau. Ces feuilles se ramollissent et laissent échapper le suc qu'elles renferment. Ce suc ainsi recueilli et amené à l'état de dessiccation, constitue une sorte inférieure.

Si on fait bouillir les feuilles et qu'on les soumette à la pression, elles abandonnent un liquide qui, après la dessiccation, fournit une sorte inférieure d'aloès, dit *aloès caballin*.

Avec l'aloès ordinaire, *aloe vulgaris*, De Candolle, on

prépare l'*aloès hépathique* qui nous vient de l'archipel grec, des Barbades, de la Jamaïque et du Cap. Cet aloès a une couleur de foie tantôt claire, tantôt plus foncée; il est en masses opaques, irrégulières, d'une odeur très-forte et d'une saveur éminemment amère. On le prépare de la même manière que l'aloès translucide, et le commerce l'apporte dans des capsules faites avec des calebasses, dans des outres en cuir ou des tonneaux.

Gomme-laque.

La gomme-laque provient du *coccus lacca*, Kerr, animal articulé de la classe des insectes, de l'ordre des hémiptères et du genre *Coccus*. Cet insecte habite dans les Indes orientales, sur plusieurs arbres, et entre autres l'*aleurites laccifera*, Wildenow, plante monoïque de la monadelphie polyandrie de Linnée, et de la famille des euphorbiacées de Jussieu. Il habite aussi sur quelques espèces de figuiers, *budea frondosa*, Roxburg; *rhamnus jujuba*, Linnée. Ces insectes, du genre *Coccus*, vivent sur les arbres indiqués en sécrétant une résine qui sèche peu à peu à l'air, et qu'on connaît dans le commerce sous le nom de *laque en bâtons*. Telle qu'on la trouve dans le commerce, la laque en bâtons consiste en rameaux de plusieurs centimètres de longueur, de la grosseur d'une tige de froment, d'un tuyau de plume ou plus encore, recouverte d'une écorce mince brun foncé. Leur bois est brunâtre pâle, avec un noyau creux au centre, et ils sont recouverts, sur une épaisseur de plusieurs millimètres, d'un enduit résineux qui présente une surface inégale, raboteuse, ridée, d'une couleur rouge-jaune brunâtre, et parsemée d'un grand nombre de pores très-petits.

Cette résine, à l'état solide, est cassante; quand on la mâche, elle rougit la salive en rouge-violet en développant une saveur fortement astringente. La laque en bâtons est sans odeur, et la masse résineuse presque sans saveur, si ce n'est un peu d'amertume, et elle ne se ramollit pas dans la bouche. Quand on la chauffe, elle ne fond qu'en partie, se boursoufle et répand une odeur piquante aromatique. Si on la chauffe plus fortement, elle brûle à l'air avec une flamme pâle, fumeuse et en ne laissant qu'une petite quantité de cendres. Introduite dans l'eau, elle colore le liquide en une belle couleur rouge; son extrait se comporte comme celui de la cochenille aux réactifs auxquels on la soumet, et il n'y a que l'eau de chaux qui précipite sa dissolution en abondance.

Dans l'éther et l'alcool, la laque en bâtons n'est soluble qu'en partie.

La gomme-laque, détachée des rameaux et pulvérisée, est connue dans le commerce sous le nom de *laque en grains*, et en cet état, elle a été dépouillée en grande partie de sa matière colorante par des lavages. Cette laque consiste en grains d'une grosseur qui varie depuis celle de la graine de moutarde jusqu'à celle d'un pois, irréguliers, raboteux, possédant une couleur brun clair ou brun foncé, virant au rouge et au jaune, d'un éclat mat, mélangés en partie avec des fragments des rameaux, et presque sans saveur. MM. Marquardt et Nees Von Esenbeck, qui ont examiné la laque en grains, y ont rencontré sur 1000 parties :

```
Laque impure. . . . . . . . . . . . . . . .  250
Résine soluble dans l'éther et l'alcool.  290
Résine soluble seulement dans l'alcool.  430
Cire. . . . . . . . . . . . . . . . . . . . .    3
Matière colorante. . . . . . . . . . . . .    5
Acide laccique. . . . . . . . . . . . . . .  traces.
```

La laque en grains, qui a été complètement épuisée de sa matière colorante et qu'on a mis en fusion, donne la *laque en masses*.

Si on épuise la laque en grains par l'alcool, et fait évaporer la solution, on obtient la *laque en écailles*, qu'on rencontre en fragments plus ou moins gros, irréguliers, anguleux, de l'épaisseur d'un carton mince, plus ou moins courbes, d'un couleur brun jaunâtre, tantôt plus claire, tantôt plus foncée, souvent rougeâtre, plus ou moins translucide, d'un éclat résineux, mat sur une des faces et portant des traces de nervures de feuilles.

On distingue deux sortes de laque en écailles, la *blonde* et la *brune*.

La laque en écailles possède une assez grande dureté, cependant elle est cassante, sa cassure est conchoïde, elle est sonore, sans saveur ni odeur. Exposée à la chaleur, elle fond avec facilité en répandant une odeur qui n'est pas désagréable. Elle se dissout aisément et presque complètement dans l'alcool, surtout à chaud. Après le refroidissement, la dissolution est trouble; elle est insoluble dans l'eau et forme l'élément principal de la laque sigillée ou cire à cacheter. La solution alcoolique de la laque en écailles sert de vernis aux ébénistes et aux relieurs. Une bonne sorte de laque doit être brun-jaune clair, translucide, d'un assez grand éclat, sonore, facile à mettre en fusion et se dissoudre entièrement dans l'alcool bouillant. Cette matière est souvent sophistiquée.

On trouve aussi dans le commerce une très-belle laque en écailles, brun clair, translucide, se fondant bien plus difficilement à la chaleur que celle ordinaire et laissant, quand on la dissout dans l'alcool, un résidu assez considérable. Cette laque, analysée par MM. Marquardt et Nees Von Esenbeck, leur a donné sur 100 parties :

Laque.	36
Résine.	61
Cire.	3

La laque en écailles sert aussi à préparer un mastic pour raccommoder la porcelaine et le verre.

Hatchett a fait jadis une analyse comparative des diverses espèces de laques, et a trouvé qu'elles contenaient :

	Laque en bâtons.	Laque en grains.	Laque en écailles.
Résine.	68	88.5	90.9
Matière colorante. .	10	2.5	0.5
Cire.	6	4.5	4.0
Gluten.	5.5	2.0	2.8
Matières étrangères	6.5		
Perte.	4.0	2.5	1.8
	100.0	100.0	100.0

16. *Mastic.*

Produit du *pistacia lentiscus*, L., arbre de la diœcie pentandrie de Linnée, et de la famille des térébinthinacées de Jussieu, arbre qui végète principalement dans les îles de la Grèce, le nord de l'Afrique et le midi de l'Europe. La majeure partie du mastic nous vient de l'île de Chio. On le recueille sur le tronc et les tiges du lentisque où l'on a fait en juillet de légères incisions ; la résine coule de celles-ci en gouttelettes qui se concrètent à l'air et qu'on récolte en août. La plus belle sorte constitue le mastic de choix ou *mastic en larmes.*

Le mastic en larmes est sous la forme de grains oblongs, arrondis, translucides, d'une couleur blanc jaunâtre, se ramollissant et se laissant pétrir sous la dent, et possédant une saveur résineuse aromatique. Le mastic est facile à réduire en poudre et sa cassure a un aspect vitreux. Si on le projette sur des charbons ardents, il répand une odeur agréable. L'alcool bouillant dissout complètement le mastic et l'alcool froid le résout en deux résines, l'une soluble qui y entre pour 90 pour 100, et une insoluble pour 10 pour 100. Cette dernière a reçu le nom de *masticine*. Le mastic renferme en outre une huile éthérée. Son poids spécifique = 1.074.

On trouve dans le commerce, sous le nom de *mastic en sorte*, un mastic de qualité moindre, à grains jaunâtres, et mélangé de débris de bois et d'écorce.

17. *Sandaraque.*

La sandaraque est le produit du *callitris articulata*, Ventenat ou *thuja articulata*, Desfontaines, arbre de la monœcie monadelphie de Linnée et de la famille des conifères de Jussieu.

On rencontre dans le commerce deux sortes de sandaraques : la *sandaraque choix* et la *sandaraque en sorte*.

Les rameaux de l'arbre indiqué sécrètent un suc qui se concrète à l'air en formant des gouttes oblongues blanc jaunâtre. Cette résine est solide, brillante, translucide, se dissolvant aux 4/5 dans l'alcool et entièrement dans l'essence de térébenthine, et elle consiste en plusieurs résines. Projetée sur des charbons ardents, elle répand une odeur aromatique très-agréable.

Le mastic sert presque uniquement à la préparation des vernis, on en fait aussi usage après l'avoir réduit en poudre pour le répandre sur le papier qu'on a gratté et empêcher l'encre de couler. Quand on le mâche, il se réduit en poudre sous la dent. Quelques auteurs lui donnent le nom de *vernix*, d'où est venu, dit-on, le mot français de *vernis*.

18. *Oliban, encens.*

L'oliban provient du *boswellia serrata*, Stackhouse, *boswellia glabra*, Roxburg, qui appartient à la décandrie monogynie de Linnée, et à la famille des térébinthinacées de Jussieu.

L'oliban nous arrive principalement des montagnes des Indes orientales, des côtes occidentales du Bengale, où on le recueille en larmes, d'une grosseur depuis celle d'un pois jusqu'à celle d'une noix, sur la tige et les branches de l'arbre indiqué. Séchées au soleil, ces larmes constituent l'oliban du commerce, dont on distingue ordinairement deux sortes : l'*oliban en grains* ou *choix* et l'*oliban en sorte*.

La première sorte consiste en grains oblongs ou arrondis, cassants, jaune pâle, recouverts généralement d'une poussière blanche. Cette résine n'est qu'à demi-translucide, à cassure conchoïde, d'un éclat moyen, avec une saveur de girofle assez prononcée et une odeur balsamique. Dans les temps anciens, on la brûlait dans les temples en l'honneur des dieux, et aujourd'hui on s'en sert encore, sous le nom d'*encens*, dans les cérémonies du culte catholique.

L'oliban ne se dissout qu'en partie dans l'eau et dans l'alcool ; il ne fond qu'avec difficulté, mais s'enflamme aisément et brûle avec une belle flamme blanche en répandant une odeur aromatique. Il se ramollit quand on l'introduit dans la bouche et donne à la salive un aspect laiteux. Son poids spécifique = 2,220. Braconnot, qui a examiné cette sorte, y a trouvé :

Résine soluble dans l'alcool.	56.0
Résine soluble dans l'eau..	30.8
Gomme.. . . . . : . .	5.2
Huile éthérée et perte.	8.0
	100.0

L'oliban en sorte est plus coloré que celui en grains et mélangé à des débris d'écorce et autres matières étrangères.

L'oliban est en outre employé à la préparation des poudres et pastilles qui répandent une odeur suave quand on les brûle, et des cylindres aromatiques.

19. *Térébenthine.*

La térébenthine s'extrait du pin sylvestre, *pinus sylvestris*, L., qui appartient à la monœcie monadelphie de Linnée, et à la famille des térébinthinacées de Jussieu.

On distingue cinq sortes de térébenthines :

1° La *térébenthine commune*, ou de *Bordeaux*, qui découle du tronc du *terebinthina pinea* ou *communis*, sous la forme d'un produit résineux qu'on reçoit dans une petite fosse qu'on creuse au pied de l'arbre et qu'on conserve dans de grands réservoirs.

On recueille un produit absolument semblable de l'espèce commune de pin, *pinus maritima*, ou pin maritime, qui végète en abondance dans les landes de Bordeaux.

Quand la récolte de la térébenthine cesse, c'est-à-dire lorsque la température atmosphérique s'est abaissée, les troncs qui ont été saignés laissent encore écouler avec lenteur une térébenthine qui se dessèche à l'air, et qui, recueillie en hiver à l'état solide, prend le nom de *gali-pot*, ou *résine commune*. Lorsque ce galipot a été mis en fusion et purifié par voie de filtration, il forme la *poix blanche*, ou *poix de Bourgogne*.

La térébenthine commune est purifiée avant de la livrer au commerce. Cette purification s'opère en la faisant fondre sur un feu doux, dans de grands vases en fer, et en la faisant couler à travers un filtre en paille. Un autre mode de purification consiste à déposer la térébenthine impure dans des caisses percées de trous et à l'évaporer à la chaleur solaire. La térébenthine fond et coule claire, goutte à goutte, par les trous de la caisse supérieure, et constitue ainsi la térébenthine purifiée, ou térébenthine du commerce.

La térébenthine commune est blanchâtre, épaisse et opaque; elle possède une odeur assez désagréable et une saveur vive, amère, rebutante.

2° La *térébenthine de Strasbourg* s'extrait, en France et en Allemagne, du sapin commun, *pinus abies*, L., et du *pinus picea*, L., au moyen d'incisions qu'on pratique sur le tronc de ces arbres. On la purifie ensuite, en la filtrant sous l'influence de la chaleur solaire, et on la livre au commerce dans de petites bouteilles. La couleur de cette térébenthine varie avec l'âge; elle est plus fluide que la térébenthine de Venise, avec laquelle on la confond souvent.

3° La *térébenthine de Venise*, ou térébenthine en larmes, qu'on extrait du *pinus larix*, L., arbre originaire du midi de l'Europe et de l'Asie, en y pratiquant des incisions. Cette térébenthine se purifie de la même manière que les précédentes. La térébenthine de Venise est fluide, translucide, blanc jaunâtre; elle possède une odeur douce particulière et une saveur amère qui lui est propre.

4° La *térébenthine du Canada*, qui découle principalement du *pinus balsamea*, L., et à laquelle on a donné le nom de *baume de Canada*. C'est une térébenthine fine, qui consiste en une huile essentielle et une résine de couleur jaunâtre, de la consistance d'un sirop de sucre, translucide, à odeur de girofle et saveur amère mordante.

5° La *térébenthine de Chio* ou de Chypre, qui est le produit du *pistacia terebinthus*, L., arbrisseau qui croît dans le midi de l'Europe, dans les îles de l'Archipel, et surtout à Chio. On l'extrait en pratiquant des incisions au tronc de cet arbre. Cette térébenthine est très-épaisse, translucide, poisseuse, jaune citron, d'une odeur de citron très-suave, et presque sans saveur amère.

Les éléments de ces diverses sortes de térébenthine se réduisent, en général, à une essence et une résine. La résine se compose de deux acides : l'acide sylvique et l'acide pinique. Si on les chauffe, ces résines éprouvent une transformation, et il se forme des acides colophonique, colophalique, de la résinéine, etc.

On s'occupera plus loin des huiles essentielles que fournissent les térébenthines.

20. *Copahu.*

Le copahu provient d'arbres divers, tels que *copaivera multijuga*, Martius, *copaivera Langsdoffii*, *copaivera coriacea*, Martius, *copaivera Jacquini*, Defontaines, ou *copaivera officinalis*, Humboldt et Kunth, *copaivera gujanensis*, Defontaines, *copaivera bijuga*, Willdenow, *copaivera nitida*, Martius, et d'autres espèces encore qui appartiennent à la décandrie monogynie de Linnée, et à la famille des légumineuses de Jussieu.

Le copahu est une résine fluide qu'on extrait de même par voie d'incisions pratiquées sur les espèces indiquées dans les Indes occidentales, la Martinique, la Trinité, Cayenne, etc., ainsi que dans les provinces de St-Paul, Bahia, Minas-Geraës, au Brésil. Le copahu du Brésil est presque incolore, et celui des Antilles plus ou moins jaunâtre. Le premier a la consistance d'un sirop, le second est plus épais et coloré plus ou moins en jaune. Le poids spécifique est = 0,95. Le copahu contient presque la moitié de son poids en huile essentielle. Il se dissout dans l'alcool absolu, les solutions de potasse caustique et dans l'ammoniaque liquide, et ses solutions sont limpides. On en fait usage tant en médecine que dans les arts, et en particulier dans la fabrication des vernis.

21. *Liquidambar.*

Le *liquidambar*, *ambre* ou *styrax liquide*, est le produit, suivant les uns, du *liquidambar styraciflua*, L., et, suivant d'autres, du *liquidambar altingiana*, Blum, qui appartiennent à la monœcie polyandrie de Linnée et à la famille des amentacées de Jussieu.

Cet arbre végète principalement au Mexique, à la Louisiane et en Virginie. On en extrait le baume au moyen d'incisions pratiquées sur l'écorce et qu'on recueille dans des bouteilles. Le liquidambar qui s'écoule, et a la consistance de la térébenthine de Venise, est d'abord de couleur jaune et devient, avec le temps, brun et plus épais. Son odeur balsamique particulière est fort agréable, et sa saveur résineuse, vive et piquante, rappelle celle du girofle. Cette matière a une réaction acide et laisse, quand on la dissout dans l'alcool bouillant, un résidu blanc. Les éléments principaux sont une essence, une résine molle, de l'acide benzoïque et de la styracine.

Une autre espèce de liquidambar se prépare en faisant bouillir l'écorce et les branches de l'arbre dans l'eau. Cette matière se distingue principalement de la précédente en ce qu'elle a une plus grande consistance, et par une couleur rouge-brun plus foncée. Son odeur n'est pas aussi forte que celle de la première sorte fluide et la proportion de l'essence y est moindre.

Quand on enflamme le liquidambar, il brûle avec une flamme claire et une odeur fort agréable de storax. On l'emploie dans la fabrication des pastilles ou autres matières odorantes destinées à répandre, en brûlant, une odeur agréable. On en a fait aussi usage pour parfumer les gants et autres objets (1).

22. *Vernis chinois.*

Substance qui ressemble au liquidambar et nous vient de la Chine, de la Syrie et de la Cochinchine, provient d'un arbre, *augia sinensis*, qui végète dans ces pays.

(1) Le liquidambar est, en effet, le produit du *liquidambar styriciflua*, de Linnée, qui croît à la Louisiane et au Mexique. C'est une matière gris cendré brunâtre, de la consistance de la térébenthine, qui sèche rapidement, et possède une odeur agréable de benjoin, une saveur amère, vive et brûlante, est soluble dans 4 parties d'alcool, mais ne contenant que 4 pour 100 d'acide benzoïque. Suivant Pereira, il ne faut pas le confondre avec le styrax liquide, produit de la plante *styrax officinalis* qui nous vient de l'Orient, où il porte le nom de *buchuri-jag*, au dire de Buckner. Le plus beau styrax est une masse translucide, de la consistance et de la ténacité de la térébenthine de Venise, de couleur brunâtre, et d'une odeur de vanille. On tire de Trieste une sorte commune qui est opaque, grisâtre, de la consistance de la glu. Le storax commun, *styrax calamita*, est en gros gâteaux ronds, de couleur brune ou brun rougeâtre, et un mélange de résine liquide et de sciure de bois fine ou de son. Le storax en larmes est en grains jaunâtres ou rougeâtres, de la grosseur d'un pois, et il y en a plusieurs variétés peu importantes, qui n'ont d'emploi que dans les arts pharmaceutiques.   F. M.

M. **Macaire-Prinzep** nous apprend que ce vernis se compose d'acide benzoïque, d'une résine jaune et d'une essence incolore. Sa couleur est brunâtre, son odeur aromatique et particulière, sa saveur astringente, puis mordante, est analogue à celle du copahu. Sa consistance est visqueuse, et se rapproche de celle de la térébenthine épaissie. Etendu sur le bois, il forme un vernis brillant qui sèche très-aisément et possède un très-bel éclat. Il se dissout dans l'alcool froid, mieux dans l'alcool bouillant et aussi dans l'essence de térébenthine.

23. *Goudron.*

On distingue plusieurs espèces de goudron. On connaît d'abord le goudron de gaz qui est un résidu de la distillation de la houille dans la fabrication du gaz d'éclairage, le goudron de bois qu'on recueille dans la fabrication du gaz d'éclairage au bois, et le goudron de résine dans la fabrication du gaz de résine.

Le *goudron de houille,* qui, à l'état anhydre, fournit un bon vernis pour le bois et le fer, est tantôt fluide, tantôt épais et de couleur plus ou moins brun-noir. Il renferme une huile légère, une huile lourde et beaucoup de naphtaline. Son odeur est désagréable et ammoniacale.

Le *goudron de bois,* qui provient principalement de l'exploitation des arbres résineux, est brun-noir, d'une consistance épaisse, tenace, d'une odeur pénétrante, se dissolvant dans l'alcool, l'éther et les essences. Si on l'agite avec l'eau, celle-ci se colore en jaunâtre et a une réaction acide. Ses principes immédiats sont la colophane, de l'acide acétique, une résine empyreumatique, de l'essence de térébenthine et plusieurs essences inflammables. Ce goudron sert, comme on sait, à enduire et à calfater les navires, à faire des enduits, etc.

Le *goudron de résine* varie de couleur depuis le jaune jusqu'au blanc. Il est épais, sans avoir une odeur aussi désagréable, et peut aussi se récolter dans l'extraction de goudron des bois de pins.

Ces différentes espèces de goudron constituent des vernis communs et à bon marché qui remplacent, dans certains usages, les couleurs à l'huile qui sont d'un prix bien plus élevé. On les applique surtout sur les métaux pour garantir de la rouille, ainsi que sur le bois pour les préserver de la pourriture et de la décomposition. Les principes âcres qu'ils renferment s'opposent, sur le bois, au développement des cryptogames. Ils possèdent en particulier la propriété de rendre impénétrables à l'eau les corps sur lesquels on les applique. On obtient un excellent vernis élastique pour le calfatage des navires en mélangeant à parties égales du goudron de bois et du goudron de gaz. On trouvera plus loin des détails étendus sur ces vernis au goudron.

SECTION II.

DISSOLVANTS.

—

A. ESPRITS, ALCOOLS, ÉTHERS, ETC.

1. *Alcool ou esprit-de-vin rectifié. Hydrate d'oxyde d'éthyle, alcool éthylique.*

Formule chimique : $C^4 H^5 O + H O$.

L'alcool combiné avec beaucoup d'eau est le produit qu'on obtient, à divers degrés de force, par la distillation des vins, des moûts ou liqueurs vineuses qu'on a soumis à la fermentation. On détermine la richesse des alcools ou des eaux-de-vie par le poids ou le volume de la quantité d'alcool absolu et d'eau qu'ils renferment.

Pour cette détermination, on se sert de certains instruments physiques qu'on appelle des aréomètres, et pour ce but spécial, des alcoomètres. En France, on fait usage de l'alcoomètre de Gay-Lussac qui offre une division volumétrique centésimale. En Allemagne, on se sert ou de l'alcoomètre de Richter, dont l'échelle est aussi divisée en 100 degrés, dont le nombre indique la proportion centésimale en poids de l'alcool dans le liquide soumis à l'épreuve, et pour la mesure centésimale, en volume, de l'alcoomètre de Tralles qui est divisé aussi en 100 degrés qui indiquent cette proportion en volume. L'alcool de 80 pour 100 Richter, avec un poids spécifique = 0,842, est l'alcool ordinaire. L'alcool de 70 pour 100 = 0,872, poids spécifique, n'est pas employé dans la fabrication des vernis.

Pour préparer l'alcool anhydre, on verse une certaine quantité de chaux vive, récemment préparée, dans un appareil distillatoire convenable, et un poids égal d'alcool à 80 pour 100 ; on abandonne le mélange au repos pendant quelques jours, puis on distille, après avoir mis à part les premiers produits, tant qu'il distille encore de l'alcool anhydre. L'alcool anhydre qu'on obtient de cette manière possède une odeur repoussante de chaux dont il est très-facile de la débarrasser par une nouvelle distillation sur des charbons de bois assez récemment portés au rouge, avec addition d'un peu d'acide tartrique.

On possède encore d'autres méthodes pour obtenir l'alcool anhydre, et qui consistent à traiter l'alcool par le chlorure de calcium, le chlorate de potasse, ou le sulfate de cuivre anhydre. Dans la première de ces méthodes, on est obligé de répéter les distillations à plusieurs reprises, ce qui exige un travail long et dispendieux. La dernière méthode est plus simple : le sulfate de cuivre anhydre pulvérisé est mélangé à de l'alcool à 80°, et le tout est agité jusqu'à ce que ce sulfate perde la couleur bleue qui lui est propre et passe à la couleur blanche. On jette alors sur un filtre ; l'alcool qui passe est propre à la fabrication des vernis et doit être conservé dans des flacons dont la fermeture est rodée à l'émeri.

L'alcool anhydre se présente sous la forme d'un liquide limpide comme de l'eau, très-fluide, d'une odeur pénétrante qui n'est pas désagréable, et d'une saveur particulière brûlante, presque caustique, sans réaction, ni acide, ni basique, et dont la vapeur occupe quatre cent quarante-huit fois le volume de la liqueur. Ce liquide bout entre 77° et 78° C., et a un poids spécifique = 0,792. Quand on en approche une flamme, l'alcool prend feu aisément et brûle avec une flamme blanc jaunâtre très-peu éclairante. Exposé à l'air, l'alcool en attire fortement l'humidité, et c'est même sur cette réaction que repose la propriété de l'alcool de s'emparer de l'eau que renferment les matière animales, par exemple, la chair, etc. Ces matières se contractent plus ou moins, et plongées dans l'alcool, elles conservent très-longtemps leur aspect naturel, sans passer à l'état de putréfaction. C'est sur cette propriété qu'est basé l'emploi de l'alcool dans les musées, ou les collections pathologiques, anatomiques et d'histoire naturelle.

Pris à l'intérieur, l'alcool anhydre agit comme une substance tonique, et, ingéré en grande quantité, il détermine la mort. Étendu d'eau et pris avec modération, il ne produit aucun inconvénient, mais avalé en plus grande quantité, il produit l'ivresse et peut occasionner des accidents.

L'alcool étendu de beaucoup d'eau et auquel on ajoute

un peu de sucre, de miel ou un liquide sucré, et maintenu à l'air à une température de 25 à 36° C., s'empare de l'oxygène de l'air, s'oxyde et passe à l'état d'acide acétique. On donne à ce phénomène le nom d'acétification. Dans cette transformation en acide acétique, de l'alcool, celui-ci absorbe exactement la quantité d'oxygène que le sucre qui a été employé à sa formation, renfermait d'acide carbonique.

Si on suppose que le poids d'un litre d'eau soit représenté par l'unité, alors le poids de divers mélanges d'alcool et d'eau ou des alcools à divers degrés de force, sera représenté par les nombres compris dans les trois colonnes du tableau suivant qu'on doit à divers physiciens, et qui ne diffèrent que fort peu entre eux.

POIDS d'alcool pour 100 de mélange.	DENSITÉ à 15°, rapportée à l'eau au maximum. Baumhauer.	DENSITÉS A 15 DEGRÉS rapportées à l'eau à 15 degrés.		
		Baumhauer.	Gay-Lussac.	Gilpin.
100	0.7941	0.7948	0.7947	»
95	0.8089	0.8096	0.8093	»
90	0.8225	0.8232	0.8232	0.8232
85	0.8357	0.8364	0 8363	0.8362
80	0.8484	0.8491	0.8488	0.8487
75	0.8602	0.8610	0.8610	0.8608
70	0.8720	0.8728	0.8729	0.8727
65	0.8838	0.8846	0.8847	0.8845
60	0.8954	0.8962	0.8963	0.8962
55	0.9068	0.9076	0.9077	0.9075
50	0.9179	0.9187	0.9188	0 9187
45	0.9288	0.9296	0.9296	0 9295
40	0.9387	0.9395	0.9398	0.9397
35	0.9482	0.9490	0.9493	0.9492
30	0.9569	0.9577	0.9578	0.9578
25	0.9642	0.9650	0.9652	0.9653
20	0.9706	0.9715	»	0.9721
15	0.9766	0.9775	»	0.9776
10	0.9830	0.9839	»	0.9840
5	0.9903	0.9912	»	0.9913

L'alcool de 86 à 96° constitue l'un des éléments essentiels de vernis, ainsi qu'on le verra par la suite.

2. *Ether, éther sulfurique, oxyde d'éthyle.*

Formule chimique : C^4H^5O.

On l'obtient en mélangeant, avec les précautions nécessaires, 9 parties d'acide sulfurique hydraté à 5 parties d'alcool à 80°, introduisant ce mélange, après le refroidissement, dans une cornue tubulée d'une grande capacité, insérant dans la tubulure un tube dont l'une des branches tirée à la lampe qui ne présente qu'un orifice très-fin, plonge de 10 à 12 millimètres dans le mélange et est mastiqué sur la tubulure, et dont la branche horizontale est aussi en rapport avec un ballon de verre qui renferme une grande quantité d'alcool, le tube de communication pouvant être ouvert ou fermé à volonté. Après avoir introduit cet appareil dans une capsule remplie de sable disposée à cet effet, on y mastique un récipient étanche, muni d'un tube de sûreté, et on conduit le feu de manière que le mélange bouille sans interruption et assez fortement ; quand cela a lieu, on ouvre la communication sur l'alcool assez largement, pour qu'il coule sans interruption autant d'alcool qu'il distille de liquide et que la cornue soit continuellement chargée de la même quantité. On prolonge la distillation tant que le produit se compose d'éther et d'eau, ou que l'acide sulfurique est assez fort pour transformer l'alcool en éther. Le produit consiste en eau, éther hydraté et plus ou moins d'acide, et en distillant ce produit avec un lait de chaux, à une température qui ne doit pas dépasser 38° C., on obtient l'éther sulfurique ordinaire, qu'on peut, en distillant encore une fois sur un poids égal au sien de chlorure de calcium, débarrasser des dernières portions d'eau et d'alcool et obtenir à l'état pur.

L'éther est un liquide incolore très-fluide, très-volatil, d'une odeur particulière, pénétrante, suave, très-forte et d'une saveur brûlante, vive, puis fraîche. L'eau absorbe un neuvième de son poids d'éther, et l'éther est susceptible aussi de s'hydrater. L'éther se mélange en toute proportion avec l'alcool et brûle, quand on en approche un corps en ignition, avec une flamme éclairante et fumeuse sans laisser le moindre résidu. Par un froid artificiel de 35 à 40°, l'éther se congèle entièrement en une masse cristalline. Son poids d'ébullition est très-bas, et il bout déjà entre 35 et 36° C. Il s'évapore très-promptement à la température ordinaire quand on l'expose à l'air, en produisant autour de lui un abaissement assez considérable de la température. Son poids spécifique est = 0.725. L'éther est un dissolvant pour beaucoup de combinaisons organiques et inorganiques, et le pouvoir dissolvant est réglé par les diverses proportion d'eau ou d'alcool qu'il renferme. Mélangé à 3 parties d'alcool à 80°, l'éther constitue l'éther sulfurique alcoolisé ou gouttes d'Hoffmann.

Les autres éthers, tels que l'éther acétique, l'éther azotique, etc., ne sont pas employés dans la fabrication des vernis.

3. *Esprit de bois, alcool méthylique.*

Formule chimique : $C^2 H^3 + H O$.

L'esprit de bois est contenu dans le liquide aqueux qui passe au commencement de la distillation sèche du bois, où il est accompagné d'acide acétique, d'acétone, et d'huiles empyreumatiques. Si on sature le liquide aqueux avec l'hydrate de chaux, il se sépare une portion des huiles empyreumatiques et l'acide acétique se trouve combiné et fixé. Si on distille alors ce liquide, on obtient l'esprit de bois brut du commerce. Cet esprit de bois exige au moins six rectifications sur de nouvelle chaux, jusqu'à ce qu'on l'ait débarrassé d'une huile pyrogénée, adhérente et qu'on puisse l'avoir incolore. L'esprit de bois ainsi obtenu, distillé sur du chlorure de calcium, est alors débarrassé du mélange de mesite et de xylite. Le chlorure de calcium forme avec l'esprit de bois une combinaison qui ne se détruit pas à la température de 100° C., c'est sur la stabilité de cette combinaison qu'est fondée l'élimination complète des substances mélangées par une distillation à 100°. Si on chauffe cette combinaison avec de l'eau dans une cornue, on peut recueillir de l'esprit de bois tant qu'il ne trouble pas l'eau.

L'esprit de bois a une odeur particulière, une saveur brûlante comme l'alcool ordinaire, mais il est neutre et a un poids spécifique = 0.79. Il brûle aussi avec une flamme bleue, et se comporte dans ses mélanges avec d'autres liquides, et dans son pouvoir dissolvant comme l'alcool ordinaire ou éthylique. Il agit physiologiquement parlant comme cet alcool, et produit l'ivresse sur l'homme et les organismes animaux. Dans ces derniers temps, on l'a employé avec succès à la préparation des vernis.

4. *Acétone, alcool œnylique.*

Formule chimique : $C^6H^5O + HO$.

L'acétone est le produit de la distillation sèche d'un acétate, par exemple, de l'acétate de chaux. Si on distille ce produit sur de la chaux, et qu'on rectifie sur du chlorure de calcium, on obtient l'acétone pur.

C'est un liquide incolore, ayant même odeur que l'éther acétique, d'une saveur aromatique brûlante, s'enflammant très-aisément, bouillant à 55° C., et ayant un poids spécifique $= 0.79$. Si on soumet l'acétone à la distillation avec le bichromate de potasse, il se dédouble en acide acétique et en acide carbonique. Dans les derniers temps, on a fait servir l'acétone à la préparation des vernis, et il en sera question dans le cours de cet ouvrage.

5. *Chloroforme.*

Formule chimique : C^2HCl^3.

On peut préparer le chloroforme d'une manière bien simple, en mélangeant 1 lit. 50 d'eau à 2 kilog. d'alcool à 80° et 0 kil. 5 de chlorure de chaux et distillant, on obtient ainsi du chloroforme qui renferme encore de l'alcool. On agite ce produit avec de l'eau qui s'empare de l'alcool, tandis que le chloroforme tombe au fond. Pour l'extraire de l'eau, on distille sur l'acide sulfurique concentré et le chloroforme reste à l'état de pureté.

C'est un liquide incolore, d'une odeur agréable éthérée, d'une saveur douce qui possède un poids spécifique $=$ 1.48. Le chloroforme doit être absolument pur et ne contenir ni chlore ni acide sulfurique libre. De plus, quand on le verse dans l'eau, il doit rester limpide et ne pas verdir par le bichromate de potasse ou l'acide sulfurique; il faut qu'il ne brûle qu'avec beaucoup de difficulté quand on l'enflamme, qu'il ne donne pas de précipité avec l'azotate d'argent et ne devienne pas brun avec la potasse.

C'est un excellent dissolvant du gutta-percha, ainsi qu'on le verra par la suite.

B.   HUILES GRASSES OU FIXES.

1.   *Huile de lin.*

Cette huile s'extrait de la semence du lin commun, *linum usitatissimum*, L., plante de la pentandrie monogynie de Linnée, et de la famille des linnées qui est cultivée dans la plupart des pays de l'Europe. Les semences contiennent l'huile qui est renfermée dans l'embryon et qu'on en extrait en grand par la trituration, le chauffage et l'expression.

L'huile de lin a une couleur jaune clair quand elle a été exprimée à froid, et jaune brunâtre quand elle l'a été à chaud. La première est d'une meilleure qualité, tandis que la seconde devient facilement rance. A — 27° C., elle se fige et constitue une masse solide jaune, et à + 15°, son poids spécifique = 0.940. Elle possède une odeur et une saveur particulières, sèche très-facilement, et est soluble dans l'éther et l'alcool. C'est à raison de cette propriété siccative que l'huile de lin joue un rôle fort important dans la fabrication des vernis ; cette huile sert en outre à la fabrication des encres d'impression, des toiles dites cirées, etc.

Par l'huile de lin cuite ou siccative, on entend une huile de lin qu'on a fait bouillir avec 7 à 8 pour 100 de litharge jusqu'à ce qu'elle prenne une teinte rougeâtre ; on l'abandonne alors au repos pendant quelque temps et on sépare du dépôt par le filtre.

On connaît plusieurs méthodes pour purifier l'huile de lin, nous ferons connaître ici les principales :

1. On peut obtenir de l'huile de lin pure et limpide avec l'huile trouble par le simple repos.

2. On peut débarrasser l'huile de lin de ses parties mucilagineuses en l'agitant suffisamment dans un baquet avec la moitié de son poids d'eau salée. Lorsque l'eau s'est séparée de l'huile, on décante celle-ci avec un siphon. On verse de l'eau de pluie sur l'huile, on agite comme il faut et on décante ; on enlève ainsi à cette huile tout le mucilage et on obtient une huile limpide, jaune d'or et parfaitement propre à la fabrication des vernis.

3. Une autre méthode consiste à verser l'huile de lin dans de grands flacons en verre qu'on expose à la chaleur des rayons solaires et qu'on y laisse pendant 8 jours. L'huile devient bien blanche et limpide. Quand à l'huile on ajoute un peu d'eau et, après l'avoir agitée, on y

mélange quelques grains de plomb et enfin qu'on expose au soleil, on favorise beaucoup le traitement.

4. En hiver, il se présente plus de difficultés pour cette opération. On mélange alors l'huile de lin avec de la neige pour former avec ces deux substances une masse qu'on expose à l'air pour la laisser se congeler. Après avoir fait dégeler, l'huile se sépare de l'eau, on décante l'huile avec précaution et on répète l'opération plusieurs fois jusqu'à ce que l'huile soit devenue entièrement limpide et propre à sa fabrication.

5. M. Chevalier a indiqué le moyen suivant pour purifier l'huile de lin et la rendre bien siccative. Dans 2 litres d'huile on introduit 62 grammes de litharge et 62 grammes de rognures ou de limaille de plomb, deux à trois têtes d'ail et un morceau de croûte de pain grillé, toutes substances qu'on a d'abord renfermées dans un petit sac. On chauffe pendant 5 à 6 heures l'huile dans laquelle sont plongées ces substances, et après le refroidissement, on décante l'huile qu'on conserve, pour l'usage, dans des flacons.

Chez les huiles anciennes, et qui n'ont pas été sophistiquées, on peut en chasser les parties aqueuses par l'évaporation, tandis que celles mucilagineuses se déposent au fond et peuvent en être séparées par voie de décantation.

6. On dissout 1 kilog. de sulfate de fer ou couperose verte dans 1 lit.25 d'eau de pluie, et on mélange cette dissolution dans un grand flacon en verre, avec 1 kilog. d'huile de lin brute. Ce mélange, qu'il convient d'agiter très-fréquemment, est abandonné à l'action des rayons solaires pendant un à deux mois. Au bout de ce temps, l'huile doit être parfaitement pure et incolore, le sulfate de fer s'empare du mucilage et on en sépare l'huile au moyen d'un siphon.

7. Suivant le *Technologiste* (1), il faut mélanger les grandes masses d'huile de lin avec l'hydrate de protoxyde de manganèse dans la proportion de 2,5 à 6 kilog. pour 1000 kilog. d'huile et porter à la température de 30 à 40° C. Au bout de 15 à 20 minutes, l'huile a perdu sa couleur jaune et en a pris une verdâtre qui passe au brunâtre, tandis que l'oxyde s'y est dissous. Cette huile est, dit-on, parfaitement siccative.

(1) Le *Technologiste, ou Archives des progrès de l'Industrie française et étrangère,* recueil périodique qui paraît tous les mois à la *Librairie de Roret.*

8. En Angleterre, on se sert du moyen suivant pour purifier l'huile de lin.

Prenez une bassine en cuivre pouvant contenir 4 à 5 hectolitres, posez-la sur un fourneau et remplissez-la d'huile de lin jusqu'à 12 à 15 centimètres du bord. Allumez le feu que vous dirigez pour que l'huile chauffe peu à peu et doucement pendant les deux premières heures et enfin portez à une douce ébullition. S'il se forme des écumes à la surface, enlevez-les. Laissez l'huile bouillir ainsi pendant trois heures, puis introduisez-y par petites portions à la fois 7 kilog. de la meilleure magnésie calcinée par hectolitre d'huile, en agitant de temps à autre. Lorsque toute la magnésie a été introduite, on laisse bouillir environ une heure. On couvre l'huile, on retire le feu ou on l'éteint avec l'eau, on décante l'huile et on l'abandonne jusqu'au lendemain, ou on la décante de nouveau, on la fait écouler dans un réservoir en étain ou en plomb où on l'abandonne pendant trois mois. La magnésie absorbe tout l'acide et le mucilage de l'huile et tombe au fond du réservoir en laissant une huile limpide, transparente et propre à fabriquer des vernis; quand on la puise pour cela, il ne faut pas remuer le fond qui ne peut servir qu'à des peintures foncées.

9. Il y a toujours avantage à conserver l'huile dans de grands réservoirs pendant trois à quatre mois avant de l'employer à la fabrication des vernis. Elle a ainsi tout le temps pour s'éclaircir. Les matières mucilagineuses se précipitent, et pour qu'il n'y ait pas de perte, on chauffe ces matières assez fortement dans une chaudière, et au bout de quelques jours, on peut décanter l'huile claire qui s'en est séparée.

2. *Huile d'œillette, huile de pavot.*

Cette huile s'extrait de la graine du pavot commun ou œillette, *papaver somniferum*, L., plante de la polyandrie monogynie de Linnée et de la famille des papavéracées de Jussieu.

L'huile d'œillette s'extrait de la semence du pavot par la trituration et l'expression. Quand cette expression se fait à froid, on obtient l'huile comestible qui est très-douce, de couleur jaune pâle, d'une odeur agréable, qui se fige à $+ 1°.9$ C. et se dissout dans 25 parties d'alcool froid, 6 parties d'alcool bouillant, et en toute proportion dans l'éther. Poids spécifique $= 0,929$. La tritura-

tion et l'expression à froid de la graine d'œillette fournissent, indépendamment de l'huile, des tourteaux d'œillette.
Si on triture de nouveau ces tourteaux et qu'on les exprime
à chaud, on obtient l'huile d'œillette rouge qui sèche bien
mieux que la blanche et qu'on emploie par conséquent
quelquefois dans la fabrication des vernis. On l'estime et
on en fait aussi usage dans la peinture à l'huile. Pour
rendre l'huile d'œillette plus siccative et parfaitement
pure, on procède ainsi qu'il suit :

1. On dissout 30 grammes de vitriol blanc ou sulfate
de zinc dans 1 1/2 litre d'eau distillée ou d'eau de pluie
dans un pot en grès d'une grande capacité ; on ajoute
l'huile d'œillette et on fait bouillir jusqu'à ce que la moitié de l'eau soit évaporée. Lorsque le résidu est suffisamment refroidi, on le verse dans un flacon en verre et on
l'abandonne au repos jusqu'à ce que l'huile se sépare de
l'eau et flotte limpide au-dessus du dépôt. On décante
alors avec précaution et on expose l'huile ainsi obtenue
pendant quelques semaines à l'action des rayons solaires ;
l'huile est alors limpide, pure et prête à fabriquer des
vernis.

2. On dissout 120 grammes de sucre de saturne ou acétate neutre de plomb dans 1 litre d'eau chaude, et on y
ajoute peu à peu, en agitant constamment, 60 grammes
de litharge broyée en poudre aussi fine que possible,
et on fait bouillir en remuant toujours pendant une
heure ; on laisse refroidir et il se forme un dépôt blanc
au-dessus duquel nage un liquide clair ; ce liquide est
décanté et on fait sécher le dépôt à une douce chaleur ;
on y mélange 240 grammes d'huile d'œillette, on introduit dans un flacon et on expose au soleil jusqu'à ce que
l'huile devienne blanche et propre à faire des vernis.

3. Il y a un autre moyen de blanchir l'huile d'œillette,
qui consiste à la mélanger avec son poids de céruse pure
broyée finement; et à exposer ce mélange dans des plats
ou des écuelles en porcelaine pendant six à huit jours
aux rayons solaires. L'huile doit former au plus une couche de quelques millimètres au-dessus de la céruse. Des
caisses en tôle peuvent très-bien remplacer les vases en
porcelaine.

3. *Huile de noix.*

Cette huile est, comme on sait, extraite du fruit ou
plutôt de la graine du noyer, *juglans regia*, L., arbre de

là monœcie polyandrie de Linnée et de la famille des juglandées de De Candolle.

On l'exprime des noix trois mois après leur récolte, et, à cet effet, on concasse ces noix, on enlève le bois et l'amande est broyée sous des meules. On obtient de cette manière une masse pâteuse qu'on introduit dans des sacs et soumet à la presse. La première huile qui s'écoule est employée comme substance alimentaire.

L'huile de noix possède, quand elle est fraîche, une couleur verdâtre, mais passe peu à peu au jaune; elle est sans odeur, d'une saveur douce, se fige à — 2°.7 C. et ne se dissout que difficilement dans l'alcool. Son poids spécifique a + 15° C. = 0,926. Elle sèche facilement, et, en conséquence, peut être employée pour fabriquer les vernis qui servent à faire l'encre typographique et d'impression en taille-douce. L'acide nitreux la colore en rouge rosé, propriété qui distingue cette huile de celles analogues.

Si on broie de nouveau les tourteaux, qu'on chauffe la farine et soumette à la presse, on recueille une huile un peu plus fortement colorée que la première et qu'on peut principalement employer dans les arts. Au lieu de ces pressions à froid et à chaud, on peut très-bien soumettre immédiatement l'amande concassée ou broyée à un léger rôtissage. Quand ensuite on met en presse cette pâte grillée, on obtient une huile colorée d'une saveur désagréable, mais plus propre à la fabrication des vernis. L'huile de noix renferme encore plus de parties mucilagineuses que l'huile d'œillette. Il faut donc la purifier par les mêmes moyens que celle-ci et dans les mêmes rapports; seulement, on prend le double de la quantité indiquée de sulfate de zinc. L'huile de noix ainsi purifiée peut être immédiatement employée à la fabrication des vernis. Cette huile est d'ailleurs excellente pour les enduits colorés exposés à l'air extérieur.

C. HUILES ESSENTIELLES, ESSENCES.

1. *Essence de térébenthine.*

L'essence de térébenthine est l'un des produits du pin sylvestre, *pinus sylvestris,* ainsi qu'on l'a annoncé à l'article ci-dessus relatif aux térébenthines. Cette essence s'obtient en distillant les térébenthines avec de l'eau et rectifiant le produit sur de la chaux ou du chlorure de calcium. C'est de cette manière qu'on fabrique l'essence de térébenthine du commerce.

C'est un liquide incolore, fortement balsamique, à odeur forte, à saveur brûlante, qui bout à 160° C. Exposée à l'air, l'essence de térébenthine produit de la résine et de l'acide formique qui lui donne une réaction acide. Son poids spécifique est = 0.8. Elle se dissout aisément dans l'alcool absolu. Quand elle est trouble et de couleur jaune, c'est qu'elle a été mélangée à une huile grasse, ce qui arrive souvent aujourd'hui avec l'huile rectifiée de résine. Un mélange de cette sorte est très-préjudiciable à la préparation du vernis. Cette essence est le meilleur dissolvant pour les résines et l'agent le plus propre à donner de la fluidité aux couleurs à l'huile.

On distingue dans le commerce deux sortes d'essences de térébenthine, l'essence française et l'essence d'Amérique. Ces deux sortes ne présentent aucune différence sous le rapport des propriétés chimiques, mais l'essence américaine est généralement d'une couleur bien plus blanche que celle française. L'essence de térébenthine française joue un rôle important dans la fabrication des vernis.

La térébenthine de Hongrie, produit du *pinus humilis,* fournit, par voie de distillation avec l'eau, une essence qu'on appelle huile de temple (*oleum templinum*), mais qu'on n'emploie guère dans la fabrication des vernis.

2. *Pinoline, essence d'Amérique.*

Quand on soumet à une distillation sèche la résine d'Amérique, on obtient d'abord une essence aisément volatile, d'une odeur particulière qui, par une rectification sur la chaux et la soude, devient d'un jaune vineux presque blanc : c'est le liquide auquel on a donné le nom de pinoline.

La pinoline est un liquide d'une grande fluidité, qui ressemble à l'essence de térébenthine, a une odeur fortement aromatique et un poids spécifique = 0,836. On s'en sert surtout dans la préparation des vernis de résines et à l'éclairage, dans des appareils construits pour cet objet.

Cette essence est la seule qui permette à un vernisseur, qui a mal réussi et qui est obligé de laver un panneau verni, de remédier à l'accident sans enlever le vernis appliqué, et après, polir et vernir ce dernier. Il suffit d'imbiber l'outil avec cette essence et d'en passer sur les épaisseurs et les bavures, de manière à ce que celles-ci

reprennent la fluidité nécessaire pour obtenir une surface unie où les épaisseurs ont disparu et où la surface
réparée est brillante, bondissante et non sablée. D'ailleurs, c'est celle qui s'accorde le mieux avec les vernis
anglais.

3. *Essence de lavande.*

On l'extrait du *lavandula vera*, De Candolle, plante de
la didynamie gymnospermie de Linnée et de la famille
des labiées de Jussieu.

L'essence de lavande qu'on obtient par la distillation
des fleurs fraîches de la lavande, dans la Provence, possède une couleur blanc jaunâtre, une odeur fortement
aromatique et un poids spécifique = 0,87 et 0,88, et est employée surtout dans la fabrication des vernis, parce qu'elle
jouit de la propriété, plus que toute autre essence, de
dissoudre le copal et le succin.

4. *Huile d'aspic.*

On l'extrait de la lavande à feuilles larges, *lavandula
spica*, par voie de distillation, principalement en Italie.
C'est une essence jaunâtre, très-fluide, d'une saveur brûlante, amère, d'une odeur d'essence de térébenthine, qui
se dissout aisément dans l'alcool concentré, absorbe beaucoup l'oxygène et se résinifie peu à peu. L'huile d'aspic
est souvent falsifiée, dans le commerce, par l'essence de
térébenthine.

5. *Essence de romarin.*

L'essence ou huile de romarin provient du romarin
officinal, *rosmarinus officinalis*, L., plante de la diandrie
monogynie de Linnée et de la famille des labiées de Jussieu.

Cette essence s'obtient, par la distillation avec l'eau,
des fleurs de la plante indiquée. C'est un liquide éthéré,
blanc jaunâtre, d'une forte odeur camphrée et d'un poids
spécifique = 0,91, bouillant à 165° C., et se dissolvant
dans l'alcool concentré. On l'emploie dans la fabrication
des vernis, à cause de la propriété signalée ci-dessus chez
l'huile de lavande, et dont elle jouit aussi.

6. *Camphre.*

Produit du *laurus camphora*, L., arbre de l'ennéandrie
monogynie de Linnée et de la famille des laurinées de
Jussieu. On connaît, dans le commerce, plusieurs espèces
de camphres :

1° Le *camphre du Japon*, formule chimique : $C^{20} H^{16} O^2$, qui provient de plusieurs espèces de lauriers, mais surtout du *laurus camphora*, qu'on trouve dans la masse du bois de cet arbre, et on l'en extrait en abondance, puisqu'on recueille depuis 6 jusqu'à 12 kilog. de camphre d'un seul arbre.

On introduit le bois coupé menu de ce laurier, avec de l'eau, dans une cucurbite en fer surmontée d'un chapiteau en terre, dans lequel il y a des ramilles et de la paille sur lesquelles se dépose le camphre qui distille. Le camphre ainsi obtenu est mélangé à un peu de chaux ou de craie, et du charbon sublimé dans des cornues plates en verre, et forme alors de petits pains friables, incolores, translucides, un peu plus légers que l'eau, fondant à 178°, bouillant à 204° C., s'évaporant en totalité sans se décomposer, et dont le poids spécifique, est dans l'état normal $= 5,317$.

Le camphre est une substance blanche, solide, grasse au toucher, transparente ou translucide, cristalline, fusible et volatile, très-peu soluble dans l'eau, mais soluble dans l'éther, l'alcool, les huiles grasses et volatiles, possédant une odeur et une saveur propres très-prononcées et présentant un poids spécifique $= 0.986$. On peut le pulvériser quand on y ajoute de l'alcool. C'est en Asie qu'on le récolte principalement et en Europe qu'on le raffine.

L'acide azotique ne fait pas éprouver à froid de changement au camphre, mais quand on chauffe, le camphre s'oxyde et se transforme en acide camphorique ($C^{20}H^{14}O^6$ $+ 2HO$) qu'on peut obtenir tant à l'état hydraté, c'est-à-dire combiné à un équivalent d'eau, qu'à l'état anhydre, mais qui, sous ces deux états, présente des particularités remarquables. Distillé de nouveau sur l'acide phosphorique anhydre, le camphre perd tout son oxygène et s'empare en même temps d'une quantité équivalente d'hydrogène pour former le corps $C^{20} H^{23}$ que M. Dumas a appelé *camphogène* et M. Mitscherlich *cumène*.

2. Le *camphre de Bornéo* ou de *Sumatra* a pour formule chimique $C^{20} H^{16} + 2HO$ (?) et est le produit du *dryobalanops camphora* qui croît à Bornéo et à Sumatra. Ce camphre a une composition différente de celui du Japon. Il nous arrive en petites masses qui consistent en cristaux blancs, translucides, friables. Son odeur est la même à peu près que celle du camphre des laurinées et il se comporte de même vis-à-vis des dissolvants, seulement il ne fond qu'à 198° C. et ne bout qu'à 212°. Si on le

traite par l'acide phosphorique anhydre, il se transforme en bornéène ($C^{20}H^{16}$) hydrogène carburé isomère, avec les huiles éthérées non oxygénées provenant des familles des conifères et des aurantiacées. En le faisant bouillir avec de l'acide azotique de force moyenne, il se transforme en eau et en camphre ordinaire.

3. Le *camphre de Bornéo liquide*, essence de camphre ou *campherole* de Sumatra, s'écoule des incisions qu'on pratique aux jeunes sujets du *dryobalanops camphora*, et a une composition qui correspond exactement à celle de la *bornéène*, de façon qu'il est présumable que le camphre solide est produit par ce liquide qui a absorbé ou incorporé les éléments de l'eau.

Les essences d'anis, de fenouil, d'anis étoilé, fournissent un stéaroptène auquel on a donné le nom de *camphre d'anis* et qui est la seule et même substance.

Dans la fabrication des vernis, le camphre est employé comme agent auxiliaire, parce qu'il jouit de la propriété de favoriser la faculté de se dissoudre des diverses résines dans l'alcool et l'essence de térébenthine.

A côté des huiles essentielles dont il vient d'être question, viennent se ranger les produits de la distillation du goudron de houille.

1. *Naphte de houille.*

On l'extrait à l'état brut par la distillation sèche du goudron de gaz et en traitant par l'acide sulfurique et rectifiant sur la chaux sous la forme d'un liquide oléagineux brun clair; le poids spécifique varie de 0,934 à 0,909. Si on traite de nouveau par l'acide sulfurique et qu'on soumette à une nouvelle rectification avec une forte lessive de soude, on a un naphte de houille limpide comme l'eau qui est d'un poids spécique $= 0.886$ à 0.875. C'est un liquide éthéré, très-fluide, d'une odeur propre, qui sert, dans la fabrication des vernis, de dissolvant pour le gutta-percha, le caoutchouc, les huiles grasses, les résines, les cires, etc.

2. *Benzole, benzine.*

Formule chimique : $C^{12}H^6 = (C^{12}H^5)H$.

Cette substance, découverte en 1825, par M. Faraday, dans les produits secondaires de la fabrication du gaz d'éclairage, a été rencontrée depuis par M. Mitscherlich parmi ceux de la décomposition de l'acide benzoïque.

Le benzole est un liquide limpide, incolore, très-fluide, d'une odeur particulière et caractéristique, qui se fige à 0°, et forme alors des paillettes cristallines magnifiques disposées en croix, translucides, qui s'unissent en masses comme des feuilles de fougères, avec ramuscules nombreux plantés à angle droit sur l'axe primitif. La masse cristalline ne fond qu'à + 150° C., elle est peu soluble dans l'eau froide et se mélange à l'éther et à l'alcool. Son poids spécifique est = 0,899. Le benzole bout à la température constante de 80°,4 C., il s'enflamme très-aisément et brûle avec une flamme fortement éclatante.

3. *Créosote.*

Pour extraire la créosote, on traite l'huile de goudron de houille par l'acide sulfurique et le peroxyde de manganèse, on lave avec l'eau et on distille, en soumettant les gouttelettes qui passent à une basse température, afin d'en éliminer la naphtaline qui distille avec l'essence. Par cette distillation, on obtient ordinairement deux essences de forces différentes : l'une, qui a un poids spécifique qui varie de 1,036 à 1,05, et est employée dans la composition de divers agents de graissage; l'autre, du poids spécifique de 1,014 à 1,029, et qui sert à la préparation de vernis peu siccatifs pour nettoyer les métaux. Elle remplace aussi dans la lithographie, l'essence de térébenthine que les artistes emploient pour nettoyer leurs pierres, et chez les imprimeurs en lettres, pour préparer les lessives pour nettoyer les formes. De plus, c'est un bon dissolvant pour le caoutchouc et le gutta-percha, et c'est même avec cette substance qu'on prépare les différentes solutions de ces substances à divers degrés de consistance.

SECTION III.

MATIÈRES COLORANTES QUI ENTRENT DANS LA FABRICATION DES VERNIS.

---

1. *Rocou, arnotto.*

Le rocou est le produit des capsules et de la graine du *bixa orellana*, L., arbre de la polyandrie monogynie de Linnée et de la famille des bixinées de Kunth. C'est surtout dans les Indes occidentales qu'on le prépare à l'état de pâte sèche d'un beau rouge ou d'un jaune rougeâtre.

Cette matière se trouve dans le commerce sous la forme de pains ou gâteaux oblongs, aplatis, rectangulaires, du poids de 1 à 1 1/2 kilog. enveloppés dans des feuilles. A l'extérieur, ces pains sont à peu près lisses et de couleur pâle, à l'intérieur, de couleur cramoisi, souvent secs, mais plus ordinairement humides, mous et pâteux, déteignant fortement sur les doigts, la plupart du temps d'une odeur assez fétide de chanci ou de moisi, mais qui, après une longue conservation, se transforme en une odeur de violette et une saveur un peu salée et acerbe. Le rocou est une substance résineuse qui colore en un beau rouge l'alcool, les huiles grasses, et les lessives alcalines. Il renferme deux matières colorantes, l'une jaune, l'*orelline*, qui se dissout aisément dans l'eau et l'alcool, et l'autre rouge, qui est à peu près insoluble dans l'eau, mais se dissout aisément dans l'alcool et les alcalis qu'elle colore en orangé. L'eau tenant en dissolution de la potasse est son meilleur dissolvant. Les qualités supérieures du rocou doivent renfermer plus de matière colorante jaune que de rouge.

La matière colorante du rocou prend une teinture plus rouge encore sous l'influence des acides, mais les acides sulfurique et azotique la détruisent. Les alcalis lui font prendre une belle couleur jaune orangé.

Le rocou est sophistiqué avec de la terre ou de la brique en poudre ; pour s'en assurer, il n'y a qu'à dissoudre dans l'eau, et les deux substances qui sont insolubles se précipitent au fond.

On fait usage du rocou tant dans la teinture que dans la fabrication des vernis : le meilleur rocou vient de Cayenne, celui du Brésil et des Indes occidentales lui est inférieur. Le rocou des Indes orientales, qui arrive en pains peu épais, de couleur orangé foncé, renferme 63 pour 100 de matière colorante, on le classe parmi les premières qualités, mais il vient rarement en Europe. En Hollande, en Angleterre et en France, on se sert souvent du rocou pour colorer le beurre ou le fromage.

2.   *Orseille, persio cudbear.*

L'orseille provient de plantes appartenant à l'ordre des cryptogames et de la famille des lichens, telles que *parmelia roccella, lichen roccella,* L., *lichen tartaricus, variolaria dealbata, gyrophora pustulata,* etc.

On distingue en général deux sortes d'orseilles :

1° *Orseille d'herbe, orseille des Canaries ; orseille de*

Hollande : c'est la meilleure qualité qu'on trouve dans le commerce, soit en gâteaux ou en pains, soit à l'état humide et sous la forme d'une pâte violette.

2° L'*orseille de terre, orseille d'Auvergne,* provient des lichens qui végètent sur les rochers granitiques de l'Auvergne, du Languedoc, etc. : on le prépare en y ajoutant de la chaux, du bois de Brésil et de l'urine, et il est toujours mélangé à 25 pour 100 de terre ou d'impuretés. Le *persio* ou *cudbear* en diffère par la forme en ce qu'on le livre au commerce à l'état pulvérulent.

Dans le traitement en grand des lichens, on les broie avec l'eau pour en faire une sorte de pâte qu'on arrose avec un liquide ammoniacal (eaux des usines à gaz, urine putréfiée, etc.), puis qu'on abandonne dans un lieu chaud à une sorte de fermentation ou de décomposition, en brassant avec soin de temps à autre. Au bout de 4 à 6 semaines, la matière colorante s'est développée comme il convient, ce qu'on reconnaît en broyant sur un carreau de verre un échantillon de la pâte. La matière colorante propre des lichens indiqués a été appelée *érythrine* ou *varioline,* et voici quelles sont ses propriétés. L'érythrine est une poudre incolore, sans odeur ni saveur, cristalline, insoluble dans l'eau froide, difficilement soluble dans l'eau bouillante dont elle se sépare par le refroidissement, soluble dans l'alcool et se dissolvant à peine dans les huiles grasses, mais bien dans les essences, insoluble aussi dans l'acide chlorhydrique, mais soluble à chaud dans l'acide acétique et l'acide sulfurique, mais décomposée par l'acide azotique. L'érythrine fond et se volatilise à des températures élevées et finit par brûler. Les alcalis caustiques et carbonatés la dissolvent et la dissolution est incolore, mais ils la décomposent en même temps en formant de l'amer d'érythrine analogue à l'amer d'aloès, produit de l'oxydation de l'aloès par l'acide azotique. Si on dissout l'amer d'érythrine dans l'ammoniaque caustique et qu'on renferme la dissolution dans un vase en verre bouché, elle paraît brun rougeâtre, si on la chauffe doucement au contact de l'air, on obtient une couleur rouge vineux.

L'orseille est employée tant en teinture que dans la fabrication des vernis.

M. Leeshing a communiqué un procédé pour s'assurer de la pureté de l'orseille du commerce. Il rappelle d'abord que l'orseille se prépare en y introduisant du bois de Campêche, etc., et qu'il arrive souvent qu'il est sophistiqué avec assez d'étendue avec des extraits de campêche, peut-être aussi de bois de Lima ou de bois de Sappan. En conséquence, ce chimiste propose, pour faire l'essai de l'orseille, d'étendre 50 gouttes d'orseille pure (sous forme d'extrait) de 90 grammes d'eau, d'introduire dans un flacon, d'aiguiser avec l'acide acétique, puis de chauffer avec 50 gouttes d'une solution de chlorure d'étain (consistant en 1 partie de sel d'étain cristallisé et 2 parties d'eau) au bain de sable jusqu'au point d'ébullition. La liqueur se décolore presque complètement en prenant une nuance jaune pâle, en formant un précipité de la même couleur.

Maintenant, si on dissout une goutte d'un extrait de campêche dans 90 grammes d'eau et qu'on soumette à la même opération, il en résulte une coloration prononcée en violet.

Si donc un orseille renferme seulement 3 à 4 pour 100 d'extrait de campêche, la couleur de la liqueur, après le traitement qu'on vient d'indiquer, reste grisâtre, tandis que si la sophistication a eu lieu avec les bois de Lima ou de Sappan, la liqueur, quand on la fera bouillir, développera une couleur rouge.

3. *Curcuma, terra merita, safran des Indes.*

Produit du *curcuma longa*, L., plante de la monandrie monogynie de Linnée et de la famille des scitaminées de Jussieu, qui croît principalement dans les Indes orientales et en Chine.

Le curcuma est la tige souterraine ou racine de cette plante. Cette racine est articulée ou annelée, de 12 à 25 millimètres de grosseur sur une longueur de 4 à 5 centimètres, parfois plus ou moins noueuse, jaune grisâtre à l'extérieur, jaune-brun foncé à l'intérieur, suivant sa forme constituant le curcuma long ou rond, à cassure d'apparence résineuse et brillante, d'une odeur et d'une saveur de gingembre, et colorant en jaune intense l'eau et l'alcool. Ses principes immédiats sont une matière colorante jaune résineuse, une matière colorante jaune extractive, une huile éthérée, de la gomme et de l'amidon.

La matière colorante jaune de la racine de curcuma passe au brun par les alcalis. On lui a donné le nom de jaune de curcuma ou *curcumine*. Elle est brun rougeâtre en masse, jaune intense quand elle est en poudre. Elle fond à 40° C., est peu soluble dans l'eau qu'elle colore en jaune, se dissout aisément dans l'alcool et les huiles essentielles, toutes solutions qui, quand elles sont concentrées, ont une coloration presque rouge-brun. Les acides sulfurique, azotique et chlorhydrique la dissolvent en se colorant en rouge cramoisi. Le curcuma sert à colorer certains vernis.

4. *Safran.*

Le safran, *crocus sativus*, L., est une plante qui appartient à la triandrie monogynie de Linnée et à la famille des iridées de Jussieu, qui est principalement cultivée dans l'Asie-Mineure, en France, en Autriche et en Angleterre.

Les tiges florales de cette plante bulbeuse s'élèvent immédiatement au-dessus de l'oignon enveloppées dans une gaîne monophylle. Sur l'ovaire s'élève le style, qui est oblong, filiforme, jaune clair, et est pourvu dans le haut de trois stigmates très-longs, un peu roulés et crénelés au sommet, d'une belle couleur jaune foncé et qui constituent le safran.

Un bon safran doit être rouge-brun foncé, d'un toucher doux et souple, se composer de filaments enchevêtrés lâchement les uns dans les autres et posséder une odeur forte, particulière. Trois stigmates de safran suffisent pour colorer en jaune d'or 1 litre d'eau, et 1 kilog. de safran se compose d'environ 120,000 à 140,000 stigmates.

On distingue dans le commerce sept sortes de safran :

1. Le *safran turc* ou *oriental*, *crocus Macedonicus*. Les stigmates, avant d'être desséchés, sont mis en pains et soumis à la presse pour en extraire une partie de la matière colorante sous forme liquide. Ces pains ont une largeur de 25 à 30 centimètres et une épaisseur de 12 à 13 millimètres, ils sont humides et poisseux au toucher et se laissent bien pulvériser après qu'ils ont été desséchés. Les stigmates sont beaucoup plus gros que dans le safran d'Europe. On le cultive dans le pays de Baku et à Schirwan où l'on en récolte souvent par an plus de 50,000 kilog. Ordinairement, on ne l'expédie qu'en très-petites parties pour la Russie et les Indes, et la masse de ce produit est consommée en Perse. En Europe, on en fait peu de cas, et c'est ce qui fait qu'il est presque inconnu par le commerce.

2. *Safran anglais.* On le cultive dans les environs de Cambridge, Essex et Norfolk. Ses stigmates sont petits et secs, et on le considère également comme une sorte inférieure.

3. *Safran d'Espagne.* Sa culture a lieu dans les envi-

rons de Cuenca, dans la Nouvelle-Castille et en Aragon. On le rencontre ordinairement dans le commerce mouillé avec de l'huile d'olive, ce qui le rend plus pesant, d'une couleur plus foncée et en abaisse la qualité, aussi le safran d'Espagne passe-t-il pour une sorte tout-à-fait inférieure.

4. *Safran d'Italie*. Il a une couleur pâle et se cultive dans le royaume de Naples et de Sicile. On trouve aussi sous le nom d'*aquila* un safran napolitain dont beaucoup de personnes prisent les qualités, mais, au total, les safrans d'Italie sont mis au rang des sortes inférieures.

5. *Safran de Perse*. C'est de toutes les sortes la meilleure. Ses gros stigmates ont une couleur pourpre et possèdent une odeur extrêmement forte, mais ce safran de Perse ne vient qu'assez rarement en Europe.

6. *Safran de France*. On le cultive principalement dans le Gâtinais, aux environs d'Avignon, dans le Comtat-Venaissin et dans l'Angoumois, et on le trouve dans le commerce en sacs du poids de 12 à 13 kilog.

Le safran d'Avignon est à petits stigmates et possède une couleur claire, mais n'en est pas moins de bonne qualité et fin. On en compte deux sortes : le *safran d'Orange* et le *safran à la mode*, et il a un aspect supérieur et une couleur plus vive que le safran de Comtat. En résumé, les safrans de France sont considérés comme des sortes fines et de première qualité.

7. *Safran d'Autriche*. Parmi les safrans d'Europe, on met le safran autrichien au premier rang. On le récolte dans les environs de Krems et de Moelk et on le débite sur les marchés de Krems et de St-Poelten. On le distingue en safran de Ravelsbach, safran du Danube et safran de Lorsdorff.

Il convient de distinguer encore deux autres espèces de safran :

1. Le *safran du printemps* (*crocus vernus*) ou safran sauvage, qui fleurit en mars et dont les fleurs sont la plupart de couleur bleue, et aussi blanches et violettes. Une variété de cette plante est le safran jaune (*crocus luteus*) ou à fleurs jaunes sans odeur et qui n'est qu'une plante d'ornement.

2. Le *safran d'automne* (*crocus sativus* ou *autumnalis*) qui fleurit en octobre et dont les feuilles n'apparaissent qu'après la fleur. Les fleurs ont une couleur violette et trois stigmates longs de 25 millimètres. On ouvre ces fleurs, on en extrait les stigmates et on les fait sécher.

On falsifie le safran avec les fleurs du *carthame, safra-num* ou *safran bâtard (carthamus tinctorius)* et celle du souci des jardins, *calendula officinalis*, mais la fraude est facile à constater, pourvu qu'on connaisse seulement l'aspect particulier des stigmates du safran. On le falsifie encore avec des fibres de la chair desséchée et fumée des bêtes à cornes et quelques fibres de plantes. Toutes ces fraudes ne peuvent échapper, lorsqu'on humecte la matière avec l'eau et qu'on n'observe pas à l'extrémité supérieure et la plus épaisse du stigmate les trois sutures qui se croisent.

Le safran contient 20,5 pour 100 d'une huile éthérée jaune avec un stéaroptène incolore et 51,5 d'une matière colorante jaune, la polychroïte, de la gomme, de la cire, etc.

On a donné le nom de *polychroïte*, de *crocine* à cette matière colorante jaune qui accompagne toujours l'huile éthérée jaune. La séparation de cette matière colorante de cette huile est une opération difficile. Cette matière est rouge écarlate, sans odeur, d'une saveur, à l'état pur, légèrement amère, se dissolvant dans l'eau et l'alcool et détruite promptement par la lumière solaire.

Dans la fabrication des vernis, on ne se sert que des sortes les plus fines de safran pour les colorer.

5. *Noir de fumée.*

Les noirs s'obtiennent soit par la combustion des résidus qu'on obtient de la distillation sèche du goudron, de houille ou des résines d'Amérique, dans des fours construits pour cet usage et auxquels sont jointes des chambres hautes et longues. Suivant la manière ou le mode de préparation, ou que le noir provient du goudron ou de la résine, on lui donne le nom de *noir de fumée, noir de houille, noir de résine*, etc.

Les sortes les plus fines de ces noirs sont celles qu'on obtient par la combustion des huiles lourdes qu'on extrait du goudron de houille et de la résine dans des fours construits exprès, et qu'on nomme *noir d'huile*. Si on calcine ces noirs dans des capsules en tôle, on les connaît alors dans le commerce suivant la durée de la calcination et la qualité, sous les noms de *noirs d'huile de demi-feu, noirs d'huile calcinés, noirs de lampe*, etc.

On prépare aussi des noirs en brûlant, dans des fours appropriés, les ramilles des pins et sapins qui ont servi dans la fabrication des produits résineux, et qui sont encore riches en résine.

Les noirs de fumée sont un élément important dans la fabrication des encres d'impression et jouent un grand rôle dans la fabrication des vernis, celle des papiers de fantaisie, des papiers peints, etc. Leurs meilleurs dissolvants sont le naphte de goudron et l'essence de térébenthine.

SECTION IV.

PRODUITS CHIMIQUES EMPLOYÉS DANS LA FABRICATION DES VERNIS (1).

—

1. *Litharge, massicot, oxyde jaune de plomb.*

Formule chimique : (PbO).

On obtient l'oxyde pur de plomb en chauffant l'azotate de plomb jusqu'au rouge naissant, tant qu'il se dégage encore des vapeurs d'acide azoteux. On le prépare à l'état d'hydrate, au moyen d'un sel de plomb soluble dans l'eau, qu'on précipite par la potasse ou la soude à l'état de précipité volumineux et blanc. Il faut éviter dans ce cas un excès d'alcali, parce que l'oxyde de plomb se dissoudrait. En outre, cet oxyde se combine avec un grand nombre de matières organiques, et, dans ces combinaisons, joue tantôt le rôle d'acide, tantôt celui de base, et, par conséquent, est utilisé pour éliminer et extraire plusieurs substances ou composés d'origine organique.

Presque tous les sels de plomb ont une saveur sucrée, astringente et sont en général vénéneux.

On fabrique la litharge en grand en faisant fondre des minerais de plomb. Une impureté assez commune dans la litharge du commerce est une certaine quantité d'oxyde de cuivre ; dans ce cas, un échantillon de cette litharge réduite en poudre, qu'on fait digérer dans une liqueur ammoniacale, prend une couleur bleue plus ou moins intense.

L'oxyde de plomb chimiquement pur consiste en une poudre pesante, légèrement jaune brunâtre, entrant en fusion à la chaleur rouge et se prenant par le refroidissement en une masse cristalline, jaune-brun. Elle doit se

(1) On pourra consulter le premier volume de ce Manuel pour avoir des notions plus étendues sur quelques-uns des produits mentionnés dans ce chapitre.

dissoudre dans l'acide azotique pur et étendu sans effervescence et sans résidu.

L'oxyde de plomb du commerce (litharge) se présente sous la forme d'une masse à demi-fondue, pesante, jaune brunâtre claire, parfois irrégulièrement écailleuse. La litharge alcoolisée du commerce renferme plus ou moins d'oxyde de plomb et se dissout, par conséquent, avec effervescence dans l'acide azotique étendu.

2. *Peroxyde de plomb rouge, minium.*

Formule chimique : $(2\,PbO + PbO^2)$.

On prépare le minium en chauffant des couches stratifiées d'oxyde jaune jusqu'au rouge sombre avec le contact de l'air. Le minium le plus pur s'obtient en portant au rouge du carbonate de plomb dans un four à réverbère, c'est ainsi qu'on le prépare en grand.

Le minium est une poudre rouge de brique ou rouge de cinabre, virant la plupart du temps au jaunâtre, et d'un grand poids qui, quand on l'arrose avec l'acide azotique de force modérée, prend aussitôt une couleur brun foncé et qui, soumise à une chaleur rouge plus intense, se décompose en oxyde jaune et en oxygène.

Le minium sert à la fabrication du cristal, dans la peinture à l'huile, la préparation du mastic, celle des vernis gras, etc.

3. *Sucre de saturne, acétate neutre de plomb.*

Formule chimique : $(PbO\overline{A} + 2\,HO^3)$.

Dans les fabriques, on prépare l'acétate neutre de plomb en faisant dissoudre de la litharge dans l'acide acétique et évaporant la solution dans de petites chaudières. Ses dissolutions ont une saveur sucrée, astringente et, quand on y ajoute de l'acide sulfurique, donnent lieu immédiatement à la formation d'un sulfate de plomb.

Quand on chauffe cet acétate neutre, il perd d'abord son eau, puis une portion de son acide acétique en formant un sous-acétate de plomb qui finit lui-même par se décomposer complètement en laissant de l'oxyde jaune. Dans cette décomposition, il y a formation et dégagement d'hydrogène carboné, d'acide carbonique et d'essences pyro-acétiques. La solution de l'acétate de plomb parfaitement neutre ne rougit pas le papier de tournesol ou de rhubarbe, mais verdit le sirop de violette.

Le sucre de saturne du commerce est ordinairement cristallisé en prismes blancs, d'un éclat vitreux, et employé fréquemment à la préparation de l'acide acétique concentré. On le rencontre encore en prismes à quatre pans, modifiés de bien des manières par la troncature des faces et parfois aussi en cristaux aciculaires. Ces cristaux ont un éclat vitreux, presque translucides ; ils se dissolvent dans leur poids d'eau portée à la température de 40° C. et aussi dans l'alcool.

4. *Acétate basique de plomb.*

Formule chimique : $(3\,PbO + \overline{A})$.

L'acétate basique de plomb se prépare en faisant digérer de l'acétate neutre dissous dans l'eau avec deux atomes d'oxyde de plomb, et peut s'obtenir par l'évaporation de cette dissolution, jusqu'à épaisseur de sirop et être amené à l'état de cristaux hors du contact de l'air. La solution de l'acétate basique brunit le papier de rhubarbe et a, par conséquent, une réaction basique. Le perchlorure de mercure le précipite en flocons d'un blanc éclatant et le mucilage de gomme forme avec lui un coagulum blanc, translucide. Ces combinaisons se comportent d'une manière indifférente vis-à-vis des solutions d'acétate neutre.

L'acétate basique se mélange à l'alcool en toutes proportions et donne, quand on y ajoute une liqueur ammoniacale, mais seulement au bout d'un temps assez prolongé, un sous-acétate de plomb. L'acétate basique a été dans ces derniers temps, employé à la fabrication des vernis à l'huile de lin.

5. *Céruse, blanc de plomb, carbonate de plomb.*

Formule chimique : $(PbO + CO^2)$.

La céruse se forme par la décomposition d'un sel soluble de plomb, par les carbonates basiques de potasse ou de soude ; mais en grand, on la prépare par des moyens différents. En Hollande, on met en contact du plomb métallique avec des vapeurs d'acide acétique. En Angleterre, on fond le plomb dans une chaudière d'où il coule sur la sole d'un grand four à réverbère dans lequel un appareil de soufflerie projette continuellement de l'air.

En France, on fait dissoudre de la litharge dans l'acide pyroligneux rectifié, et on obtient une solution d'acétate tribasique de plomb dans laquelle on fait passer un courant d'acide carbonique qui précipite deux équivalents d'oxyde de plomb à l'état de céruse, tandis qu'il reste dans la liqueur un acétate neutre de ce métal. On fait de nouveau digérer de la litharge dans cette liqueur, et la série des opérations recommence.

La céruse est une matière pesante, d'un blanc pur qui se dissout complètement et sans résidu, mais avec une violente effervescence dans l'acide azotique étendu. Quand on la chauffe, elle laisse de l'oxyde de plomb pur. On s'en sert comme couleur et dans la fabrication des vernis, mais souvent elle est sophistiquée par le sulfate de baryte ou spath pesant.

M. Hochstætter a trouvé, sur 100 parties, dans plusieurs céruses qu'il a analysées :

Oxyde de plomb.	86,08
Acide carbonique	11,47
Eau	2,45
	100,00

On la falsifie aussi fréquemment avec le sulfate de plomb, la craie, le gypse et l'argile. Quand on a dissous complètement une céruse dans l'acide azotique étendu, et qu'on y ajoute un excès d'alcali, il ne faut pas qu'il se forme de précipité. Un résidu, insoluble dans l'acide acétique, trahit la présence du gypse, du spath pesant ou du sulfate de plomb.

6. *Sulfate de plomb.*

Formule chimique : $(PbO + SO^3)$

Le sulfate de plomb se forme dès qu'on met en contact l'acide sulfurique ou un sulfate avec un sel de plomb soluble dans l'eau. On le recueille en abondance, comme produit secondaire, dans diverses opérations chimiques. Quand on prépare l'acétate d'alumine avec l'alun, on se sert de l'acétate neutre de plomb et il reste comme résidu du sulfate de plomb. Il en est de même lorsqu'on prépare l'acide acétique avec l'acétate neutre de plomb au moyen de l'acide sulfurique, il reste encore, comme résidu, du sulfate de plomb. Avec le carbonate d'ammoniaque ou le carbonate de soude, on peut transformer ce sulfate en carbonate de plomb.

Le sulfate de plomb consiste en une matière pulvérulente, lourde, insoluble dans l'eau, l'alcool ou l'éther, entrant en fusion à la chaleur rouge et formant, après le refroidissement, une masse cristalline. Parfois on le rencontre, dans la nature, en cristaux blancs, très-lourds et dimères.

Le stéarate, l'oléate et le margarate de plomb qu'on forme en faisant chauffer de l'oxyde de plomb avec de l'huile et des matières grasses, avec addition d'eau à une haute température, et où il y a décomposition de l'eau et élimination de la glycérine, constituent l'emplâtre de plomb des officines. Si l'on fait mention ici de cette préparation, c'est qu'elle entre comme l'un des éléments des vernis à l'huile de lin qu'on prépare avec les composés de plomb, ainsi qu'on le verra quand on traitera des vernis à l'huile de lin.

7. *Alun, sulfate d'alumine et de potasse.*

Formule chimique : $(KO, SO^3 + Al^2 O^3, SO^3 + 24 HO)$.

On prépare en grand l'alun de potasse en se servant des terres ou des minéraux alumineux, et entre autres de l'alunite et des schistes alumineux qu'on rencontre dans la nature. Les produits naturels, par exemple l'alunite, sont épuisés directement par l'eau bouillante ou, comme les schistes alumineux, grillés à l'air, et la masse épuisée par l'eau ; les lessives, après y avoir ajouté ou non, suivant le besoin, du carbonate de potasse, sont évaporées dans des chaudières en plomb jusqu'au point où elles puissent cristalliser. On recueille les cristaux, et de nouvelles cristallisations purifient l'alun brut.

L'alun brut de commerce est en grosses croûtes épaisses ayant la forme des vaisseaux où elles ont cristallisé, et consistant en grosses colonnes plus ou moins bien prononcées qui possèdent souvent une structure régulière et qu'on peut briser aisément par quelques coups faibles de marteau. L'alun pur cristallise en octaèdres limpides comme l'eau, modifiés d'une foule de manières ; sa saveur est douceâtre, astringente ; il se dissout dans 14 parties d'eau froide et en bien plus grande quantité dans l'eau chaude. L'alcool, au contraire, ne le dissout pas. Si on le chauffe, l'alun perd peu à peu son eau de cristallisation et constitue ainsi une masse fongueuse d'un blanc éclatant, à pores fins, sans saveur, se dissolvant avec lenteur dans l'eau, opaque, à laquelle on a donné le nom d'*alun calciné,* qui, exposé pendant longtemps à l'air, reprend exactement sa même quantité d'eau de cristallisation, mais sans changer de forme. De même que le sulfate d'alumine se combine avec le sulfate de potasse, il peut aussi contracter des combinaisons avec le sulfate d'ammoniaque ou celui de soude, et former des sels doubles qui ont beaucoup d'analogie avec l'alun de potasse. Cet alun consiste, sur 100 parties, en :

Potasse	10,82
Alumine.	9,94
Acide sulfurique	33,77
Eau	45,47
	100,00

8. *Sulfate de zinc, vitriol blanc.*

Formule chimique : $(Zn\,O, S\,O^3 + 7\,H\,O)$.

On fait dissoudre un poids quelconque de zinc du commerce dans la quantité nécessaire d'acide sulfurique ordinaire étendu d'eau, on laisse digérer pendant quelque temps cette dissolution sur un excès de zinc métallique, on décante pour séparer le dépôt qui s'est formé, on ajoute un léger excès d'acide sulfurique étendu et on traite par un courant soutenu d'acide sulfhydrique, on filtre pour séparer le précipité de la liqueur, on chasse, par une élévation de température, l'excès d'acide sulfhydrique pour éliminer le fer ; on fait digérer quelque temps avec une petite quantité d'oxyde de zinc pur, ce qui précipite ce fer à l'état d'oxyde, ou bien on fait passer à travers la solution un courant de chlore ; on sépare, au bout de quelque temps, l'oxyde de fer qui s'est formé au moyen d'une quantité suffisante d'ammoniaque ; enfin, on évapore les dissolutions jusqu'au point où elles peuvent cristalliser.

Le sulfate de zinc cristallise en prismes rectangulaires, ou à quatre pans terminés par des pyramides qui se modifient de bien des manières. Les cristaux sont incolores, d'un éclat vitreux, assez durs, translucides. Ils se dissolvent dans 2 1/2 parties d'eau froide et presque dans le même rapport dans l'eau chaude. La solution aqueuse possède une saveur métallique désagréable et rougit le papier de tournesol. Les cristaux ne s'effleurissent qu'avec lenteur à l'air ; ils perdent, vers 50° C., 5 parties en poids de leur eau de cristallisation, et s'effleurissent alors en une poudre d'un blanc éclatant. C'est sur cette propriété que repose la préparation du *vitriol blanc calciné* qui entre dans la préparation des vernis.

Le sulfate de zinc du commerce est préparé en grand, principalement avec la blende ou sulfure de zinc, et est un sulfate impur plus ou moins hydraté qui présente une masse épaisse, mal cristallisée, d'un poids assez considérable, passablement dure, blanche ou blanc jaunâtre, et ressemblant assez à du sucre non raffiné. Ce sel renferme souvent des oxydes de fer, de manganèse, de cuivre et même de la silice. On le rencontre, dans la nature, par suite de la décomposition ou l'effleurissement de la blende.

8.   *Blanc de zinc, oxyde de zinc, fleurs de zinc.*

Formule chimique : (ZnO).

L'oxyde blanc de zinc se prépare en prenant du zinc chimiquement pur et l'exposant à la chaleur rouge dans un creuset ouvert qu'on tient incliné. L'oxyde qui se forme ainsi est détaché de temps à autre avec une spatule en fer, et, en lavant ensuite avec l'eau, on débarrasse l'oxyde ainsi formé de quelques particules métalliques qui s'y trouvent mélangées.

On obtient l'oxyde de zinc, par la voie humide, en décomposant une solution, qui ne soit pas trop concentrée, de sulfate de zinc chimiquement pur par la quantité nécessaire de carbonate de soude, lavant avec soin le carbonate de zinc qui s'est précipité avec l'eau distillée, faisant sécher et exposant, dans un creuset de Hesse, à la chaleur rouge jusqu'à ce qu'un échantillon qu'on démêle dans un peu d'eau distillée se dissolve sans effervescence dans l'acide sulfurique.

L'oxyde de zinc pur est une poudre fine, légère, blanc jaunâtre, qui se dissout sans effervescence dans les acides étendus et qui, chauffée sur une lampe à esprit-de-vin, prend une belle couleur jaune citron qui disparaît en refroidissant. Avec l'eau, cet oxyde constitue un hydrate qui, par la décomposition du sel de zinc, par une lessive de potasse, se présente sous la forme d'un précipité blanc, gélatineux, qui se redissout dans un excès d'alcali et présente, après la dessiccation, une masse blanc jaunâtre, légère et cohérente.

Parmi les impuretés qu'on rencontre ordinairement dans l'oxyde de zinc, il faut compter le sulfate de soude et l'oxyde de fer; le premier est aisé à reconnaître en faisant l'essai de la solution neutre de l'oxyde dans l'acide chlorhydrique par le chlorure de baryum. On constate aisément la présence du fer dans la solution chlorhydrique de l'oxyde par l'acide tannique.

Independamment de l'oxyde de zinc pur, on connaît encore trois sortes d'oxyde impur, qu'on trouve dans la nature.

1. La *calamine* ou *pierre calaminaire* (2 ZnO, SiO^3 + HO) qui constitue des masses pesantes, imparfaitement cristallisées, amorphes, de volumes divers, de couleur jaune brunâtre ou brun clair. Le minerai préparé et réduit en poudre extrêmement fine constitue la *pierre calamincire préparée*. Cet oxyde renferme plus ou moins d'oxyde de fer, de silice et de carbonate de chaux.

2. *Nihil album* est une masse dense, blanche, adhérente, qui se dissout sans effervescence dans les acides, mais en abandonnant un résidu assez considérable.

3. *Tutie* ou *tuthie*, oxyde de zinc impur qui se volatilise lorsqu'on fait fondre les minerais de zinc et se condense de nouveau sur les corps froids environnants. On dispose à cet effet, au-dessus des minerais destinés à être fondus, des tiges en fer sur lesquelles se condensent les vapeurs d'oxyde. La tuthie du commerce se présente en conséquence en masses pesantes assez épaisses, à cassure tubulaire et de couleur gris blanchâtre.

10. *Terre d'ombre, terre de Cologne, terre de Chypre.*

La sorte la plus fine de cette terre, vient des environs de Cologne et d'Annaberg, en Saxe. On en tirait autrefois une sorte excellente de l'Ombrie et des environs de Spolète, en Italie, et c'est de là que cette terre a emprunté son nom. La terre d'ombre est un lignite fin, terreux, se décolorant aisément et contenant de l'oxyde de fer. Sa couleur est le brun, et on la développe en faisant calciner sur des feuilles de tôle par un feu de charbon. Cette opération a pour but d'évaporer les principes bitumineux et de faire passer au rouge l'oxyde de fer. A l'état non brûlé, on s'en sert principalement dans la fabrique des toiles cirées et dans la fabrication des vernis à l'huile.

La *terre de Chypre* ou de *Turquie* (limonite, fer hydraté, fer limoneux, fer en grains, hématite brune) est une matière toute différente de la terre de Cologne. C'est un mélange intime d'oxyde de fer brun ou minerai brun de fer avec argile ou fossiles argileux. La terre d'ombre de Turquie, ou limonite brune terreuse, consiste en :

Oxyde de fer. 48
Oyxde de manganèse. 20
Silice, alumine et eau.. 32
─────
100

et arrive principalement de l'île de Chypre, cette terre est employée tantôt à l'état brut, tantôt à celui calciné; elle sert principalement dans la peinture et pour colorer le tabac à priser et les peaux de chevreaux pour la ganterie, et enfin dans la fabrication des vernis.

11. *Sulfate de chaux, gypse.*

Formule chimique : (CaO, SO³).

Le gypse se présente dans la nature à l'état anhydre (anhydrite) et avec deux équivalents d'eau ou gypse ordinaire (CaO, SO³ + 2 HO). Le gypse appartient à la formation tertiaire et constitue plusieurs espèces, telles que l'albâtre gypseux, le gypse fibreux, etc.

A 132° C., le gypse perd son eau de cristallisation, il devient poreux et friable, et a reçu en cet état le nom de *plâtre.* Si on le met en contact avec l'eau, il absorbe deux équivalents de ce liquide et se prend en masse, et c'est sur cette propriété qu'est basé son emploi dans les constructions et dans les arts. Le plâtre broyé doit être conservé dans des vases bien fermés, parce que l'humidité de l'atmosphère lui est préjudiciable. On s'en sert surtout dans la fabrication des vernis pour préparer les huiles siccatives et leur enlever un peu de l'eau qu'elles renferment.

12. *Acide chlorhydrique, acide hydrochlorique, acide muriatique.*

Formule chimique : (Cl H).

On recueille principalement l'acide chlorhydrique dans la fabrication en grand de la soude artificielle au moyen du sel marin. On peut aussi le produire fort simplement en chauffant un mélange de 6 parties de chlorure sec de sodium avec 6 parties d'acide sulfurique du commerce et 1 partie d'eau dans une grande cornue tubulée, et recevant le gaz qui se dégage sur du mercure ou l'absorbant dans l'eau.

L'acide chlorhydrique anhydre est un gaz incolore, non combustible, d'une odeur propre, piquante et d'un poids spécifique = 1.21. L'eau absorbe rapidément ce gaz avec un dégagement de chaleur, et cette absorption, suivant Davy, est à la température ordinaire de 480 fois le volume de l'eau. L'acide chlorhydrique liquide est limpide comme l'eau, et à un certain degré de concentration, il distille sans éprouver de changement, répand des fumées dans l'air quand il est concentré, en dégageant l'odeur du gaz. Cet acide rougit fortement la teinture de tournesol, même quand il est extrêmement étendu, a une saveur excessivement acide, mais, malgré sa grande concentration, n'est pas très-corrosif.

L'acide chlorhydrique du commerce est toujours plus ou moins coloré en jaunâtre et contient du chlorure de fer dont il est facile de constater la présence en en versant quelques gouttes dans une dissolution de sulfocyanure de potassium dans l'eau. S'il y a présence du fer, le mélange se colore plus ou moins en rouge. On se sert de cet acide dans la préparation du chlore, la fabrication du sel ammoniac, de la gélatine, du phosphore, etc., et on l'emploie principalement dans la fabrication des vernis à l'huile de lin. Indépendamment de cela, c'est l'un des éléments de l'eau régale.

13. *Acide azotique, acide nitrique.*

Formule chimique : (NO^5).

L'industrie fabrique cet acide en grand et le livre à un prix peu élevé au commerce. On le prépare d'une façon bien simple, en soumettant à la distillation une quantité quelconque d'azotate de potasse avec poids égal d'acide sulfurique du commerce, et en poursuivant ainsi tant qu'il distille de l'acide. On obtient de cette manière, de 32 parties d'azotate de potasse 21,5 parties d'acide, du poids spécifique de 1.55. Ainsi préparé, l'acide est un liquide lourd, couleur jaune d'ocre, très-fluide, dégageant à l'air des vapeurs jaunâtres, réagissant avec une extrême énergie sur toutes les matières organiques, et se mélangeant très-aisément avec l'eau en dégageant de la chaleur et des vapeurs rutilantes d'acide azoteux. Mélangé à son poids d'eau, cet acide forme l'eau forte qui renferme, ainsi que l'indique son odeur, plus ou moins d'acide azoteux et souvent, en outre, plus ou moins de chlore.

L'acide azotique entièrement pur se prépare avec l'acide ci-dessus, auquel on ajoute de l'azotate d'argent pour le débarrasser du chlore, et en le distillant encore avec 1/20 de son poids de chromate acide de potasse, pour lui enlever l'acide azoteux qu'il peut encore contenir.

C'est un liquide tout-à-fait incolore, sans odeur, et d'une saveur essentiellement acide, qui dissout, sans le modifier, le sulfate de protoxyde de fer, abandonne aisément de l'oxygène aux autres corps, et qui distille sans se décomposer et sans laisser de résidu. L'eau forte commune a un poids spécifique qui varie de 1.25 à 1.35.

Dans la fabrication des vernis, l'acide azotique ordinaire est employé avec avantage dans la préparation de ceux à l'huile de lin.

14. *Cinabre, sulfure rouge de mercure.*

Formule chimique : (Hg S).

On le prépare en faisant fondre ensemble 1 partie de soufre et 6 parties de mercure. On le rencontre dans la nature en masses friables rouges, ou en cristaux rouges translucides. Le cinabre préparé ainsi par la voie sèche est, après qu'il a été sublimé, une masse rouge de cochenille, à cassure fibreuse, qui, quand on le broie, fournit une poudre rouge écarlate qu'on appelle *vermillon*. On peut aussi préparer le cinabre par voie humide, en précipitant une solution de sublimé par l'ammoniaque, et faisant digérer le précipité dans une solution de soufre dans le sulfure d'ammonium.

Le cinabre du commerce est souvent falsifié avec le minium, l'oxyde de fer, la brique en poudre, etc., mais rien n'est plus facile à découvrir que cette fraude, en chauffant le cinabre suspect. Le cinabre pur se volatilise et les substances qui ont servi à le falsifier restent dans la cornue. Si la falsification a été opérée avec le sang-dragon, il faut traiter le cinabre par l'alcool qui ne dissout que cette résine.

15. *Peroxyde de manganèse, pyrolusite.*

Formule chimique : (Mn O^2).

On rencontre le peroxyde de manganèse dans la nature, où les minéralogistes lui donnent le nom de pyrolusite.

Le peroxyde se prépare artificiellement en oxydant du protoxyde de manganèse au moyen de l'acide azotique, mais la pureté de celui qu'on trouve dans la nature et qui permet de l'employer dans les arts, dispense d'avoir recours à ce moyen.

Le peroxyde naturel de manganèse cristallise en prismes rhomboïdaux obliques, et parmi ses modifications, on le trouve souvent à l'état bacillaire ou en masse compacte cristallisée. Sa couleur est le gris d'acier foncé, noir grisâtre quand il est réduit en poudre. Son poids spécifique, entre 4.3 et 4.8, à aspect plus ou moins métallique, insoluble dans les acides étendus et les alcalis qui ne peuvent le décomposer. En le traitant à la chaleur rouge par l'acide sulfurique concentré et l'acide chlorydrique, le peroxyde de manganèse abandonne de l'oxygène.

Ce peroxyde sert à préparer le chlore et l'oxygène, et avec l'eau il constitue l'hydrate de peroxyde, qu'on prépare en démêlant dans l'eau du carbonate de protoxyde, sur lequel on fait réagir pendant quelque temps du chlore gazeux.

Le peroxyde de manganèse consiste en une masse composée de feuillets brillants, ou une masse brun-noir composée d'atomes égaux de peroxyde et d'eau. On l'emploie dans la fabrication des vernis pour préparer ce qu'on appelle des siccatifs.

16. *Protoxyde de manganèse.*

Formule chimique : $(MnO + HO)$.

On l'obtient en dissolvant du sulfate pur de protoxyde de manganèse dans l'eau distillée, et ajoutant à la liqueur filtrée, de l'ammoniaque caustique tant qu'il se forme un précipité. La masse poreuse, gris verdâtre ou gris clair et sale qui se forme et ne tarde pas à attirer l'oxygène de l'air, passe bientôt à l'état de protoxyde, qu'on lave avec de l'eau distillée hors du contact de l'air, puis avec l'alcool concentré, et qu'on fait sécher entre des doubles de papier buvard. Les variations qu'on remarque dans la couleur de ce protoxyde sont dues à la proportion plus ou moins forte d'oxyde qu'il renferme.

Dans ces derniers temps on a utilisé ce produit dans la préparation des vernis très-siccatifs à l'huile de lin.

17. *Borate de protoxyde de manganèse.*

Formule chimique : $(Mn\,O,\,BO^3 + HO)$.

Le borate pur de manganèse s'obtient en dissolvant dans l'eau du chlorure de manganèse ou un autre sel soluble de ce métal, ou en faisant bouillir du peroxyde dans l'acide chlorhydrique, étendant d'eau la solution de chlorure de manganèse et ajoutant une solution de carbonate de soude dans l'eau, jusqu'à ce qu'un échantillon du précipité qu'on recueille sur un filtre précipite, par une addition du sulfure d'ammonium, non plus en noir ou en gris, mais en couleur de chair pure. Après que la solution est entièrement filtrée, on la précipite à chaud par une solution bouillante de borax, qui donne un précipité brun café, qu'on lave et qu'on fait sécher. Indépendamment du borate de protoxyde de manganèse, le précipité contient encore un peu d'oxyde de manganèse, qui paraît n'exercer aucune influence dans la préparation des vernis gras. C'est un agent excellent pour préparer des vernis à l'huile de lin très-siccatifs, quand il est employé avec intelligence.

SECTION V.

PRODUITS NATURELS DIVERS EMPLOYÉS DANS LA FABRICATION DES VERNIS.

—

1. *Os de sèche, biscuit de mer.*

La matière désignée d'une manière impropre par les noms d'os de sèche et de biscuit de mer, est plutôt un rudiment de coquille qu'on trouve dans le corps de la sèche officinale (*sepia officinalis*), céphalopode de l'ordre des dibranchiés et du genre *Sepia* de Lamarck.

L'os de sèche est une lame de couleur blanche, de 15 à 25 centimètres de longueur, en partie friable, presque plat d'un côté, bombé de l'autre, consistant en lamelles minces réunies par des colonnettes creuses très-déliées, qu'on rencontre dans le dos de ce céphalopode qui nage surtout à la surface de la mer. Cette substance est sans odeur et possède une légère saveur salée terreuse. Réduite en poudre et mélangée à l'alcool, elle sert de dentifrice. Sa face supérieure, qui est plus dure, plus pesante et plus éburnée, contient, suivant John, sur 100 parties :

Carbonate de chaux avec trace de phosphate de
    cette base. 80.0
Substance animale soluble dans l'eau sans
    se gélatiniser, et sel marin.. . . . . . .   7.0
Membrane gélatineuse insoluble dans
    l'eau, et une solution tiède de potasse.   9.0
Magnésie.   4.0
                           ———————
                           100.0

La portion poreuse et légère de l'os de sèche renferme, suivant John, sur 100 parties :

Carbonate de chaux avec trace de phos-
    phate de cette base. 85.0
Substance animale soluble dans l'eau
    sans se gélatiniser, et sel marin. . . .   7.0
Membrane gélatineuse insoluble dans
    l'eau, et une solution tiède de potasse   4.0
Eau avec traces de magnésie.. . . . .   4.0
                           ———————
                           100.0

On se servait autrefois d'os de mouton calcinés à la place d'os de sèche, ainsi que de terre d'ombre ou de ces trois substances à la fois. Dans tous les cas, l'emploi de ces ingrédients dans la fabrication des vernis ne saurait être nuisible, puisqu'ils sont insolubles dans l'huile.

2. *Pierre ponce, quarz empyrodoxe.*

La pierre ponce forme des masses de couleur grisâtre, poreuses ou spongieuses, à arêtes ou angles émoussés et texture plutôt fibreuse, avec cassure argileuse ou légèrement conchoïde : dureté = 4.5; poids spécifique de 2.19 à 2.2, à bords un peu translucides; aspect nacré et éclat vitreux. On trouve des pierres ponces blanches, jaunâtres, grises, noir brunâtre, etc. Gmelin, qui en a fait l'analyse, y a rencontré :

Silice.. . . . . 83.6
Alumine. 13.7
Potasse et soude.. . . . .   2.7
                           ———————
                           100.0

On trouve la ponce dans les environs des volcans en coulées entières ou en fragments, entre autres à Lipari, Vulcano, aux îles Ponce, etc.; en Prusse, en Hongrie, à Mexico.

La pierre ponce sert plutôt dans le travail mécanique du vernisseur que dans la fabrication des vernis, et comme c'est plutôt un agent pour unir et polir, nous reviendrons sur ses applications dans le chapitre relatif à ces sortes d'agents.

SECTION VI.

PRÉPARATION DES MATIÈRES PREMIÈRES QUI ENTRENT DANS LA FABRICATION DES HUILES SICCATIVES ET DES VERNIS.

Les substances qui ont été décrites jusqu'à présent sont employées de la manière la plus variée dans la fabrication des vernis et des laques. Les unes sont destinées à communiquer à l'huile de lin des propriétés siccatives et, par conséquent, nécessaires dans la fabrication des vernis à l'huile de lin, tandis que d'autres, combinées à l'alcool, au vernis ou à l'huile essentielle, fournissent le principe constitutif dans la préparation des vernis à laquer.

Ce sont surtout les substances dures qui ont besoin de subir des préparations, et, en conséquence, il est nécessaire d'apprendre à connaître toutes les opérations qui exercent une influence sur la préparation d'un bon vernis.

1. *Épuration des matières sèches.*

Les résines et autres substances solides ont besoin, avant d'être appliquées à la fabrication des vernis, d'être suffisamment débarrassées de tous les corps étrangers et des impuretés, puis desséchées complètement.

Cette épuration des substances sèches s'opère en versant sur ces substances qu'on a introduites dans un vase en grès, soit une lessive étendue et filtrée (dissolution de soude de 5° Baumé), soit de l'eau chaude, et abandonnant la liqueur au repos jusqu'à ce que toutes les impuretés soient suffisamment attaquées ou ramollies pour pouvoir les enlever sans difficulté.

Lorsque les morceaux de résine ont un fort volume, on

peut les purifier en les frottant avec une brosse rude, mais si la matière est granulée, ce qu'il y a de mieux à faire, c'est de la verser dans un grand flacon avec une solution claire et étendue de soude ou de l'eau chaude, d'agiter de temps à autre et d'éliminer ainsi les matières étrangères, ou bien, on les bat et les fouette dans une jatte de grès avec un balai, de la même manière qu'on bat des œufs.

Lorsque la solution alcaline est devenue trouble, il faut la décanter et la remplacer par de nouvelles solutions ou de l'eau, tant que la liqueur se trouble ou se colore. Les matières ainsi traitées sont ensuite lavées à plusieurs reprises à l'eau pure et froide, jetées sur un tamis où on les laisse bien égoutter et sécher complètement, soit sur un poêle chaud, soit dans une étuve. Il faut ensuite veiller à ce qu'il ne se mélange pas de poussière avec ces matières, et, à cet effet, on fait sécher dans du papier à filtre. Enfin, on peut compléter cette épuration par des lavages à l'alcool et un séchage.

Dans tous les cas, les matières solides destinées à la fabrication des vernis doivent être dans un état complet de dessiccation au moment où l'on veut en faire usage, car s'il en était autrement, l'agent de dissolution, tel que essence de térébenthine, huile de lin, alcool, etc., ne pourrait pas les attaquer comme il convient et la dissolution pourrait présenter des difficultés. Il est à peine nécessaire d'avertir que les résines humides se moisissent aisément et, par conséquent, s'altèrent avec facilité.

Le verre réduit à l'état pulvérulent est une matière qu'on emploie souvent dans la fabrication des vernis et dont on se sert pour empêcher les résines de se peletonner et s'agglomérer. Mais ce verre a lui-même besoin d'être parfaitement pur et sec et, à cet effet, on fait bien de le faire bouillir dans de l'eau de pluie, à laquelle on ajoute, par 25 litres, 250 grammes de soude cristallisée, puis de laver à plusieurs reprises avec de l'eau chaude, de faire sécher complètement dans une étuve et de conserver pour l'usage dans des vases bien bouchés.

2. *Pulvérisation.*

La pulvérisation des matières s'opère à sec dans des mortiers en fer et on pulvérise plus ou moins fin. Les matières pulvérisées grossièrement sont destinées à être fondues, celles qui sont en poudre fine, à être soumises à une digestion. Les substances poisseuses ont besoin

d'être pulvérisées en hiver et par les froids rigoureux,
parce que dans cette saison, elles sont plus fermes et plus
cassantes. Les mortiers les plus convenables, pour pulvériser ces substances à bras d'homme, sont ceux en
fonte et qui sont munis dans le haut d'un couvercle en
bois bien ajusté et percé d'un trou dans lequel peut
jouer le pilon. Afin de faciliter ce travail, on peut établir
diverses dispositions mécaniques qui, tout en donnant
moins de fatigue à l'ouvrier, lui permettent d'atteindre
plus promptement le but.

3. *Fonte ou mise en fusion.*

Pour mettre les matières en fusion, on se sert de bons
pots en terre vernissés ou de vases en cuivre spécialement consacrés à ce service et qui sont coiffés de cou-
vercles bien ajustés. La forme qu'on préfère donner à ces
pots est celle à fond un peu plat avec un bord saillant
et large, qui est indispensable pour que les étincelles qui
s'échappent du combustible ne viennent en aucune façon
en contact avec les vapeurs qui se dégagent, qui pourraient prendre feu et enflammer aisément toute la masse.
La grandeur de ces vases dépend de l'importance de la
fabrication, et dans tous les cas, il est nécessaire, après
chaque opération, d'écurer et nettoyer à blanc ceux en
cuivre, et quant à ceux en terre, ce qu'il y a de mieux à
faire, est de n'employer chaque fois que des pots neufs.

Il faut diriger le feu, de manière que le vase ne plonge
pas dans les charbons incandescents, plus bas que le niveau des matières qui le remplissent, et pour cela, on
se sert d'un trois-pieds qui maintient à hauteur le pot
placé dessus.

Comme combustible, on emploie avec avantage de la
braise de bois de hêtre, qui donne une chaleur élevée sans
développer de flamme. La flamme pourrait être nuisible
par cette raison que beaucoup de substances sont souvent,
avant la fonte, mouillées avec du vernis d'huile de lin
ou des huiles essentielles, et que les vapeurs qui se dégagent, mises en contact avec cette flamme, peuvent aisément s'enflammer. Du reste, quand on mouille ces matières avec du vernis ou des essences, il est nécessaire de
n'en ajouter que ce qui est rigoureusement nécessaire
pour les humecter.

Pour mettre en fusion, on peut se servir d'un fourneau ordinaire dans lequel les pots sont encaissés, de
manière que le feu ne soit jamais en contact avec les va-

peurs, et on obtient un fort beau vernis limpide en procédant ainsi qu'il suit :

On fait fondre la résine dont on a fait choix, mais on n'attend pas que cette fusion soit complète, et avec une cuillère en bois qu'on plonge de temps à autre et avec laquelle on agite la masse fondue, on enlève une portion de celle-ci qu'on dépose dans un autre vase, en répétant cette manipulation tant que la masse en fusion ne prend pas encore une couleur foncée.

Un moyen plus simple est de laisser s'opérer complètement la fusion de la résine, puis de verser sur une table en marbre. Après le refroidissement, on peut aisément séparer en brisant les parties colorées de celles pures et claires.

La masse fondue peut, pendant qu'elle est encore chaude, être mélangée peu à peu avec l'agent destiné à la diviser, ou bien on peut la laisser refroidir complètement, la pulvériser et mélanger sa poudre à du verre blanc pilé, puis introduire le tout dans un flacon en verre ou une cornue de même matière, verser dessus le liquide qu'il convient, alcool, essence de térébenthine, éther, etc., boucher avec une vessie humide qu'on perce d'un [trou avec une aiguille, et plonger le flacon ou la cornue ainsi disposée dans un bain-marie ou un bain de sable en agitant fortement, jusqu'à ce que la dissolution ait eu lieu, puis enfin, séparer du verre pilé en filtrant à la chausse.

Il est de règle de faire fondre d'abord la résine avant de la pulvériser, car autrement, il pourrait arriver que la résine en poudre s'attachât aux parois des vases où, vers la fin, elle brûlerait et perdrait la masse tout entière. De même, il ne faut pas employer une température plus élevée que celle qui est nécessaire pour mettre en fusion, parce que la qualité de la résine s'en trouverait notablement altérée. Les résines qui n'ont pas le même point de fusion ne doivent pas être fondues ensemble, puisqu'il est clair que celle qui est la plus fusible doit brûler et être hors d'état de servir, quand elle a éprouvé une surélévation prolongée de température.

On possède encore d'autres méthodes et des appareils divers qu'on applique à la mise en fusion des résines, mais dont il est inutile de parler ici, parce qu'il est plus sûr de ne faire fondre que de petites quantités à la fois et dans des vases en cuivre appropriés, les résines dont on a besoin, et de répéter cette opération autant de fois qu'il sera nécessaire.

4. *Digestion.*

La digestion a pour objet de dissoudre les résines en poudre dans les dissolvants qui leur conviennent, en un mot, de les transformer en vernis. On peut, sans faire fondre préalablement, obtenir une solution des résines dans un dissolvant convenable, en pulvérisant d'abord, mélangeant avec moitié de leur poids de verre blanc pilé, introduisant dans une cornue ou un matras (vase à fond plat et à col étroit), et fermant le vase avec une vessie humide qu'on pique avec une aiguille pour que l'air en se dilatant trouve à s'échapper et prévenir les ruptures. Suivant le degré de solubilité des résines, on a recours au bain de sable ou au bain-marie, celles peu solubles exigent le bain de sable ordinaire qui produit une température plus élevée que le bain-marie qui ne s'élève guère qu'à celle de l'eau bouillante. En hiver, on peut se servir commodément d'un poêle chaud sur lequel on charge du sable siliceux passé au tamis fin.

Quand on veut se servir du bain-marie pour une digestion, on introduit sur le fond de la chaudière destinée à cet usage une rondelle de paille sur laquelle on pose la cornue, puis on verse assez d'eau froide pour que la cornue repose encore sur cette rondelle de paille, et on porte peu à peu cette eau à l'ébullition. On fera bien aussi et indépendamment de la rondelle de paille, d'introduire encore assez de paille dans la chaudière pour que la cornue, en cas d'accident, ne coure aucun risque d'être brisée. On emploie communément le bain-marie à la préparation des vernis à l'alcool. Lorsque la digestion se prolonge, il faut naturellement remplacer de temps à autre l'eau qui s'évapore.

Il en est tout autrement avec le bain de sable dont on se sert ordinairement pour la préparation des vernis à l'huile, parce qu'on atteint ainsi une température fort supérieure à 100° C. A cet effet, on remplit une petite chaudière ouverte en fonte, ou une petite coupelle avec du sable de rivière tamisé fin et bien sec, sur une épaisseur de 5 à 6 centimètres. Sur ce sable, on pose le matras chargé de la résine et de son dissolvant, c'est-à-dire d'huile, et on chauffe en élevant peu à peu la température. Le matras ou vase dans lequel se trouve renfermée la substance à mettre en dissolution est alors entouré de sable à la hauteur du liquide à l'intérieur. En chauffant le sable, la chaleur se communique peu à peu au liquide renfermé dans le matras, et opère la dissolution.

Dans ces derniers temps, on a trouvé fort avantageux de se servir, au lieu du bain de sable, d'un bain d'huile lourde de résine, et l'appareil est construit ainsi que le représente la figure 100.

a, chaudière en fonte surmontée d'un couvercle solidement mastiqué sur lequel s'élève un tube *e* de dégagement de gaz de 25 millimètres de diamètre qu'on conduit jusqu'au-dessus du toit du laboratoire. Dans cette chaudière est inséré un récipient en cuivre *b* de la forme représentée, qui est pourvu d'un couvercle ajusté *c* et surmonté d'un col à robinet *d*. On verse de l'huile lourde de résine dans la chaudière *a* jusqu'à environ 7 à 8 centimètres du bord, tandis que dans le récipient *b*, on introduit la substance à mettre en fusion et l'huile qui doit servir à la dissolution. A raison du point élevé d'ébullition de l'huile lourde de résine, la solution de la résine dans l'huile grasse s'opère sans danger, et on peut même procéder à la solution de plusieurs résines avec un grand avantage.

Sous un point de vue général, il n'est pas possible de déterminer avec exactitude le temps nécessaire pour dissoudre les matières. Les plus difficiles à dissoudre sont la sandaraque, le succin et le copal; on ajoute, en conséquence, pour opérer cette solution, un peu de camphre qui rend cette opération plus prompte. On comprend qu'il est nécessaire d'agiter très-souvent la matière avec son dissolvant ou de la brasser fréquemment avec un tube ou une spatule en cuivre. Si on n'ajoute pas de verre pilé et qu'on cesse d'agiter circulairement, on conçoit que les matières résineuses se pelotonnent et résistent à l'action du dissolvant, c'est-à-dire que la solution des matières solides devient bien plus lente.

L'emploi de la térébenthine pour dissoudre les résines par voie de digestion est une pratique qu'on ne saurait admettre, parce que cette matière s'empare plus aisément du dissolvant et, en combinaison avec lui, s'oppose à la dissolution des matières solides ou pulvérulentes. On ne doit toujours ajouter la térébenthine qu'après la dissolution de la résine, et filtrer aussitôt.

Il faut apporter constamment des précautions tant dans la fonte de la résine à feu nu, que dans la digestion au bain-marie ou au bain de sable. Quand on fait fondre la résine à feu nu, toute la masse peut s'enflammer; c'est ce qui arrive fréquemment quand on élève la température et quand, à la matière en fusion, on ajoute un liquide oléagineux chaud (vernis à l'huile de lin bouillant). Si on se sert, dans la digestion au bain-marie ou au bain de sable, de vases en verre ou en porcelaine, ces vases peuvent facilement éclater quand on ne ménage pas une issue convenable aux vapeurs.

On se sert donc aujourd'hui, à cet effet, tant pour opérer au bain-marie qu'au bain d'huile lourde de gaz ou au bain de sable, de vases en cuivre minces, soit en forme de chaudières ou de bouteilles, afin de faire disparaître toute espèce de danger.

5. *Clarification des préparations.*

Lorsqu'on a opéré la dissolution des matières solides (résines) dans leurs dissolvants, d'après les méthodes diverses exposées ci-dessus, on laisse les vaisseaux, dans lesquels s'est effectuée l'opération, refroidir, et les matières se clarifier en les déposant dans un lieu convenable. Cette clarification est nécessaire et tout-à-fait indispensable par les raisons que voici :

1º Dans la préparation des vernis de résine, il arrive très-souvent que toutes les portions de la résine ne sont pas dissoutes, parce qu'elle est souillée çà et là par des impuretés que de simples lavages ne parviennent pas à éliminer ;

2º Quand on élève la température, il y a ordinairement une grande quantité de matières étrangères empruntées au dissolvant approprié, et qui s'en séparent lorsque cette température baisse ou lorsqu'on laisse refroidir. On peut très-bien filtrer le vernis, aussitôt qu'il est fait, à travers une chausse, puis l'abandonner au repos pour clarifier. Si ce vernis est limpide, et si le dépôt s'est bien formé, on décante la partie claire ; mais on peut aussi obtenir cette clarification par un long séjour dans des flacons en verre. Généralement, on laisse d'abord, dans ces deux cas, la liqueur, complètement saturée de résine, quelques jours en repos, puis on remplit les flacons qu'on abandonne dans un lieu tranquille pour clarifier.

Il arrive parfois que la liqueur ainsi saturée de résine ne se clarifie pas ; dans ce cas, il convient d'y ajouter un peu du même dissolvant, encore chaud, qui redissout les parties résineuses qui se sont séparées, ou bien on procède de suite à la filtration. On opère pour cela ainsi qu'il suit :

On place un grand entonnoir *a*, fig. 101, de verre, de

porcelaine ou de grès, sur un flacon en verre *b* bien sec. Dans le bec *c* de cet entonnoir, on dépose des flocons de coton qu'on recouvre, à la hauteur *d*, avec une plaque de tôle *e*, fig. 102, percée de trous et formant ainsi passoire, afin d'empêcher que le coton ne remonte. L'appareil étant ainsi disposé, on remplit l'entonnoir de vernis et on le couvre avec une feuille de verre. Le vernis qui s'écoule le premier n'est pas entièrement limpide comme du cristal, mais dès que le coton en a été complètement pénétré, et que les vides qu'il laisse sont suffisamment remplis, ce vernis coule tout-à-fait clair. Quant à celui qui s'est écoulé le premier, et qui ne l'est pas, on le reverse dans l'entonnoir pour le filtrer de nouveau ; seulement, il ne faut pas oublier de remplacer le premier flocon par un autre sec et bien propre. Ce mode de filtration paraît préférable à tous les autres.

Le vernis qui a filtré est renfermé dans des flacons bien bouchés et dont le bouchon est entouré d'une vessie humide, et exposé à la lumière solaire.

SECTION VII.

INSTRUMENTS ET USTENSILES EMPLOYÉS DANS LA FABRICATION DES VERNIS.

Dans toutes les fabriques de vernis et dans les ateliers de vernisseurs, on a besoin de certains instruments ou appareils dont il importe de connaître exactement l'usage et l'emploi. Nous ferons connaître ici les plus importants.

1. *Thermomètre, thermoscope.*

Pour déterminer quantitativement le degré de chaleur libre ou la température d'un corps que l'on apprécie déjà au toucher, on se sert d'un instrument qu'on appelle thermomètre. Cet instrument est fondé sur les changements réguliers que la chaleur détermine dans la capacité on le volume qu'occupent certains corps. Les corps éprouvent, par l'application de la chaleur et indépendamment de la fusion et de la volatilisation, une troisième modification, à savoir, une dilatation en même temps que leur état d'aggrégation reste le même. Le mercure est le corps qui a paru le plus propre à construire des thermomètres à raison de sa dilatation uniforme, mais on se sert aussi de l'alcool. On prend aujourd'hui assez communément le point de congélation de l'eau, ou plutôt le point de la glace fondante, comme point de départ de l'échelle thermométrique, et celui de l'ébullition de l'eau, sous la pression de $0^m.760$ de mercure, comme point extrême de cette échelle. C'est la distance entre ces points, qu'on partage en un certain nombre de subdivisions, auxquels on a donné le nom de degrés. Le nombre de ces subdivisions étant arbitraire, il y a aussi des échelles diverses.

Dans les thermomètres de Celsius qu'on appelle, en France, thermomètre centigrade, fig. 104, et dans celui de Réaumur, fig. 105, on désigne par 0° le point de congélation de l'eau. Dans le thermomètre de Fahrenheit, fig. 103, ce point de congélation est marqué $+32^o$, et ces divers thermomètres s'accordent à placer la limite supérieure de leur échelle au point d'ébullition de l'eau sous la pression indiquée de 0^m760. Dans le thermomètre de Celsius ou centigrade, l'espace entre ces points extrêmes est divisé en 100 parties égales ou degrés. Dans celui de Réaumur, il l'est en 80 degrés. Toutes les subdivisions au-dessus du zéro ou du point de congélation sont affectées du signe $+$ (plus), et toutes celles au-dessous, du signe $-$ (moins). L'échelle de Fahrenheit partage cet espace en 180 parties ou degrés, et le 0° de cette échelle est placé plus bas et déterminé par le froid que produit un mélange de glace pilée et de sel. A partir de ce 0°, le point de congélation est marqué $+32^o$, et celui de l'ébullition de l'eau, 212°. De manière qu'on a, pour les rapports entre les thermomètres :

$$0^o \text{ Fahrenheit} = -17^o780 \text{ Cent.} = -14^o22 \text{ Réaum.}$$
$$32^o \quad - \quad = \quad 0^o000 \quad = \quad 0^o00 \quad -$$
$$212^o \quad - \quad = +100^o000 \quad = +80^o00 \quad -$$

L'échelle de Fahrenheit est principalement en usage en Angleterre, celle centésimale ou de Celsius, en France, et celle de Réaumur, aussi en France et plus particulièrement en Allemagne.

Pour transformer des degrés de Réaumur en degrés centigrades, il n'y a qu'à y ajouter un quart en sus ou les multiplier par 1.25. Ainsi,

$$15^o \text{ Réaumur} = 15 \times 1.25 = 18^o75 \text{ centigrades.}$$

et réciproquement, pour convertir des degrés centigrades en degrés de Réaumur, il faut diviser les premiers par 1.25. Ainsi,

$$22^o \text{ centigrades} = \frac{22}{1.25} = 17^o06 \text{ Réaumur.}$$

Si on veut convertir des degrés de Fahrenheit en degrés de Réaumur, il faut diviser les premiers par 2,25, et soustraire 14,22 du quotient. Ainsi :

$$65° \text{ Fahrenheit} = \left(\frac{65}{2.25} - 14.22 \right) = 14°67 \text{ Réaumur.}$$

Si c'est en degrés centigrades qu'on veut opérer la conversion, on divise par 1,8, et on soustrait 17,78 du quotient, comme il suit :

$$65° \text{ Fahrenheit} = \left(\frac{65}{1.8} - 17.78 \right) = 18°33 \text{ centigrad.}$$

Voici encore une autre formule. On retranche 32 du chiffre des degrés de Fahrenheit, et on divise le reste par 1,8. Ainsi :

$$65° \text{ Fahrenheit} = \left(\frac{65 - 32}{1.8} \right) = 18°33 \text{ centigrad.}$$

Enfin, c'est le contraire quand on veut convertir des degrés de Réaumur ou centigrades en degrés de Fahrenheit. Dans le premier cas, il faut multiplier par 2,25 ; dans le second par 1,8, et au facteur qu'on obtient, ajouter 32.

Les thermomètres servent à indiquer et à faire connaître la température libre ou le degré de chaleur que possède une substance dans un moment donné, et voici comment on opère : Pour constater la température d'un liquide, par exemple, on y plonge la boule du thermomètre et une portion de son échelle, et on l'y laisse plongé jusqu'à ce que le mercure ou l'alcool cesse de monter dans le tube où ces liquides sont renfermés. Le point où le mercure ou l'alcool se sont arrêtés, est le degré de la température de ce liquide.

2. *Alcoomètres.*

Ainsi qu'on l'a déjà dit page 86, on se sert d'un instrument appelé alcoomètre pour mesurer promptement la richesse en alcool absolu des liquides alcooliques.

En France, on fait principalement usage de l'alcoomètre centésimal de Gay-Lussac, où l'on prend pour terme de comparaison, l'alcool pur à la température de 15° centig. (12° Réaumur), et où la force de cet alcool est représentée par 100 centièmes. La force d'un liquide alcoolique est, en conséquence, le nombre de centièmes en volume d'alcool pur qu'il renferme à la température de 15º C. L'alcoomètre centésimal, qui est gradué à cette température, porte donc une échelle divisée en 100 parties ou degrés, dont chacun représente un centième d'alcool pur ou absolu. La division 0º répond à l'eau pure, et celle de 100º à cet alcool absolu ; et plongé dans un liquide à la température de 15º C., il en fait immédiatement connaître la force. Par exemple, si, dans une eau-de-vie à la température de 15º, il s'enfonce jusqu'à la division 50; il indique que la force de cette eau-de-vie est de 50 centièmes, c'est-à-dire qu'elle contient 50 pour 100 de son volume en alcool pur, et c'est ce qu'on désigne en disant que cette eau-de-vie marque 50º centésimaux. Il y a, dans l'application de cet instrument, quelques précautions à prendre, qui sont exposées dans une instruction qu'on délivre avec l'appareil.

En Allemagne, on se sert de l'alcoomètre de Richter, dont l'échelle est aussi divisée en 100 parties ou degrés; mais ici le nombre de degrés n'indique plus le volume de l'alcool, mais bien sa proportion centésimale en poids. On fait également usage, pour mesurer la proportion en volume de l'alcool, d'un autre appareil connu sous le nom d'alcoomètre de Tralles, qui porte, comme l'alcoomètre de Gay-Lussac, une échelle divisée en 100 parties ou degrés, dont chacun correspond à un centième en volume de l'alcool pur contenu dans un liquide spiritueux.

La figure 106 représente le dessin d'un alcoomètre, et la figure 107, un cylindre dans lequel on fait l'épreuve du liquide alcoolique, et qu'on nomme éprouvette. Soit qu'on veuille prendre sa force ou richesse en volume, soit qu'on désire connaître sa richesse en poids en alcool, on verse la liqueur spiritueuse dans le cylindre, on plonge dans ce liquide l'alcoomètre qui y oscille pendant quelque temps, et aussitôt qu'il est devenu fixe et immobile, on lit sur l'échelle le point où il s'est enfoncé, et le chiffre marqué sur l'échelle indique le degré ou richesse en volume ou en poids d'alcool pur du liquide éprouvé.

On a constaté que 5º Gay-Lussac ou Tralles, sont égaux à 4º Richter.

3. *Aréomètres, pèse-liqueurs, hydromètres.*

Les aréomètres les plus communément en usage sont des instruments qui ont de l'analogie avec les alcoomètres, qui donnent la proportion en volume de l'alcool pur contenu dans un liquide spiritueux. Mais leurs échelles

étant assez arbitraires, il est nécessaire, pour se former
une idée nette de la richesse alcoolique, de rapporter
leurs degrés au poids spécifique des liquides, ou plutôt
ces degrés arbitraires ne sont qu'une expression du poids
spécifique.

En France, on se sert encore de l'aréomètre de Cartier,
dont le 15e degré, par exemple, indique 31,6 pour 100 en
volume d'alcool ; mais l'instrument le plus communément
employé, et dont celui de Cartier ne paraît être qu'une
imitation, est l'aréomètre ou hydromètre de Baumé, où le
10e degré marque l'eau pure, ou un poids spécifique
=1,000, et le 62e degré, un poids spécifique = 0,725. On
a représenté, dans la figure 108, la forme qu'on donne le
plus communément à cet aréomètre. Cet instrument se
compose d'un corps ou tube *a*, au bas duquel est un
étranglement pour le séparer d'une petite cuvette *c*, dans
laquelle on verse un peu de mercure pour lester et équi-
librer l'appareil. Ce tube est surmonté d'un autre plus
petit *b*, dans lequel est insérée une bande de papier qui
porte l'échelle graduée. Pour s'en servir, on plonge l'appareil dans le liquide, et le point de l'échelle qui affleure
le niveau de ce liquide indique le degré Baumé, ou plutôt
le poids spécifique de celui-ci.

On a ordinairement trois aréomètres : l'un, pour les liquides plus légers que l'eau, où l'échelle indique un
poids spécifique depuis 0,700 jusqu'à 1,000, qui représente le poids de l'eau pure, et deux autres pour les liquides plus pesants que l'eau, dont l'un indique un poids
spécifique de 1,000 à 1,400, et l'autre de 1,400 à 1,900.

Dans tous les cas, on conçoit que pour être en mesure
d'apprécier les degrés de l'aréomètre et de l'alcoomètre
de Baumé, il faut connaître la concordance qui existe
entre ces degrés et le poids spécifique, et c'est pour faciliter cette connaissance qu'on a dressé les tables qui
suivent.

TABLE

Des poids spécifiques des liquides plus légers que l'eau

DEGRÉS de Baumé.	POIDS spécifique.	DEGRÉS de Baumé.	POIDS spécifique.	DEGRÉS de Baumé.	POIDS spécifique.
10	1.000	28	0.886	46	0.796
11	0.991	29	0.880	47	0.791
12	0.986	30	0.875	48	0.787
13	0.979	31	0.869	49	0.782
14	0.972	32	0,864	50	0.778
15	0.966	33	0.858	51	0.773
16	0.959	34	0.853	52	0.769
17	0.953	35	0.848	53	0.765
18	0.946	36	0.843	54	0.760
19	0.940	37	0.838	55	0.756
20	0.934	38	0.833	56	0.752
21	0.927	39	0.828	57	0.748
22	0.921	40	0.823	58	0.744
23	0.915	41	0.819	59	0.739
24	0.909	42	0.814	60	0.735
25	0.903	43	0.809	61	0.731
26	0.897	44	0.805	62	0.725
27	0.892	45	0.800		

TABLE

Des poids spécifiques des liquides plus pesants que l'eau.

DEGRÉS de Baumé.	POIDS spécifique.	DEGRÉS de Baumé.	POIDS spécifique.	DEGRÉS de Baumé.	POIDS spécifique.
0	1.000	26	1.218	52	1.558
1	1.007	27	1.229	53	1.574
2	1.014	28	1.239	54	1.591
3	1.021	29	1.250	55	1.609
4	1.029	30	1.261	56	1.626
5	1.036	31	1.272	57	1.645
6	1.044	32	1.284	58	1.663
7	1.051	33	1.295	59	1.682
8	1.059	34	1.307	60	1.702
9	1.067	35	1.319	61	1.722
10	1.075	36	1.331	62	1.743
11	1.083	37	1.343	63	1.764
12	1.091	38	1.356	64	1.786
13	1.099	39	1.369	65	1.808
14	1.107	40	1.382	66	1.831
15	1.116	41	1.395	67	1.855
16	1.124	42	1.408	68	1.879
17	1.133	43	1.422	69	1.904
18	1.141	44	1.436	70	1.929
19	1.150	45	1.450	71	1.955
20	1.160	46	1.465	72	1.981
21	1.169	47	1.479	73	2.007
22	1.179	48	1.494	74	2.034
23	1.188	49	1.510	75	2.061
24	1.198	50	1.525		
25	1.208	51	1.541		

TABLE

Des poids spécifiques des liqueurs alcooliques pour chacun des degrés de l'alcoomètre centésimal.

DEGRÉS de l'alcoomètre.	POIDS spécifique.	DEGRÉS de l'alcoomètre.	POIDS spécifique.	DEGRÉS de l'alcoomètre.	POIDS spécifique.
0	1.000	34	0.962	68	0.896
1	0.999	35	0.961	69	0.893
2	0.997	36	0.960	70	0.891
3	0.996	37	0.959	71	0.888
4	0.994	38	0.958	72	0.886
5	0.993	39	0.957	73	0.884
6	0.992	40	0.956	74	0.881
7	0.990	41	0.955	75	0.879
8	0.989	42	0.954	76	0.876
9	0.988	43	0.952	77	0.874
10	0.987	44	0.950	78	0.871
11	0.986	45	0.948	79	0.868
12	0.984	46	0.946	80	0.865
13	0.983	47	0.944	81	0.863
14	0.882	48	0.942	82	0.860
15	0.981	49	0.940	83	0.857
16	0.980	50	0.938	84	0.854
17	0.979	51	0.936	85	0.851
18	0.978	52	0.934	86	0.848
19	0.977	53	0.932	87	0.845
20	0.976	54	0.930	88	0.842
21	0.975	55	0.927	89	0.838
22	0.974	56	0.925	90	0.835
23	0.973	57	0.923	91	0.832
24	0.972	58	0.921	92	0.829
25	0.971	59	0.919	93	0.826
26	0.970	60	0.917	94	0.822
27	0.969	61	0.915	95	0.818
28	0.968	62	0.912	96	0.814
29	0.967	63	0.909	97	0.810
30	0.966	64	0.907	98	0.805
31	0.965	65	0.905	99	0.800
32	0.964	66	0.902	100	0.795
33	0.963	67	0.899		

Avant l'introduction de l'alcoomètre centésimal de Gay-Lussac, des ébullioscopes et des alcoomètres à cadran, on se servait beaucoup et l'on se sert encore, comme nous l'avons dit, des aréomètres de Cartier pour mesurer le degré de spirituosité des liquides plus légers que l'eau. L'aréomètre de Cartier n'est qu'une imitation assez mal conçue de celui de Baumé, et il n'est pas facile de se rendre compte des motifs qui lui ont fait accorder la préférence sur ce dernier dans le commerce des eaux-de-vie. Quoi qu'il en soit, rien n'est plus facile que de convertir les degrés de l'aréomètre de Baumé en ceux de l'aréomètre de Cartier. En effet, soit C le nombre de degrés de Cartier, et B ceux de Baumé.

$$C = \frac{15\,B + 22}{16}$$

et réciproquement :

$$B = \frac{16\,C - 22}{15}.$$

Quant à la correspondance des degrés Cartier aux degrés de l'alcoomètre centésimal, et réciproquement, voici deux tableaux qui en établissent les rapports.

Tableau du rapport des degrés de l'aréomètre de Cartier avec ceux de l'alcoomètre centésimal.

DEGRÉS de Cartier.	DEGRÉS centésimaux.	DEGRÉS de Cartier.	DEGRÉS centésimaux.	DEGRÉS de Cartier.	DEGRÉS centésimaux.	DEGRÉS de Cartier.	DEGRÉS centésimaux.
10	0.0	18 1/2	48.3	27	72.6	35 1/2	89.4
10 1/4	1.3	18 3/4	49.2	27 1/4	73.1	35 3/4	89.8
10 1/2	2.6	19	50.1	27 1/2	73.7	36	90.2
10 3/4	3.9	19 1/4	51.0	27 3/4	74.3	36 1/4	90.6
11	5.3	19 1/2	51.8	28	74.8	36 1/2	91.0
11 1/4	6.7	19 3/4	52.6	28 1/4	75.3	36 3/4	91.4
11 1/2	8.3	20	53.4	28 1/2	75.9	37	91.8
11 3/4	9.9	20 1/4	54.2	28 3/4	76.4	37 1/4	92.1
12	11.6	20 1/2	55.0	29	77.0	37 1/2	92.5
12 1/4	13.2	20 3/4	55.8	29 1/4	77.5	37 3/4	92.9
12 1/2	15.0	21	56.5	29 1/2	78.0	38	93.3
12 3/4	16.8	21 1/4	57.2	29 3/4	78.6	38 1/4	93.6
13	18.8	21 1/2	58.0	30	79.1	38 1/2	94.0
13 1/4	20.6	21 3/4	58.8	30 1/4	79.6	38 3/4	94.3
13 1/2	22.5	22	59.5	30 1/2	80.1	39	94.6
13 3/4	24.3	22 1/4	60.2	30 3/4	80.7	39 1/4	94.9
14	26.1	22 1/2	60.9	31	81.2	39 1/2	95.2
14 1/4	27.9	22 3/4	61.6	31 1/4	81.7	39 3/4	95.6
14 1/2	29.5	23	62.3	31 1/2	82.2	40	95.9
14 3/4	31.1	23 1/4	63.0	31 3/4	82.7	40 1/4	96.2
15	32.6	23 1/2	63.7	32	83.2	40 1/2	96.5
15 1/4	34.0	23 3/4	64.4	32 1/4	83.6	40 3/4	96.8
15 1/2	35.4	24	65.0	32 1/2	84.1	41	97.1
15 3/4	36 6	24 1/4	65.7	32 3/4	84.6	41 1/4	97.4
16	37.9	24 1/2	66.3	33	85.1	41 1/2	97.7
16 1/4	39.1	24 3/4	67.0	33 1/4	85.5	41 3/4	98.0
16 1/2	40.3	25	67.7	33 1/2	86.0	42	98.2
16 3/4	41.4	25 1/4	68.3	33 3/4	86.5	42 1/4	98.4
17	42.5	25 1/2	68.9	34	86.9	42 1/2	98.7
17 1/4	43.5	25 3/4	69.6	34 1/4	87.3	42 3/4	98.9
17 1/2	44.5	26	70.2	34 1/2	87.7	43	99.2
17 3/4	45.5	26 1/4	70.8	34 3/4	88.1	43 1/4	99.5
18	46.5	26 1/2	71.4	35	88.6	43 1/2	99.8
18 1/4	47.4	26 3/4	72.0	35 1/4	89.0	43 3/4	100.0

Tableau des rapports des degrés centésimaux avec ceux de l'aréomètre de Cartier.

DEGRÉS centés.	DEGRÉS de Cartier.	DEGRÉS centés.	DEGRÉS de Cartier	DEGRÉS centés.	DEGRÉS de Cartier.
0	10	34	15 1/4	68	25 1/8
1	10 1/4	35	15 1/2	69	25 1/2
2	10 3/8	36	15 5/8	70	26
3	10 1/2	37	15 3/4	71	26 3/8
4	10 3/4	38	16	72	26 3/4
5	11	39	16 1/4	73	27 1/4
6	11 1/8	40	16 1/2	74	27 3/4
7	11 1/4	41	16 3/4	75	28
8	11 1/2	42	16 7/8	76	28 1/2
9	11 5/8	43	17	77	29
10	11 3/4	44	17 1/4	78	29 1/2
11	11 7/8	45	17 1/2	79	30
12	12 1/8	46	17 3/4	80	30 1/2
13	12 1/4	47	18 1/8	81	30 7/8
14	12 3/8	48	18 1/2	82	31 3/8
15	12 1/2	49	18 3/4	83	31 7/8
16	12 5/8	50	19	84	32 1/2
17	12 3/4	51	19 1/4	85	33
18	12 7/8	52	19 1/2	86	33 1/2
19	13	53	19 7/8	87	34
20	13 1/8	54	20 1/4	88	34 3/4
21	13 1/4	55	20 1/2	89	35 1/4
22	13 3/8	56	20 3/4	90	35 7/8
23	13 1/2	57	21 1/8	91	36 1/2
24	13 3/4	58	21 1/2	92	37 1/8
25	13 7/8	59	21 3/4	93	37 7/8
26	14	60	22 1/8	94	38 1/2
27	14 1/8	61	22 1/2	95	39 1/4
28	14 1/4	62	22 7/8	96	40
29	14 3/8	63	23 1/4	97	40 7/8
30	14 1/2	64	23 3/8	98	41 7/8
31	14 3/4	65	24	99	42 3/4
32	14 7/8	66	24 3/8	100	43 7/8
33	15	67	24 3/4		

Table de l'esprit de bois réel contenu dans l'esprit étendu à divers degrés de densité et à la température de 15 degrés centigrades.

POIDS spécifique.	ESPRIT réel sur 100 parties.	POIDS spécifique.	ESPRIT réel sur 100 parties.	POIDS spécifique.	ESPRIT réel sur 100 parties.
0.8136	100.00	0.8820	76.10	0.9242	58.82
0.8116	98.00	0.8842	75.05	0.9266	57.73
0.8256	96.11	0.8876	74.63	0.9296	56.18
0.8320	94.34	0.8918	73.53	0.9344	53.70
0.8384	92.22	0.8930	72.46	0.9386	51.54
0.8418	90.90	0.8950	71.43	0.9414	50.00
0.8470	87.72	0.8984	70.42	0.9448	47.62
0.8514	86.20	0.9008	69.44	0.9484	46.00
0.8564	84.75	0.9032	68.50	0.9518	43.48
0.8596	83.33	0.9060	67.56	0.9540	41.66
0.8642	82.00	0.9070	66.66	0.9564	40.00
0.8674	80.64	0.9116	65.00	0.9584	38.46
0.8712	79.36	0.9154	63.30	0.9600	37.11
0.8742	78.13	0.9184	61.73	0.9620	35.71
0.8784	77.00	0.9218	60.24		

4. *Appareil distillatoire.*

Cet appareil, représenté fig. 109, se compose d'une chaudière A en cuivre étamée à l'intérieur, surmontée d'un chapiteau B, d'où part le col ou tube *b*, qui se rend dans un serpentin C. Cette chaudière est encastrée dans un fourneau en briques et pourvue d'un bouchon *t*, pour évacuer l'air ou les gaz au moment où l'on commence à chauffer. Le chapiteau fait corps avec le col et est assemblé sur *m* et *n* par des pinces ou des vis. La partie recourbée du col ou bec *d*, passe à travers un bouchon inséré dans l'extrémité supérieure du serpentin C, laquelle passe à travers le couvercle *g* du réfrigérant, et un peu au-dessous se dilate, puis se resserre en un tube roulé en hélice, qui constitue ce serpentin. Le réfrigérant E est un cylindre en cuivre ou en tôle rempli d'eau qui entoure ce serpentin, lequel perce sa paroi inférieure et vient verser par son bec *a*, le produit de la distillation dans un récipient *e*. Un tube T perce aussi cette paroi en T' et s'élève verticalement au-dessus du couvercle du serpentin, où il se termine en un entonnoir P, dans lequel un tuyau *f* amène sans cesse de l'eau froide. Cette eau arrive dans la partie basse du réfrigérant, et à mesure qu'elle s'échauffe, en dépouillant les produits de leur haute température, elle s'élève à la surface et finit par se déverser par l'ajutage *o*.

Bien souvent encore on se sert, pour distiller dans le verre, d'une cornue *a*, figgure 110, munie d'une tubulure *c*, pour y verser le liquide à distiller, et qu'on introduit dans une coupelle en fer, fig. 111, remplie à quelques centimètres près, de sable siliceux tamisé et bien sec. Cette coupelle est engagée dans une maçonnerie, et les produits se rendent dans un ballon *b*, avec lequel son bec la met en communication, ballon qui est aussi pourvu d'une tubulure *d*.

On se sert aussi du bain-marie pour faire les distillations. La chaudière qu'on destine à cet usage est garnie sur le fond d'une couronne de paille tressée sur laquelle repose la cornue. On garnit celle-ci tout autour de foin ou de paille, pour la maintenir, et on y verse de l'eau jusqu'à ce que ce liquide arrive au niveau de celui à distiller renfermé dans la cornue. Cela fait, on allume le feu.

5. *Fourneau.*

Le fourneau, qui est construit en briques, a la forme représentée dans la figure 112. Il se compose d'une paillasse *e*, à trois trous *a*, *b*, *c*, et est pourvu, sur le derrière, d'un bain-marie *d*, placé un peu plus haut que la paillasse *e*. Les paillasses *e*, *e* sont des plaques en fer, et sur les trous *a*, *b*, *c*, *d*, sont appliquées des chaudières en cuivre qui peuvent servir comme bains-marie, bains de sable, ainsi qu'à la fabrication à feu nu des vernis sur feu de charbon de bois.

6. *Autres ustensiles.*

a. On se sert, pour préparer de petites quantités de vernis, ou pour dissoudre les résines qui se résolvent aisément dans les dissolvants, de fioles en verre de la forme représentée fig. 113, et pour de grandes quantités, de vases en verre de même forme, appelés *matras*.

b. Un *soufflet* sert à activer les feux de charbon.

c. Les *spatules* qu'on emploie pour agiter les matières solides dans leurs dissolvants, sont en porcelaine, en fer ou en cuivre. On peut aussi avoir recours à des agitateurs en bois.

d. Les *tamis* ont pour destination de filtrer les vernis ou de tamiser les substances sèches qu'on a pulvérisées.

e. Les *châssis* sont très-utiles dans la fabrication des vernis. Ce sont des cadres en bois garnis de clous aux quatre angles, sur lesquels on tend les toiles qui servent à filtrer les vernis. Dans un atelier, il faut en avoir plusieurs de grandeurs diverses.

f. Les *chaudières en cuivre*, les *pots en terre*, les *capsules* en plomb, en tôle, en porcelaine et en grès, de différentes formes et grandeurs, nécessaires pour la fabrication des vernis, seront mentionnées avec soin dans la suite.

g. Les *trois-pieds* servent à porter les pots et les chaudières posées sur feu nu, dans la fusion des matières solides. Ces ustensiles sont en fer.

h. Les *jarres* en fer-blanc ou même en grès, servent à conserver les huiles.

i. Les *écumoires* ont pour objet d'écumer certains vernis et d'enlever les fragments de bois et toutes les parties qui sont insolubles.

k. On a aussi un assortiment d'*entonnoirs* pour filtrer les vernis, qui sont des cylindres ou des sphères en tôle, fig. 114*a*, à doubles parois, dans l'intervalle desquels on introduit de l'eau bouillante, et qui sont pourvus d'un robinet pour laisser écouler l'eau refroidie. On se sert aussi d'entonnoirs simples en verre, en porcelaine ou en grès. *b* est un entonnoir séparateur en verre, avec robinet rodé, pour séparer deux liquides différents l'un de l'autre.

l. Les *appareils de filtration* peuvent varier à l'infini : tantôt on se sert d'un entonnoir en verre qui est porté par un pied solidement établi ; tantôt c'est un sac ou poche en toile ou en flanelle, attaché aux quatre coins d'une monture carrée ; enfin on a recours aux châssis indiqués plus haut, garnis de toiles à travers lesquelles passe le vernis, qu'on reçoit dans des jattes ou des écuelles.

Indépendamment des ustensiles indiqués, on a encore besoin, dans la fabrication des vernis, de diverses brosses ou pinceaux pour étendre ces vernis, d'abord pour s'assurer de leur dureté, de leur élasticité, ainsi que de leur éclat, et ensuite pour constater la durée du temps qu'ils mettent à sécher.

En outre, il faut toujours avoir en provision des tonneaux, des cruches, des bidons, des supports en tôle de grandeurs diverses, et enfin plusieurs bons appareils de pesage avec leurs poids.

CHAPITRE II.

Préparation des vernis.

—

SECTION Ire.

A. VERNIS D'HUILE DE LIN, HUILES SICCATIVES OU OXYDÉES POUR LES PEINTRES ET LES VERNISSEURS.

Notre époque paraît être tellement tourmentée du besoin du progrès, qu'il n'est pas de jour où l'on ne voie paraître quelque ouvrage nouveau ayant pour but le perfectionnement de certaines branches d'industrie. Quoique cette tendance soit très-digne d'éloges, il n'y a, toutefois, aucune branche d'industrie qui paraisse aussi bien assise sur ses bases primitives, aussi bien circonscrite par ses anciens principes et renfermée dans le domaine de l'expérience, que la fabrication des vernis. Mais malgré que dans cette fabrication on soit parvenu à établir aisément certains principes relativement aux matériaux dont elle a besoin, il n'y a encore que la manipulation qui soit la seule voie, le seul moyen pour la porter à la perfection.

Je m'efforcerai donc, dans cet ouvrage, tout en établissant les principes fondamentaux de l'art, de faire connaître les résultats de ma propre expérience, et d'exposer en même temps ce que d'autres savants ou praticiens ont publié à diverses époques.

En ce qui concerne les vernis aux huiles grasses et aux résines, ou autres, la première chose à faire, c'est de se procurer une matière première qui, tout en étant de la meilleure qualité, soit propre à donner le résultat qu'on se propose. Il faut donc soumettre tous ces matériaux à une épreuve avant d'en faire usage, si on veut considérer comme corrects les recettes et procédés qu'on va exposer, et obtenir un produit irréprochable.

INSTRUCTIONS SUR LA PRÉPARATION DES VERNIS A L'HUILE DE LIN OU DES HUILES SICCATIVES.

Le choix de l'huile de lin est une chose importante pour le fabricant de vernis, puisque la beauté et la durée du vernis dépendent à un haut degré de ce choix.

L'huile de lin doit avoir été récoltée de semences parfaitement mûres, être limpide, de couleur pâle, d'une saveur douce, sans odeur bien prononcée, et déjà vieille. Pour en fabriquer des vernis translucides, on prend :

            Huile de lin. . . . .   2 kilog.
            Etain anglais granulé. 0.064
            Plomb granulé (1). 0.064

On introduit les deux métaux ainsi que l'huile dans une chaudière en cuivre, mais non pas en fer, dont on indiquera plus loin la grandeur et la disposition.

Lorsque cette huile a bouilli pendant 7 minutes environ, on recherche avec une spatule en cuivre, ou mieux en porcelaine, si elle a dissous les métaux, et lorsqu'on observe que les métaux sont déjà plus qu'à moitié en fusion, on y introduit :

            Os de sèche. . . . .   1 1/2 pièce,

qu'on a brisé en morceaux. Après que cet os a bouilli quelques minutes dans l'huile en ébullition et que les métaux sont complètement fondus, ce dont on s'assure en agitant, puisqu'alors le tout paraît ne constituer qu'un liquide, et qu'on ne sent plus rien avec la spatule sur le fond de la chaudière, on enlève celle-ci du feu et on la pose sur une ouverture, sur la paillasse du fourneau, et on y ajoute peu à peu, mais en agitant activement :

            Sulfate de zinc ou vitriol blanc cal-
                    ciné et pulvérisé. . . . .   125 gr. (2).

(1) On granule ces métaux en les faisant fondre et les versant en petit filet et lentement dans un baquet rempli d'eau qu'on agite avec un balai.

(2) On prépare le sulfate de zinc calciné en prenant le sulfate cristallisé (V. page 113), l'introduisant dans une capsule de porcelaine, où on le laisse s'effleurir ou perdre son eau de cristallisation au bain de sable ; cela fait, on introduit le sel réduit en poudre dans un creuset de Hesse, et on fait fondre jusqu'à ce qu'il devienne coulant comme une huile. Lorsqu'il ne se dégage plus de vapeurs d'eau, on verse la masse fluide sur un marbre, on la laisse refroidir, on la pulvérise et on introduit cette poudre dans des flacons bien bouchés qu'on conserve pour l'usage.

Lorsque tout le sulfate de zinc a été introduit dans l'huile et que celle-ci ne monte plus, on fait encore bouillir une demi-heure, ou plutôt aussi longtemps qu'il ne se dégage plus de bulles de vapeur d'eau, puis on laisse refroidir le vernis, on le filtre au bout de douze heures environ à travers une toile fine de lin, et on le reçoit dans de grands flacons dont le fond est couvert de plomb granulé sur une épaisseur de 2 à 3 centimètres. Au bout de 4 à 6 jours, on a un vernis qui, après l'avoir fait encore blanchir un peu au soleil, est limpide comme de l'eau.

Quand on traite des masses, on peut modifier la formule ainsi qu'il suit. Ainsi, pour 25 kilog. d'huile, on prend :

Etain granulé.	500 gram.
Plomb granulé.	500
Os de sèche.	10 pièces.
Sulfate de zinc.	1 kil.25

En ce qui concerne la forme de la chaudière en cuivre, elle doit avoir une hauteur double de son diamètre et ne plonger dans le bain de sable que jusqu'au quart de sa hauteur. L'ouverture du fourneau sur lequel on la place ne doit pas être tournée du côté de la porte de l'atelier, mais être disposée de façon qu'un tirage d'air trop violent ne puisse pas pousser trop le feu et faire monter la flamme.

Autour de la chaudière on établit une couronne en tôle pour la placer sur le fourneau, cette couronne est assujettie avec des rivets, non pas en fer, mais en cuivre. Suivant l'importance de l'établissement, cette chaudière a des dimensions plus ou moins grandes, mais dans tous les cas elle doit être chargée de manière à ce que l'huile soit à un niveau plus élevé que celui que la flamme peut atteindre.

Ce n'est qu'en commençant, et pour hâter l'ébullition, qu'on peut fermer la chaudière avec un couvercle ; une fois ce point atteint, elle doit rester constamment ouverte.

Plus le feu est égal, ou plutôt plus la température est uniforme et modérée, plus le vernis aura de beauté.

La chaudière doit être construite suivant la forme indiquée dans la figure 115.

Autrefois, on se servait de formules différentes de celles qu'on emploie aujourd'hui et dont on fait encore usage. En Angleterre, on a recours au mode de préparation qui suit:

1. *Vernis d'huile de lin bien siccatif.*

On prend :

Huile de lin bien claire.	25 kilog.
Litharge.	500 gram.
Sulfate de zinc en poudre fine. . .	32

On fait bouillir cette huile avec la litharge et le sulfate de zinc dans un vase de grandeur convenable, jusqu'à ce qu'il se forme une pellicule à la surface. On enlève le vase du feu et on l'abandonne au repos jusqu'à ce que toutes les impuretés se soient précipitées au fond et que le vernis soit bien clair et bien limpide. On le filtre alors et on le conserve pour l'usage dans des flacons.

2. Voici encore un autre mode de préparation :

Huile de lin épurée.	25 kilog.
Litharge.	1.750
Liquidambar.	640 gram.
Alun calciné.	80

La litharge, le liquidambar et l'alun sont broyés sur un marbre avec un peu d'huile, puis introduits avec le reste de l'huile dans la chaudière où on fait cuire sur un feu doux de charbon et en agitant constamment jusqu'à cuisson du vernis, c'est-à-dire jusqu'à ce qu'en versant une goutte de celui-ci sur un papier, il n'y forme pas tache d'huile. On laisse refroidir, on filtre à travers une toile et on reçoit dans des flacons qu'on bouche bien et expose au soleil, dont l'action achève de blanchir le vernis.

3. Nous donnerons encore une troisième formule pour la préparation d'un beau vernis bien translucide à l'huile de lin, pour enduits de couleur claire, on prend :

Huile de lin épurée.	25 kilog.
Vermillon fin. . . :	125 gram.
Liquidambar.	125
Litharge.	750

L'huile doit à peine occuper la moitié de la capacité de la chaudière à cuire ; puis on ajoute :

Eau distillée d'oseille.	2 litres
Eau distillée d'ail (1).	1 litre

On mélange le vermillon, le liquidambar et la litharge et

(1) On prépare l'eau distillée d'oseille en prenant 1 partie de cette plante fraîche et 10 parties d'eau, et celle distillée d'ail, en prenant 1 partie de gousse et 10 parties d'eau, soumettant à la distillation et retirant 5 parties.

on les renferme dans un petit sac ou un nouet de toile qu'on suspend dans l'huile. Alors, on pose la chaudière sur un feu doux, on laisse bouillir 4 heures, puis refroidir.

On abandonne ensuite le vernis cuit en repos pendant huit jours et on l'introduit dans des flacons en verre, où il se clarifie de plus en plus.

Ces deux dernières recettes, données par W. Thomson dans son *Art de fabriquer les vernis*, sont à peu près inusitées aujourd'hui à raison de leur complication et du prix élevé du liquidambar. L'addition des eaux distillées d'oseille et d'ail est également abandonnée comme inutile, et on possède aujourd'hui des moyens bien plus simples dont il sera question plus loin.

4. En France et en Allemagne on fait encore usage du mode de préparation qui suit, on prend :

Huile de lin.. . . . .   25 kilog.
Eau. . . . .   25 litres

on porte ces deux liquides à l'ébullition dans une chaudière ; on y ajoute :

Céruse ou minium. . . . .   3 kilog.

et on agite. On fait cuire le mélange en agitant continuellement pendant 6 à 8 heures, et, au bout de ce temps, on retire la chaudière du feu, on laisse refroidir et on dépose le vernis dans un lieu modérément chaud où on l'abandonne pendant 8 jours au repos. Alors, on sépare avec soin le vernis de l'eau et on l'expose dans des flacons en verre bien bouchés, à la lumière solaire, et après y être resté exposé un certain temps, il est prêt pour l'usage.

5. Ou bien on prend :
Huile de lin épurée.. . . . .   25 kilog.
Litharge ou massicot légèrement calcinés. . . . . 200 gram.
Acétate de plomb neutre (sucre de saturne). 200
Sulfate de zinc (vitriol blanc). 200
Litharge (1). 2 kil.250

Ces matières sont toutes réduites en poudre, et lorsque l'huile commence à entrer en ébullition, on les y introduit et on fait cuire (2) jusqu'à ce que le liquide ne fasse

(1) Plusieurs praticiens, au lieu d'acétate de plomb, n'ont employé que le sulfate de zinc (au taux de 375 grammes pour 25 kilog. d'huile), et le vernis a été tout aussi beau.

(2) Toujours en agitant, autrement le vernis prend aisément une teinte brune.

plus d'écume et qu'il s'y forme une pellicule à la surface.
Ce résultat obtenu, on retire la chaudière du feu, on
laisse refroidir, on charge avec un couvercle et on abandonne au repos jusqu'à ce que le vernis se soit séparé
du dépôt (1).

6.   *Vernis d'huile pour les peintures en couleurs terreuses.*

Prenez :

Huile de lin épurée. . . . . , . 25 kilog.
Litharge. 4.75

faites bouillir ces deux substances en agitant continuellement jusqu'à ce qu'il se forme une pellicule à la surface, retirez la chaudière du feu, laissez le vernis quelque
temps en repos, décantez-le de dessus le dépôt qui s'est
formé et conservez dans des flacons bien bouchés.

On a déjà dit que l'huile à fabriquer ces vernis devait
être épurée (*voyez* page 92). Quant à la cuisson avec les
oxydes métalliques, elle peut s'opérer à feu nu ou au
bain-marie. A feu nu, il peut aisément arriver que la
température devienne trop élevée; il y a donc avantage,
quand on opère de cette manière, à ajouter à l'huile qu'on
fait ainsi cuire un volume d'eau égal au sien et qui a
pour objet d'empêcher que la température de l'huile ne
s'élève guère au-dessus de celle de l'eau en état d'ébullition (100° C.). Il est tout clair que dans ce dernier cas,
on ne démêle pas les substances oxydantes dans l'huile,
car à raison de leur poids, elles tomberaient au fond et
ne seraient en contact qu'avec l'eau, mais qu'il faut les
réunir dans un sachet ou un nouet et suspendre celui-ci
dans l'huile avec une corde.

Quand on veut se servir du bain-marie, on introduit
l'huile et les matières oxydantes dans un matras en verre,
mais il est bon de faire remarquer que dans ce cas l'huile
n'est portée qu'à la température de 100°. Si on ajoute à
cette eau du sulfate de soude ou une solution de chlorhydrate de chaux qui ne bout que de 125 à 136° C., on
maintient constamment le bain d'huile à une température supérieure à 100°.

(1) On ajoutait autrefois d'autres ingrédients, par exemple, des
oignons, des gousses d'ail, du salpêtre, etc., qu'on peut tout au plus
considérer comme des thermoscopes indiquant si toute l'eau a été
expulsée de l'huile, en prenant un aspect brun et brûlé ; mais on les
rejette aujourd'hui, et le praticien le plus ordinaire n'a plus besoin
de ces moyens.

J'ai trouvé qu'on pouvait se servir avec avantage dans la préparation du vernis d'huile de lin, du bain d'huile lourde représenté dans la figure 1 et décrit à la page 127. Avec cet appareil, on n'a pas à craindre d'accident, on peut chauffer aussi longtemps qu'on le juge nécessaire sans courir le moindre danger.

7. On prend aussi :

Huile de lin. . . . . 25 kilog.
Céruse. 1.500
Litharge. 0.750

8. Ou bien :

Huile de lin. . . . . 25 kilog.
Litharge. 1.500
Terre d'ombre ou gypse. 0.750

9. Ou bien :

Huile de lin. . . . . 25 kilog.
Fleurs de zinc (oxyde de zinc). 1.500 (1)

Le vernis préparé à la litharge n'est pas de beaucoup aussi limpide que celui fabriqué à l'oxyde de zinc, et ce vernis à l'oxyde de zinc se recommande surtout pour les couleurs claires.

Toutefois, si comme on l'a indiqué à la page précédente, on fabrique le vernis de litharge au bain-marie, il est aussi plus limpide. On enlève l'écume qui se forme pendant l'ébullition, et lorsque la masse ne mousse plus et qu'il s'est formé une pellicule à la surface, on retire la chaudière du feu, on laisse refroidir et on abandonne la masse au repos jusqu'à clarification complète. On décante alors le vernis avec soin, on le reçoit dans des flacons en verre bouchant bien et on l'expose au soleil où il blanchit (2).

10. On prend :

Huile de lin claire ou ancienne. . . . 25 kilog.
Eau de rivière ou de pluie. 10

(1) L'addition de corps oxydants varie beaucoup : les uns prennent l'un de ces corps, d'autres en adoptent un autre. Le rapport se règle, du reste, principalement sur la nature de l'huile qui est elle-même très-variable. Les huiles claires et anciennes n'ont pas besoin d'autant d'oxydants que celles récentes et troubles, et il n'est pas nécessaire de les faire cuire aussi longtemps que ces dernières.

(2) Le dépôt se compose d'albumine combiné avec les oxydes métalliques.

Litharge. 3 kil.125
Céruse. 2.345
Terre d'ombre. 1.750

Les trois dernières substances sont introduites dans un sachet qu'on suspend dans l'huile. Lorsque l'eau sur laquelle nage l'huile est évaporée jusqu'au huitième de son volume, on enlève le pot du feu et on le laisse refroidir (1). On le tient couvert pendant quelques jours pour qu'il s'éclaircisse, puis on le tire au clair dans des flacons. Ce vernis est fort beau et sèche bien.

11. Prenez :

Huile de lin vieille. . . . . 25 kilog.
Litharge. 2
Céruse en écailles. 1 kil.500
Terre d'ombre. 0.250

L'huile de lin est introduite dans le matras représenté fig. 113, qu'on a enduit préalablement à l'extérieur de terre grasse à laquelle on a mélangé du verre pilé ; on l'introduit dans une coupelle remplie de sable, on y ajoute la céruse et on allume un feu modéré. Lorsque l'huile commence à bouillir, on y ajoute peu à peu les autres ingrédients. On soutient pendant 3 à 4 heures un feu modéré et le vernis est préparé. On enlève le feu sous la coupelle, on laisse le vernis refroidir dans le matras et en repos quelques jours, on le jette alors sur un filtre et on le reçoit dans des flacons en verre qu'on bouche avec soin. Ce vernis est d'un beau blanc et sèche bien.

12. On introduit :

Huile de lin épurée. . . . . 25 kilog.
Litharge. 2

dans une chaudière en fer à déversoir en porcelaine, et lorsque l'huile commence à bouillir, on y ajoute la litharge par petites portions à la fois. Chaque fois qu'une portion de cette litharge est introduite, il se manifeste une effervescence qu'on laisse apaiser, puis on en ajoute une nouvelle. Lorsque l'introduction de cette substance oxydante est terminée, on enlève la chaudière du feu, on laisse refroidir, puis éclaircir, on filtre et on reçoit dans

(1) Si le vernis n'avait pas assez de consistance, ou s'il n'était pas clair, on y ajouterait de l'eau et on procéderait exactement ainsi qu'il est dit. Quand on fait cuire les vernis à l'huile avec l'eau, on peut se servir de vases en fer, surtout de ceux émaillés.

des flacons. Le vernis sèche aisément, seulement il n'est pas aussi clair que le précédent, mais on peut très-bien l'employer avec les vernis à laquer.

13. On prend :

Huile de lin. 25 kilog.

qu'on introduit dans une chaudière en fonte de la forme représentée dans la figure 116, et qu'on chauffe jusqu'à l'ébullition (1). Lorsque l'huile bout, on y introduit dans un sachet de toile qu'on suspend dans l'huile :

Litharge. 1 kil.250
Minium. 375 gram.
Terre d'ombre. 250
Os de sèche. 250

Lorsque l'huile ne mousse plus et a pris une couleur rougeâtre, l'opération est terminée. Quand le vernis est refroidi, on le filtre et on le verse dans des flacons en verre où on le garde pour l'usage.

14. *Vernis des peintres, de* MILLER, *vernis blanc.*

Prenez :

Huile de lin vieille. . . . . 50 kilog.
Acide chlorhydrique ordinaire. 1

On mélange bien entre elles ces deux substances et on laisse ce mélange d'huile et d'acide pendant longtemps en repos dans un local modérément chaud, jusqu'à ce que l'acide se sépare complètement de l'huile et que celle-ci paraisse claire et incolore. Aussitôt que l'huile a été décantée de dessus l'acide, on la lave avec de l'eau de pluie ou de l'eau de rivière jusqu'à ce que les eaux de lavages ne rougissent plus des bandes de papier de tournesol. On décante de nouveau, on laisse clarifier et on chauffe enfin le vernis dans une capsule évaporatoire en porcelaine jusqu'à ce qu'on en ait évaporé toute l'eau qu'il peut contenir. Ce vernis, qui est alors prêt à servir, est d'une très-belle couleur blanche.

---

(1) On a conseillé, et M. Miller entre autres, d'ajouter, à trois ou quatre reprises, des tranches de pain bis frais, et dès qu'il se colore en brun, de l'enlever. Cette opération, que nous regardons comme tout-à-fait inutile, doit avoir lieu avant l'introduction du sachet aux substances oxydantes.

5. On broie finement :

>   Céruse en écaille. . . . .   6 kilog.
>   Huile siccative claire.   6

et on y ajoute :

>   Huile de lin vieille et épurée. . . . . .   ?5 kilog.

Lorsque le tout est bien mélangé, on le verse dans une caisse ayant la forme représentée dans la figure 117. Cette caisse *a* est en bois doublé de zinc en feuille et fermée dans le haut *b* par une grande feuille de verre. Le vernis qu'on verse dans la caisse jusqu'à la hauteur *c* est exposé à la chaleur des rayons solaires pendant 4 à 6 semaines, et quand il est devenu limpide comme l'eau, filtré et conservé dans des flacons.

16. Dans un pot en terre bien cuit, on introduit 25 kilog. d'huile ancienne et bien déposée, 12 litres d'eau, et on met le tout sur un feu modéré de charbon. Quand l'huile commence à dégager des vapeurs, on y ajoute les substances suivantes qu'on introduit, après les avoir d'abord réduites en poudre fine, dans un nouet de toile de lin qu'on suspend à une corde dans l'huile :

>   Litharge.   500 gram.
>   Minium   285
>   Céruse.   530
>   Terre d'ombre.   125
>   Os de sèche bien blancs   95
>   Os de mouton calcinés   95

On chauffe jusqu'à ce que l'eau soit en grande partie évaporée ; on enlève le pot du feu, on retire le nouet, on abandonne le vernis au repos pendant quelques jours, on le couvre avec une feuille de verre et on l'expose pendant quelques jours au soleil en été, ou dans une étuve, en hiver. On voit alors se séparer du vernis des parties mucilagineuses et de l'eau. On décante l'huile claire, on enlève le dépôt au fond du pot, on réintègre l'huile dans le pot, on y ajoute encore la moitié de son poids d'eau, on y suspend le nouet de substances oxydantes et on procède comme ci-dessus. On répète enfin ce procédé jusqu'à ce que l'eau nouvelle qu'on verse ne se colore plus, puis, lorsque le vernis s'est éclairci, il est prêt pour l'usage. Ce vernis est limpide comme de l'eau et sèche très-bien, mais il est plus blanc encore quand l'huile a été blanchie au soleil.

17.   On prend :

    Huile de lin épurée. . . . .   25 kilog.
    Céruse fine. 4.500

On broie cette dernière avec un peu d'huile et on en remplit un nouet de grosse toile qu'on suspend dans l'huile mélangée préalablement à la moitié de son poids d'eau distillée d'oseille et d'ail (1), puis on chauffe jusqu'à ce que l'huile ne mousse plus et ait pris une couleur assez claire. Arrivé à ce point, on enlève le pot du feu, on tire l'huile au clair et on la dépose dans un pot propre ; on ouvre le nouet, on enlève la céruse, on la jette dans l'huile et on laisse digérer ensemble pendant environ six jours en couvrant avec un verre. Au bout de ce temps, on décante le vernis dans des vases en verre avec bouchons bien ajustés, et on expose à la lumière solaire ou à la chaleur d'une étuve. Ce vernis est blanc, ne change pas de couleur et conserve bien ses propriétés.

18.   On introduit dans un pot neuf en terre :

    Huile de lin pure et vieille. . . . . . .   25 litres.
    Eau distillée d'oseille   1
    Eau distillée d'ail   1

et on place ce pot sur un feu de charbon de bois, et, quand l'huile commence à bouillir, on y introduit, dans un sachet, les ingrédients suivants :

    Céruse en écailles . . . .   265 gram.
    Litharge.   185
    Vermillon.   31
    Terre d'ombre.   125

Après avoir maintenu pendant 4 heures entières en ébullition, on enlève le pot du feu, on le laisse refroidir et quelques jours en repos. Lorsque toutes les impuretés se sont déposées, on filtre le vernis à travers une toile et on le verse dans des flacons bien bouchés. Ce vernis est très-clair et peut très-bien être employé pour les enduits de couleur à l'huile clairs.

19.   On charge dans une chaudière :

    Huile de lin épurée . . . .   25 kilog.
    Litharge 1.500

(1) Voyez ce qu'on a dit, à cet égard, à la page 146 : on ajoutera seulement que quelques fabricants préparent les eaux en faisant simplement bouillir dans l'eau de l'oseille ou de l'ail.

On place sur un feu doux de charbon, et quand le tout est en ébullition, on y introduit dans un nouet :

Terre d'ombre. . . . . 2 kilog.

Après que les matières ont bouilli 6 à 7 heures, qu'on a agité fréquemment et que l'huile ne mousse plus, on retire la chaudière du feu, on laisse le vernis en repos pendant 8 jours, on le tire au clair, on le filtre et on l'expose, dans des flacons bien bouchés, à l'action de la lumière solaire.

Une couleur qu'on mélange avec ce vernis, sèche, à la température ordinaire, en 24 heures.

20. Dans une chaudière qu'on a préalablement chauffée légèrement, on introduit :

Huile de lin épurée. . . . . 25 kilog.

qu'on porte à l'ébullition. Aussitôt qu'elle bout, on ajoute peu à peu les ingrédients suivants réduits en poudre :

Litharge. . . . . 725 gram.
Minium 250
Terre d'ombre. 125

Lorsqu'il s'est formé une pellicule à la surface, on enlève la chaudière du feu, on laisse le vernis 48 heures en repos, on le tire au clair et le dépose dans des bouteilles en verre, dans lesquelles on le blanchit au soleil (1).

21. Dans une chaudière ou dans un pot en terre bien cuit, on porte à l'ébullition :

Huile de lin épurée. . . . . 25 kilog.

et, d'un autre côté, on suspend dans un nouet de toile, dans cette huile bouillante, les ingrédients suivants :

Céruse broyée finement . . . . 725 gram.
Litharge. 560
Minium 250
Os de sèche blancs 250

On enlève avec soin la mousse qui s'élève, et quand il ne s'en forme plus, on laisse refroidir et éclaircir, on filtre, on reçoit dans des flacons qui, quand on les a bien bouchés, sont exposés au soleil. Ce vernis d'huile a une

(1) Nous avons déjà dit, page 148, que les anciens fabricants de vernis indiquaient, dans leurs recettes, les plus singuliers ingrédients, et que c'est à l'aide des oignons, des carottes et du pain qu'ils jugeaient lorsque ces matières étaient frites, et après l'évaporation de l'eau, de la température que l'huile avait acquise.

couleur foncée et ne peut être employé qu'avec les vernis de résine de couleur sombre.

22.   Prenez :

Huile de lin purifiée et vieille. . . .   25 kilog.

chauffez-la pendant 2 heures avec :

Peroxyde de manganèse. . . . .   725 gram.

enlevez la chaudière du feu, et quand le tout est refroidi et éclairci, tirez le vernis au clair et conservez-le dans des vases en verre bien bouchés.

23.   On introduit :

Huile de lin épurée et vieille. . . . .   25 kilog.
Eau, environ. 7 lit.50

dans un grand flacon en verre semblable à celui de la figure 101, et, à ce mélange, on ajoute :

Plomb à tabac ordinaire ou en feuille (1), 3kil.750

Le mélange est agité tous les jours, pendant quelques semaines et exposé au soleil. Il se réunit, dans le haut, une belle huile pure, épaisse, peu fluide, qu'on décante sur la couche inférieure et qu'on conserve dans des flacons en verre (2).

24.   Lorsqu'en hiver, on traite l'huile de lin par la neige, on peut en obtenir un très-bon vernis.

Dans un vase en grès présentant la forme indiquée fig. 118, *a*, on introduit 25 kilogrammes de vieille huile et autant de neige, et le tout pétri et mélangé a l'aspect d'une masse. On abandonne le vase pendant quelques semaines à l'action de l'air et de la gelée, et au bout de ce temps, on porte dans un local chauffé pour faire fondre, et on puise l'huile avec soin au moyen d'une cuillère. Lorsqu'on fait ensuite chauffer cette huile avec 5 pour 100 de son poids de peroxyde de manganèse, on obtient un vernis d'huile grasse excellent.

Pour chauffer l'huile avec le peroxyde de manganèse, on peut très-bien se servir d'une chaudière ordinaire à déversoir en porcelaine, et, lorsque l'ébullition a été prolongée pendant 3 à 4 heures, on décante avec attention

---

(1) Plomb laminé dans lequel on empaquète, en Allemagne, le tabac à priser.

(2) On peut très-bien opérer sans addition d'eau, et l'opération est même plus facile.

le mélange dans un pot en grès de la forme indiquée
fig. 119, *b*, qui est pourvu de trous placés à diverses hau-
teurs et fermés par des bouchons. Le pot doit être chauffé
préalablement. Quand l'huile s'y est éclaircie, on la fait
aisément couler en débouchant les trous.

25.　Prenez :

　　　Huile de lin épurée et vieille. . . . .　25 kilog.

chauffez-la dans un pot de terre bien cuit jusqu'au point
d'ébullition, et suspendez-y dans un sachet de toile :

　　　Minium . . . .　200 gram.
　　　Sulfate de zinc.. . . . .　200

et continuez à chauffer jusqu'à ce que toute l'humidité
soit évaporée, en enlevant avec soin la mousse qui se
forme. Cela fait, versez le vernis dans de grands vases
en verre qu'on recouvre d'un carreau, et, après l'avoir
tiré au clair, déposez-le dans un pot neuf en terre, en y
ajoutant environ un dixième de son poids d'eau et opérant une seconde fois comme ci-dessus. Décantez alors ce
vernis dans des flacons en verre et exposez-le encore
quelque temps au soleil. Ce vernis est assez blanc et passablement siccatif (1).

26.　Dans une chaudière en fer à déversoir en porcelaine, faites chauffer :

　　　Huile de lin épurée et vieille. . . . .　25 kilog.

et jetez-y, par petites portions à la fois :

　　　Céruse de Venise en poudre fine. . . .　1.500

et agitez tant qu'il y a addition de céruse. Lorsque l'huile
cesse de mousser, on laisse tomber quelques gouttes du
vernis sur les charbons ardents ; s'il décrépite encore, il
faut continuer à chauffer jusqu'à ce que toute l'eau soit
expulsée de l'huile, et, lorsqu'on a atteint ce point, l'huile
brûle avec une flamme qui ne fait entendre aucun bruit.

27.　On prend :

　　　Huile de lin vieille. . . . .　25 kilog.
　　　Céruse en poudre très-fine. . . . . .　4.685

On broie finement la céruse avec un peu d'huile, on

_____

(1) L'addition de l'eau à l'huile empêche celle-ci de brunir, favorise la formation des vernis, attendu qu'il y a décomposition de l'eau
et dégagement d'oxygène, et que la température n'est jamais trop
élevée.

chauffe le reste de cette huile dans un pot en terre (1), puis on y introduit la céruse broyée à l'huile peu à peu, par petites portions et avec précaution. Alors, on chauffe avec addition d'eau jusqu'à ce que l'huile ne mousse plus et coule tranquillement. Il faut faire choix d'un pot d'une grande capacité, parce que la masse passe aisément par-dessus les bords. Un feu de charbon est toujours le meilleur et il faut éviter les feux flambants.

28. Pour :

> Huile de lin épurée . . . . 25 kilog.

on prend les ingrédients suivants :

> Céruse de Venise. 4.685
> Litharge 0.785
> Os de sèche 0.400

Ces trois dernières substances sont réduites en poudre fine, broyées ensemble avec un peu d'huile, et renfermées dans un sachet. On chauffe alors l'huile, à laquelle on a ajouté 1 litre d'eau, dans un pot en terre ; on y descend le sachet aux ingrédients et on chauffe jusqu'à ce que la masse ne mousse plus et qu'un échantillon qu'on jette sur le feu brûle sans décrépiter. On retire alors du feu, on ouvre le sachet, on en jette le contenu dans l'huile, on brasse, on recouvre le pot avec un carreau de verre, et on abandonne le vernis pendant six à huit jours au repos. On le sépare alors, par décantation, des impuretés qui se sont déposées sur le fond du vase, on introduit dans des flacons qu'on bouche avec soin, et on expose pendant quelque temps au soleil ou dans une étuve. Ce vernis d'huile est très-limpide et très-blanc, il n'altère pas les couleurs et est excellent pour faire un beau vernis clair au copal (2).

(1) Dans les vases en cuivre, le vernis est toujours plus foncé que dans ceux en terre.

(2) M. L. Held, dans sa *Chimie pratique*, publiée en 1853, conseille, pour fabriquer un vernis d'huile de lin, de prendre terre d'ombre, os de sèche, oseille, navets coupés et autres substances encore, et dit avoir fait l'expérience, qu'en se servant de ces ingrédients, on obtient une élimination assez notable du mouillage contenu dans l'huile et qu'ils sont utiles, suivant lui, pour indiquer le terme de la préparation du vernis, ce dont il est permis de douter.

29. *Vernis d'huile de* Liebig, *préparé à la température*
ordinaire.

Dans un flacon en verre, fig. 101, ou dans un pot en grès,
fig. 118, on verse 1 kilogramme d'acétate neutre de plomb
et 5 litres d'eau de pluie (ou de rivière), et, lorsque la
dissolution est opérée, on y ajoute 1 kilogramme de litharge broyée finement. En abandonnant tour à tour au
repos et agitant fréquemment, on favorise la solution de
la litharge, mais, dans tous les cas, il faut laisser plusieurs jours en repos, et dès qu'on n'aperçoit plus de petites paillettes de métal, cette solution est complète (1).
La solution ainsi obtenue et filtrée est étendue avec son
poids d'eau de pluie ou de rivière, et suffit pour préparer 20 kilogrammes de vernis d'huile. D'un autre côté, on
broie 1 kilogramme de litharge pulvérisée très-fin avec
20 kilogrammes d'excellente huile de lin vieille, on y mélange la dissolution précédente, on agite de nouveau pendant plusieurs jours et on laisse le mélange se clarifier
et en repos dans un local modérément chaud. Dès que le
vernis est devenu clair, on le décante et on le reçoit dans
des flacons en verre. Ce vernis est limpide, jaune, vineux
et parfaitement siccatif. Si on veut que le vernis soit parfaitement limpide, il faut le filtrer à travers le papier ou
des flocons de coton. Une exposition au soleil le blanchit,
et, si on veut qu'il ne renferme pas d'oxyde de plomb,
il faut l'agiter avec l'acide sulfurique étendu, qui précipite
du sulfate de plomb qu'on sépare du vernis, lequel est
lavé ensuite avec l'eau. Ce vernis sans oxyde de plomb
est limpide comme l'eau.

La liqueur aqueuse éclaircie par le filtre peut servir
dans toutes les opérations suivantes, au lieu d'une solution nouvelle d'acétate de plomb dans l'eau et seulement
en y faisant dissoudre encore 1 kilog. de litharge.

30. Dans un vase en verre de la forme de celui fig. 101,
on mélange :

Huile de lin. . . . . 25 kilog.
Acide chlorhydrique. . . . . 64 gram.

On place le vase dans un lieu modérément chauffé, où
on l'abandonne jusqu'à ce que l'acide se soit complètement séparé de l'huile. Après avoir décanté celle-ci de

____

(1) On peut très-bien aussi opérer cette dissolution en faisant
bouillir.

dessus l'acide et l'avoir lavée avec de l'eau, le vernis est préparé et peut être employé pour toute espèce d'enduit. Il est translucide et incolore (voyez le n° 14).

31. Dans un grand pot en terre bien cuit, ou dans une capsule évaporatoire en porcelaine, on introduit :

> Céruse broyée finement à l'huile   13 kil.500

en l'étalant également sur le fond de ce pot, et on recouvre avec

> Huile de lin épurée. . . . .   24 kilog.

On couvre le vase avec une feuille de verre, et on expose au soleil pendant 15 jours (1). De temps à autre, on recoupe en long et en large avec une baguette ou une spatule en porcelaine, la céruse accumulée sur le fond. Au bout du temps prescrit, on tire au clair le vernis, on en remplit des bouteilles en verre qu'on expose aux rayons solaires, où il blanchit encore. Quant au dépôt de céruse, on peut le mélanger avec de l'huile et s'en servir comme peinture.

32. *Vernis à l'huile de lin préparé à l'acide azotique.*

La majeure partie des huiles siccatives qu'on trouve dans le commerce sont préparées de la manière suivante :

On fait chauffer dans une chaudière de cuivre large et haute :

> Huile de lin. . . . .   50 kilog.

et après avoir retiré le feu sous cette chaudière, on y ajoute peu à peu, et avec précaution :

> Acide azotique à 40° Baumé. . . .   8 à 16 gram.

Il y a décomposition mutuelle de ces deux liquides, avec effervescence et pétillement. Lorsque l'huile ainsi traitée est refroidie, ce vernis est préparé; mais si on le laisse pendant quelques jours dans un vase ouvert exposé à l'air, il s'en sépare un sédiment mucilagineux semblable à celui que produit l'oxyde de plomb. Ce vernis est jaune vineux et sèche en 24 heures.

---

(1) C'est le temps minimum, et plus l'huile et la céruse sont de temps en contact, plus le vernis d'huile est de bonne qualité.

33.　*Vernis ou huile siccative, de* BINCKS.

a. A 1,000 parties d'huile de lin, on ajoute de 2 à 5 parties d'hydrate de protoxyde de manganèse; on introduit ce mélange dans un grand vase en verre analogue aux tourilles qui renferment l'acide sulfurique, et on expose à l'air. Les deux substances s'oxydent; l'hydrate d'oxyde de manganèse qui se forme se sépare de l'huile et se précipite au fond. Il jouit de la propriété d'enlever à l'huile de lin sa coloration brun foncé, et il ne reste plus qu'à le séparer du vernis. Quand on conserve celui-ci dans des bouteilles bien bouchées, on peut le conserver avec la limpidité et les propriétés siccatives que lui a procurées le traitement décrit. Si on l'abandonne au contact de l'air, l'huile absorbe encore de l'oxygène et prend peu à peu une coloration jaune paille ou jaune de succin. Dans cet état, il a acquis au plus haut degré ses propriétés siccatives.

Ce qu'on peut faire de mieux est de laisser l'action de l'air s'exercer sur l'huile mélangée à l'hydrate de protoxyde de manganèse dans de grands vases ouverts, et non pas, comme on l'a conseillé, dans des vases en verre à col étroit, et à agiter fréquemment. Si on élève la température, la réaction s'opère plus rapidement. On peut obtenir l'huile à un état demi-concret, en faisant intervenir l'élévation de la température et une forte agitation. Ainsi préparé, ce vernis constitue un puissant siccatif et peut-être mélangé aux huiles préparées.

b. Voici un procédé proposé par M. Bincks, pour préparer un bon vernis d'huile.

On prépare avec de la litharge et de l'huile de lin, un oléate d'oxyde de plomb, dont on dissout de 2 à 5 parties dans 1,000 parties d'huile de lin. On chauffe le mélange pour en chasser l'eau, et au bout de quelques heures, on a un vernis translucide, jaune de succin et séchant très-bien.

34.　*Vernis au borate de protoxyde de manganèse.*

MM. Barruel et Jean ont fait des observations sur la dessiccation des vernis d'huile qui ont une très-grande importance dans la fabrication de ces produits; et, d'un autre côté, on doit aussi à M. Schubert d'autres expériences sur les moyens pratiques et simples de préparer un vernis très-aisément siccatif. M. Schubert, entre autres, a rendu un service tout particulier à l'art, en résolvant la question restée indécise, de savoir si le borate de protoxyde de manganèse employé pour rendre les huiles siccatives, doit être chimiquement pur, ou bien si on peut l'employer lorsqu'il renferme du fer. Pour bien préparer, d'après cette nouvelle méthode, un vernis plus siccatif que tous ceux fabriqués d'après les anciennes recettes, on prend :

> Borate de protoxyde de manganèse
>   chimiquement pur... . . . .   100 à 130 gram.

qu'on broie avec

> Huile de lin épurée ou vieille.. . . . .   2 kilog.

et ce broyage terminé, on y mélange intimement :

> Bonne huile de lin . . . .   98 kilog.

Ce mélange est chauffé pendant un quart-d'heure, presque jusqu'au point d'ébullition. Le sel de manganèse se dissout presque entièrement dans l'huile, et celle-ci prend une coloration brun marron. Le vernis ainsi préparé sèche en 24 heures et est incolore, tandis que celui préparé à froid avec la litharge ou l'acétate neutre de plomb ne sèche qu'en trois fois plus de temps.

Un borate de protoxyde de manganèse qui n'est pas chimiquement pur, s'oppose à la dessiccation du vernis et ne peut pas servir (1). Une condition principale est que le borate de protoxyde de manganèse qu'on emploie à cette préparation soit bien exempt de fer.

Les expériences de Bertholet et de Théodore de Saussure ont démontré que les huiles siccatives exposées à l'action de l'air, n'absorbent pas, au bout d'un temps assez long, des quantités notables d'oxygène. A cette inertie relative succède une action vive, presque tumultueuse, qu'on reconnaît à un dégagement assez considérable d'acide carbonique, sans formation sensible d'eau, et en même temps l'huile se dessèche avec augmentation dans le poids.

MM. Barruel et Jean se sont d'abord assurés qu'une huile qui ne renferme ni huile grasse ni aucun agent de dessiccation, commence, au bout de 5 à 6 jours, à dégager de l'acide carbonique, mais que, dans les circon-

_____

(1) Un vernis préparé avec un borate de protoxyde de manganèse qui ne renferme qu'un et demi millième de fer, ne sèche, d'après M. Schubert, qu'en trois fois 24 heures. Celui préparé avec un sel impur qui en renferme six millièmes, ne sèche qu'après quatre fois 24 heures.

stances contraires, le dégagement de l'acide carbonique a déjà lieu au bout de 8 à 10 heures de contact. En second lieu, une circonstance très-importante, qui résulte des expériences de ces deux chimistes, c'est que, pour que le mouvement intestin puisse se manifester, il faut que la température soit portée à $+$ 15° C., tandis qu'au-dessous de cette température et jusqu'à 0°, l'action des corps accélérateurs ou excitateurs est toujours plus faible. La nécessité d'une température moyenne signale ici une analogie entre ce phénomène et celui de la fermentation. L'augmentation du poids d'un enduit sur étain, après qu'il est parfaitement sec, s'est élevé à 16 pour 100 du poids de l'huile employée.

Les chimistes ci-dessus nommés ont découvert, en outre, que la lumière directe ou réfléchie du soleil exerce une influence manifeste sur les phénomènes de la dessication des huiles. Ainsi, une surface d'étain de 1 mètre carré, sur laquelle on avait appliqué un enduit fait avec 69 grammes de peinture préparée à l'huile cuite avec du peroxyde de manganèse et du blanc de zinc, et abandonnée dans un lieu obscur, n'avait, au bout de sept heures, augmenté en poids que de 1 gr.1, et après 21 heures, de 2 gr.23, tandis que la même surface, laissée dans le laboratoire à la même température, mais exposée à la lumière d'un ciel découvert, avait augmenté en 7 heures de 3 gr.33, et en 21 heures, de 4 gr.42. Sous l'influence des rayons solaires, l'absorption est encore plus rapide que dans les cas précédents.

Dans une expérience d'une durée de 4 heures, une surface de 1 mètre carré, qu'on avait enduite avec une couleur au blanc de zinc et siccatif, avait augmenté en poids de 4 grammes et dégagé 435 milligrammes d'eau et 1 gramme d'acide carbonique. L'eau obtenue paraît provenir de la grande surface des vases en verre employés dans les expériences, car dans les différentes pesées, elle n'a pas été proportionnelle à l'acide carbonique dégagé.

Il résulte de ce qui vient d'être exposé, que l'absorption de l'oxygène par les huiles siccatives, sous l'influence de la lumière et de la chaleur, est la conséquence d'un mouvement intestin qui opère à la manière de la fermentation.

Les vues de MM. Barruel et Jean paraissent d'ailleurs appuyées par des faits nombreux, puisqu'ils ont trouvé des corps qui, sous l'influence de la lumière solaire et à une température modérée, ajoutés en quantité infiniment petite, opèrent en très-peu de temps la dessiccation des huiles siccatives, ou, pour mieux dire, les résinifient, d'où résulte un dégagement d'acide carbonique, tandis que l'oxygène est fixé par les huiles. Il y a, suivant MM. Barruel et Jean, une fermentation oléagineuse analogue à la fermentation de l'acide lactique. Dans la fabrication des huiles grasses siccatives, les oxydes qu'elles absorbent sont imparfaitement réduits, ce qui donne lieu, ainsi que ces deux chimistes s'en sont assurés, à la production de l'acide carbonique. L'oxyde réduit est transformé ainsi en un corps qui opère sur l'huile à la manière des ferments, et la preuve en est que l'huile bouillie ne possède nullement les propriétés siccatives lorsqu'elle ne renferme pas d'oxyde en dissolution. Ils ont trouvé que les corps qui possèdent cette propriété au plus haut degré, sont, la plupart, des protoxydes des métaux de la troisième classe de Thenard (manganèse, zinc, fer, cadmium), et que, parmi eux, c'est le protoxyde de cobalt et celui de manganèse qui ont donné les résultats les plus satisfaisants. Dans quelques cas, le protoxyde de fer se comporte de la même manière, mais avec moins d'énergie.

Afin de trouver un ferment ou un siccatif non nuisible opérant avec vivacité sur les huiles siccatives, MM. Barruel et Jean ont dû essayer des combinaisons des oxydes ci-dessus indiqués qui, tout en laissant à ces oxydes leur force excitatrice, puissent être préparées aisément et industriellement. Ce n'est pas là le cas des protoxydes indiqués qui offrent des difficultés dans leur préparation et qu'il n'est pas possible de conserver au contact de l'air. D'abord ils ont essayé les combinaisons inorganiques et organiques des protoxydes du cobalt et du manganèse.

Ils ont trouvé ensuite que les acides carbonique, phosphorique, sulfurique et chlorhydrique, ainsi que la plupart des acides végétaux, retiennent trop énergiquement lesdits oxydes et annulent presque entièrement leurs effets. Les sels de ces oxydes à l'état basique ont, il est vrai, une action plus marquée, mais de tous les acides inorganiques, c'est l'acide borique en combinaison avec les protoxydes de cobalt et de manganèse, qui a fourni les résultats les plus satisfaisants. Le rapport suivant lequel le borate de protoxyde de manganèse peut mettre en fermentation les huiles siccatives est de 1 à 1 1/2 millième du poids de l'huile. Ils ont fait, en outre, la remarque que le borate de manganèse qu'ils ont employé et de l'étude duquel ils se sont occupés, n'est pas un sel anhydre, mais renferme 25 pour 100 d'eau, et paraît opérer de la manière suivante : une partie du protoxyde est éliminée par l'influence de la lumière et de la chaleur, il absorbe l'oxygène de l'air pour se transformer en oxyde oxydulé, et on remarque aussitôt que l'huile commence à poisser; mais, chose digne de remarque, l'enduit, dans ce moment, commence à se colorer un peu, mais cette coloration disparaît lorsque l'enduit est sec. Si on prend de 1 à 2 pour 100 du poids de l'huile en borate de protoxyde de manganèse, la coloration brunâtre de l'enduit persiste. Deux acides organiques fournissent, avec les protoxydes de cobalt et de manganèse, des sels analogues à ceux de l'acide borique, à savoir : l'acide benzoïque et l'acide hippurique. Les résines se comportent comme les acides, mais à un degré bien plus faible. L'emploi de l'acide hippurique semble à MM. Barruel et Jean, devoir être avantageux en utilisant un produit, la plupart du temps perdu dans les établissements agricoles.

L'action vive du borate de protoxyde de manganèse et la coloration qu'il communique aux enduits peuvent faire craindre qu'il ne nuise à ceux-ci; mais, quand après sa préparation, on le mélange avec une certaine quantité des matières employées comme couleurs, on prévient parfaitement cette action nuisible, et ce siccatif devient d'une innocuité complète.

Depuis qu'on a publié les détails précédents, M. J. Hoffmann s'est occupé aussi de la préparation du vernis d'huile de lin ou huiles siccatives avec le borate de protoxyde de manganèse, et voici la note qu'il a publiée à ce sujet.

« Le désaccord entre les nombreuses observations qui ont été faites dans ces derniers temps sur l'action que les composés de manganèse exercent sur l'huile de lin, et sur le mode de préparation d'un vernis bien siccatif qui en est la conséquence, m'ont déterminé à soumettre à des épreuves les divers modes de préparations proposées, afin de rechercher la cause de résultats souvent complètement discordants. Sans rapporter ici les expériences multipliées que j'ai faites, j'indiquerai de suite un procédé pour préparer un très-bon vernis siccatif.

» On prend 30 grammes de borate de protoxyde de manganèse bien blanc, obtenu par une précipitation à froid, et on le broie suffisamment avec un peu d'huile, on y ajoute 4 litres d'huile de lin aussi vieille qu'il est possible, on introduit le mélange dans une chaudière en cuivre ou mieux en étain, et on expose pendant deux ou trois jours, en agitant vivement de temps à autre, à l'action d'un bain de vapeur. Après le refroidissement, on agite encore une fois et on verse le vernis dans une cruche d'une contenance de plus de 4 litres, afin de pouvoir, avant de s'en servir pour le broyage des couleurs, secouer fortement pour répartir également dans toute la masse le borate qui s'est déposé sur le fond.

» La couleur jaune-brun de l'huile de lin est alors passée au jaune verdâtre, mais non au brun foncé; le vernis, même en refroidissant, reste fluide, et le blanc de zinc qu'on broie avec ce vernis fournit un enduit qui sèche très-bien en 24 heures.

» Ce même mélange, qu'on fait cuire pendant plusieurs heures à feu nu, donne un vernis moins siccatif, mais qui de même est d'une belle couleur jaune verdâtre.

» Je ne puis pas confirmer l'assertion avancée par d'autres observateurs, que l'emploi d'un borate de protoxyde de manganèse brun et contenant de l'oxyde (c'est-à-dire obtenu par une précipitation à chaud), ou celui de l'oxyde pur de manganèse fournit un vernis qui sèche bien plus promptement. J'ai observé au contraire que ce vernis a une couleur brune très-foncée qui n'est nullement avantageuse pour les peintures au blanc de zinc.

» Quant à l'avantage que présente le vernis siccatif préparé au borate de protoxyde de manganèse sur ceux préparés avec le plomb, il consiste principalement en ce qu'il ne brunit que très-peu.

» La peinture au blanc de zinc qui se répand de jour en jour davantage, surtout pour les localités où il se dégage de l'hydrogène sulfuré qui noircit en peu de temps tous les vernis plombeux, répond beaucoup mieux au but qu'on se propose, quand dans le broyage du blanc de zinc, on évite ces derniers vernis, et par conséquent on ne saurait trop recommander pour cet usage le vernis au manganèse dont on vient de faire connaître la préparation. »

35. *Vernis d'huile de lin économique.*

On broie ensemble, dans une capsule de porcelaine :

    Huile de lin ancienne.. . . . . 25 kilog.
    Sulfate de plomb pulvérisé.. 6

jusqu'à ce que le tout ait pris un aspect laiteux. On agite

fréquemment pendant 3 à 4 jours, en exposant le vase où est déposé le mélange aux rayons solaires.

Le sulfate de plomb (1) se dépose avec une portion du mucilage. L'huile qui surnage est bien claire et parfaitement blanchie. Le mucilage qui repose sur le sel de plomb se transforme en une pellicule solide, dont on peut aisément séparer le vernis.

Après avoir enlevé le mucilage concrété de dessus le précipité de plomb, ce dernier peut être recueilli et employé de nouveau. Ce vernis sèche vite et peut être employé dans les peintures vernies.

36. *Vernis d'huile incolore.*

Dans une chaudière en cuivre, plus haute que large, on verse :

Huile de lin vieille..	25 kilog.
Eau..	50 litres

on fait bouillir ce mélange pendant 2 heures, puis on y ajoute :

Litharge.	185 gram.
Acétate neutre de plomb.	90
Pierre ponce..	31

on maintient encore ce mélange chaud pendant quelque temps, et après le refroidissement, on tire le vernis au clair et on le conserve dans des bouteilles. Ce vernis est incolore et sèche en 24 heures.

37. *Vernis d'huile, de* SCHINDLER.

Dans une chaudière en cuivre bien propre, on fait cuire :

Huile de lin..	40 kilog.
Acétate neutre de plomb..	0,125
Litharge..	1,250
Eau.	24 litres

pendant 12 à 15 heures, en ayant soin d'agiter fréquemment. L'huile se trouble et mousse et on la fait bouillir pendant 6 à 7 heures, jusqu'à ce qu'elle devienne parfaitement claire (2). Il est nécessaire de prolonger cette cuis-

(1) Le sulfate de plomb s'obtient à bon compte dans les fabriques de toiles peintes; où on le produit dans la préparation de l'acétate d'alumine.

(2) Le dépôt assez abondant qui se forme dans la fabrication de ce vernis, est recherché par les vitriers qui en font du mastic.

son, parce qu'autrement le mélange, après le refroidissement, aurait la consistance d'un onguent. Lorsque l'huile dont on se sert n'est pas claire, elle donne une mousse grasse de couleur sale, qu'il faut enlever parce qu'elle provoque l'épanchement de la masse. Avec de l'huile qui est déjà vieille, on produit une mousse blanc rougeâtre qui ne s'épanche pas.

38. *Siccatif pour la peinture au blanc de zinc.*

Dans une chaudière en cuivre bien propre, fig. 116, qu'on place sur une ouverture de la paillasse du fourneau, on verse :

> Huile de lin vieille.. . . . . 100 kilog.
> Peroxyde de manganèse en morceaux
>   gros comme des pois. 10

On remplit cette chaudière au quart de sa capacité avec ces deux substances et on chauffe avec précaution et sans que l'huile atteigne le point d'ébullition. Le peroxyde de manganèse doit être dans une corbeille en toile métallique, fig. 120, qu'on suspend dans l'huile, et au bout de 24 à 36 heures d'action, l'opération est terminée. Traitée par ce peroxyde, l'huile a pris une couleur rougeâtre. On la dépose dans des cruches ou des flacons à large ouverture pour s'éclaircir, et lorsqu'elle est bien claire, elle est propre à être employée. Cette opération exige beaucoup de soin et d'attention. Si ce vernis, qu'on appelle siccatif, est devenu trop épais, on y ajoute de l'essence de térébenthine jusqu'à ce qu'il ait la consistance convenable. C'est parce qu'il sèche extraordinairement vite qu'on lui a donné ce nom de siccatif (1).

Propriétés générales des vernis d'huile.

Le vernis blanchi d'huile de lin possède une couleur jaune vineux pâle; il est clair comme l'eau, limpide, moins fluide que l'huile; il ne doit pas mousser comme cette dernière quand on le verse de haut, et son poids spécifique est = 0,9575, celui de l'huile étant supposé = 0,9331. Il sèche très-aisément en formant une masse incolore et translucide. Le vernis préparé avec les agents de dessiccation, contient en solution de l'oxyde de plomb,

---

(1) On a reconnu qu'en broyant du blanc de zinc avec ce vernis, la couleur ne jaunit pas, mais que celle-ci jaunit au contraire quand ce blanc est broyé avec une huile préparée à la litharge.

de l'oxyde de zinc, et souvent du fer quand la litharge contient de ce métal. Broyé avec diverses couleurs il sert à enduire les ouvrages en bois, en tôle, en fer, etc., et comme mastic.

B.   VERNIS A L'HUILE DE LIN POUR LES IMPRESSIONS TYPOGRAPHIQUES, EN TAILLE-DOUCE, LITHOGRAPHIQUES, EN OR, ETC.

On fait usage, pour préparer les bons vernis typographiques, de vieille huile de lin épurée, et en France, on se sert principalement de l'huile ¡de noix. Cette huile de noix ou l'huile de lin est cuite dans une chaudière en cuivre, soit à l'air libre, soit dans un local élevé bien aéré, et où il n'y a nul danger d'incendie, et l'opération réussit mieux par un beau temps, que par un temps pluvieux et où il y a du vent.

Dans une chaudière *a*, de la forme indiquée fig. 121, qui est pourvue d'un couvercle *c*, bien ajusté, avec poignée *d*, on verse, aux deux tiers de sa capacité, de l'huile de lin vieille et rassise, et on allume sous la chaudière un feu doux de bois ou de tourbe. Après que l'huile a bouilli pendant quelques heures, il se dégage une fumée épaisse, noirâtre, qui s'échappe par les tubes de dégagement *b*. L'huile entre dans une vive agitation et laisse échapper des vapeurs épaisses, gris cendré, qui possèdent une odeur âcre et particulière; c'est un indice que la formation du vernis est terminée. On enlève donc la chaudière du feu, on examine la consistance et remet sur le feu, si on le juge nécessaire, jusqu'à ce que le vernis ait acquis les qualités qu'on recherche (1).

Dans cette opération, on perd environ 2 pour 100, tandis que dans les autres modes de fabrication en vase ouvert, et en mettant le feu aux gaz, on perd jusqu'à un huitième sur le poids.

Le vernis typographique doit, quand on le tire entre les doigts, former des fils de plusieurs centimètres de longueur et pouvoir s'appliquer en quantité extrêmement petite jusque dans les moindres détails des caractères ou types. Il ne doit pas empâter la lettre, et lorsqu'on l'im-

---

(1) Beaucoup de fabricants enflamment les gaz et les vapeurs, mais la chose ne paraît nullement nécessaire, et elle est même nuisible par la carbonisation partielle du vernis et la perte qui en résulte. L'introduction du pain, des oignons, n'a pas grande utilité.

prime sur le papier, ne pas couler ou maculer. Lorsque ce vernis n'est pas suffisamment cuit, c'est-à-dire lorsqu'il contient encore de l'huile, il passe à travers le papier, et la lettre est environnée d'un bord jaunâtre. Le papier, en outre, jaunit, l'impression sèche difficilement, et quand on bat le livre pour le relier, les pages se déchargent l'une sur l'autre.

A ce vernis, on ajoute environ le sixième de son poids de noir de lampe purifié et calciné, et on travaille soit sur un marbre avec la molette, soit avec une machine à cylindrer, et c'est le vernis ainsi préparé qu'on appelle encre, couleur, etc.

La cuisson du vernis présente des dangers quand l'opération s'exécute dans une chaudière entièrement fermée. La température s'élève beaucoup au-delà de celle de l'huile grasse, qui est entre 310 et 320°; il se forme des acides gras qui dissolvent aisément les oxydes des métaux et constituent avec eux des savons métalliques. Cette formation a même lieu lorsque les parois de la chaudière sont recouverts d'oxyde et que le vase n'a pas été suffisamment écuré. M. Gehlen a proposé également un mode fort dangereux de fabrication de ces vernis; il conseille, pendant la cuisson de l'huile, d'asperger de l'eau avec une brosse. Cette eau se décompose, son oxygène oxyde l'huile, et l'hydrogène se brûle; chaque goutte d'eau se présente sous l'aspect d'un petit pois fulminant, et quand cette opération n'est pas conduite avec une extrême prudence, et qu'on ne verse pas tout-à-coup une grande quantité d'eau froide, on court le risque de voir éclater une violente explosion. L'addition de la térébenthine, des résines pour accroître les dispositions siccatives, doit être soigneusement évitée, parce qu'elle empâte généralement les caractères.

J'ai entrepris un grand nombre d'expériences sur le meilleur mode de fabrication des encres pour la typographie, la taille-douce, la lithographie et l'impression en or, car beaucoup de fabriques livrent des produits qui sont loin de satisfaire complètement le consommateur. La cause peut-être de cette infériorité des produits, est que le fabricant ne se rend pas bien compte de la manière dont ces vernis doivent être appliqués ou employés dans les différentes circonstances. Dans tous les cas, j'ai trouvé que les recettes qui suivent sont très-convenables et qu'elles paraissent satisfaire d'une manière plus certaine aux besoins de la consommation.

Je n'emploie qu'un seul et même vernis dans les quatre modes d'impression dont il est question, avec cette différence, toutefois, que pour l'impression en taille-douce, le vernis est très-fluide ; que pour l'impression typographique, il est plus épais ; que pour l'impression lithographique et sur reliefs, il est le même que pour la typographie ; que pour les dessins au crayon il est plus épais, et enfin que pour les impressions en or, il est tout-à-fait épais et tellement consistant, que ce n'est qu'avec peine qu'on parvient à l'étirer entre les doigts. Ces diverses qualités sont données au vernis par une cuisson plus ou moins prolongée.

1. *Vernis pour l'impression en taille-douce.*

Dans la chaudière en cuivre de la figure 121, on verse :

Huile de lin de première qualité et aussi vieille qu'on peut se la procurer . . . . 25 kilog.

On porte doucement à l'ébullition, et 7 à 8 minutes après que celle-ci s'est déclarée, on ajoute :

Os de sèche réduits en morceaux. . . 10

et on fait bouillir jusqu'à ce qu'il ne se manifeste plus de vapeur d'eau ou des bulles ; alors on filtre le vernis à travers une toile, et on le conserve dans des flacons.

2. *Vernis pour la typographie.*

On opère exactement de la même manière que pour le vernis de la taille-douce, seulement on fait bouillir l'huile avec les os de sèche pendant *huit* heures.

3. *Vernis pour la lithographie, etc.*

Pour les *objets gravés,* on procède comme pour le vernis d'impression en taille-douce, seulement on cuit de *six à huit* heures.

Pour les *dessins à la plume,* même opération, et cuisson pendant *neuf* heures.

Pour *dessins au crayon,* même procédé, et cuisson pendant *douze* heures.

Pour *impressions en or,* cuisson pendant *quatorze* heures.

Pour fabriquer ces quatre vernis pour la typographie, l'impression en taille-douce, la lithographie et l'impression en or, un précepte fondamental est de ne pas employer de préparations où il entre des métaux ou leurs produits, afin d'accroître un peu leurs propriétés siccatives. L'huile doit seulement être débarrassée de ses impuretés et n'être bouillie que suivant que l'exigent ses applications (1).

Quand la chaudière a été écurée à blanc, et que l'huile a été préalablement filtrée à travers un linge. Le vernis préparé comme il vient d'être dit, est parfaitement limpide, et propre surtout pour les impressions en couleurs claires, les dessins à la plume, etc. Ce qu'il importe, c'est que les dimensions de la chaudière soient convenables. En remplissant ces conditions, et en ayant soin que le feu ne soit pas trop vif, on évite que l'huile monte, ainsi que les soubresauts, et le liquide bout avec tranquillité.

SECTION II.

VERNIS GRAS A L'HUILE ET AUX RÉSINES.

1. *Des vernis aux résines en général.* Sous le nom de vernis gras, vernis proprement dits, on désigne des liquides intimement combinés avec des matières résineuses pouvant servir à enduire des surfaces, et qui, après avoir séché, présentent une couche brillante, translucide, plus ou moins solide et durable, ou bien, les vernis d'huiles siccatives qui, après avoir été appliqués, sont poncés, auxquels on ajoute une résine, et qui, dans cet état, sont cuits pendant longtemps avant qu'on y ajoute de l'essence de térébenthine.

2. Le *vernis aux huiles grasses, ou vernis gras,* est celui dans lequel une huile grasse, l'huile de lin, par exemple, joue le principal rôle, ou le rôle d'excipient. Ces vernis sont, après la dessiccation, les plus solides et les plus durables, et ces qualités appartiennent en particulier aux vernis gras au copal et au succin.

3. *Remarques sur le copal et l'animé.* Le meilleur copal vient de Sierra-Leone, en Afrique, en morceaux de la grosseur d'un marron, qui sont enveloppés d'une croûte brute enduite d'une poudre fine. Les fabricants de vernis et les droguistes enlèvent cette croûte au couteau et

(1) La chaudière ne doit pas avoir une capacité qui dépasse 50 litres, autrement on ne pourrait pas se rendre maître des vapeurs qui se formeraient.

partagent les marrons en trois sortes, suivant leur beauté. Les plus pâles et les plus purs sont les meilleurs. Le copal de l'Amérique du Sud, qui arrive en plus gros morceaux, est bien loin de valoir celui de l'Afrique, malgré qu'à son aspect, ceux qui ne s'y connaissent pas puissent s'y tromper et le regarder comme de première qualité. Il n'est, en général, qu'aux deux tiers soluble. On trouve une troisième espèce de copal mélangé avec la résine animé du commerce, formant de très-gros morceaux de couleur pâle, durs et translucides, qui fond aisément et donne d'excellents vernis.

L'animé vient des Indes orientales, tantôt encroûté, tantôt débarrassé de sa croûte par une lessive alcaline. On distingue, tout comme pour le copal, trois sortes d'animé. Les gros morceaux translucides sont les meilleurs et les plus fins.

4. Les *vernis au copal* présentent ce caractère général, qu'ils sont moins disposés à s'écailler ou se fendiller, mais, par cela seul, d'autant plus mous et élastiques, qu'ils renferment plus d'huile proportionnellement à la résine. Plus on emploie de copal, plus la couche de vernis a d'épaisseur quand on l'étend, et plus elle sèche promptement. Lorsqu'on est obligé d'employer un vernis au copal récemment préparé, il faut avoir soin, en le fabriquant, de lui donner un peu plus de consistance que si on avait l'occasion de l'étendre à l'état déjà un peu vieux. Plus l'essence de térébenthine dont on se sert pour étendre le vernis est ancienne, et par conséquent est devenue dense, plus le vernis sèche promptement. Tous les vernis au copal, et principalement les vernis gras, s'améliorent par un repos prolongé.

Un fabricant de vernis qui est prudent ne fait jamais fondre plus de 1 1/2 à 2 kilog. de copal à la fois. Pour cela, il se sert d'un vase en cuivre cylindrique, de la forme de la chaudière employée pour préparer l'huile grasse, et qu'on a représenté dans la figure 115, et être pourvu, comme elle, d'un rebord en tôle de fer, pour l'appliquer sur le foyer. Ce vase en cuivre est fermé par un couvercle de même métal, et doit avoir une capacité cinq à six fois plus grande que n'est le volume du copal qu'on veut y faire fondre, attendu que cette résine occupe, après qu'elle est fondue, un volume trois à quatre fois plus considérable. Comme le copal est un mauvais conducteur de chaleur, il faut, autant qu'il est possible, le faire fondre vivement, afin que les portions qui deviennent les premières fluides ne se carbonisent pas avant que le reste n'entre en fusion. C'est par ce motif qu'on emploie un vase de la contenance indiquée, dont un quart seulement est en contact avec le feu, sans que les parties supérieures en soient touchées, ce qui, autrement, colorerait le vernis et lui donnerait une teinte foncée.

Le copal, avant de procéder à sa fusion, est brisé en petits morceaux ou coupé avec une pince, puis posé sur un gros tamis, pour le débarrasser de la poudre qui s'y trouve adhérente. Cette opération est utile, parce que lorsque la partie pulvérulente et mélangée avec les morceaux est introduite dans le vase en cuivre, elle noircit avant que ceux-ci commencent à fondre, et par conséquent colore le vernis.

A. VERNIS AU COPAL.

Formules pour la préparation des vernis gras au copal.

a. *Vernis gras au copal.*

1. Pour un vernis au copal durable, suffisamment élastique, qu'on peut poncer et polir, on prend :

Copal. 1kil.500
Huile siccative ou vernis d'huile. . . . 1.750
Essence de térébenthine 4.500

Le copal est, comme on l'a dit ci-dessus, brisé en petits morceaux et introduit dans le vase en cuivre qu'on coiffe aussitôt de son couvercle. Au bout de quelque temps, et lorsqu'on aperçoit des vapeurs qui s'échappent du copal, on enlève entièrement ce couvercle et on ne le replace plus avant qu'il y ait fusion. Alors, avec la spatule qu'on introduit, on cherche à reconnaître si le copal a commencé à fondre. Lorsqu'il est en grande partie fondu, ainsi qu'on s'en assure en agitant avec cette spatule, chose d'ailleurs qu'on reconnaît sans cela, en ce qu'il cesse de mousser et coule de cette spatule comme de l'eau, on y verse l'huile siccative qu'on a fait chauffer pendant ce temps-là dans un autre vase en cuivre et sur un autre trou du fourneau, et on brasse la masse avec soin. Si on veut actuellement prolonger la cuisson, on verse cette masse dans une chaudière, on ferme le trou du fourneau où il y a du feu avec un couvercle, et on abandonne la chaudière dessus, ainsi exposée à une très-douce température, aussi longtemps qu'on le désire, pour que la fusion s'achève complètement. Enfin, lorsqu'elle est opérée, on fait encore cuire le mélange de résine et d'huile pendant 2 à 3 heures jusqu'à ce qu'il forme des fils faibles entre les doigts, puis, après avoir laissé la masse se refroidir suffisamment, on y ajoute, par portions successives, l'essence de térébenthine qu'on a aussi fait chauffer dans un vase en cuivre sur un autre trou du fourneau ; on agite la masse avec soin et aussi longtemps qu'on le juge à propos pour que toutes les parties libres soient intimement mélangées entre elles, et on laisse suer, c'est-à-dire refroidir. Comme le mélange d'huile et de copal exige, pour s'incorporer, une température bien plus élevée que ne peut le supporter l'essence de térébenthine, les premières portions qu'on verse se transforment presque entièrement en vapeur ; mais il n'en est pas de même des suivantes. Toutefois, pour éviter de nouvelles pertes, on fera bien, après la seconde ou la troisième addition, de laisser le mélange refroidir encore avant d'y ajouter le reste de l'essence. Ainsi refroidi, le vernis est passé à travers un filtre en laine et on le conserve dans des flacons en verre pour l'usage. Tous les vases qui servent à la préparation de ce vernis au copal doivent être en cuivre et non pas en fer. Le fourneau qui sert à cette préparation peut être celui de cuisine ordinaire, mais avec des trous plus éloignés les uns des autres et pourvus d'anneaux en fer pour pouvoir les rétrécir à volonté.

2. *Vernis usuel au copal et séchant promptement.*

Prenez :

Copal........................	1kil.500
Huile siccative.................	0.625
Essence de térébenthine	4.500

Les manipulations, pour ce vernis, sont les mêmes que pour le précédent, à cette différence près que le mélange de copal et d'huile n'est pas cuit, mais qu'on ajoute l'essence aussitôt après le refroidissement.

Voici encore d'autres recettes de vernis.

3. On prend :

Copal cassé en morceaux........	500 gram.

on fait fondre dans un pot en terre, à une température modérée, et, aussitôt que la masse est à l'état fluide et commence à bouillir, on enlève le pot du feu et on y ajoute, en remuant continuellement :

> Huile de lin blanchie, ou vernis blanc
> d'huile, de . . . . 125 à 175 gram.

suivant qu'on veut avoir un vernis plus ou moins gras; on replace le pot sur le feu où on le laisse jusqu'à ce que le mélange commence à bouillir, on retire du feu et on y ajoute peu à peu, et en remuant toujours :

> Essence de térébenthine, de. . 500 à 750 gram.

Enfin, lorsque le tout est refroidi, on le filtre.

4. Prenez :

> Copal fin et cassé en morceaux. . . 500 gram.

faites fondre dans un matras qu'on pose sur une coupelle remplie de sable. Quand le tout est fondu, ajoutez-y :

> Huile épurée chaude, ou vernis
> d'huile chaud, de. . . . . . 125 à 150 gram.

agitez la masse avec une spatule en bois et étendez avec :

> Essence de térébenthine . . . . 500 gram.

qu'on verse non pas en une seule fois, mais peu à peu, parce qu'autrement le vernis monterait et se déverserait.

5. Prenez :

> Copal concassé grossièrement. . . . 500 gram.
> Huile essentielle de romarin. 32

et faites fondre, à une douce chaleur de feu de charbon de bois, dans un pot neuf en terre. L'huile essentielle de romarin exerce une action remarquable de ramollissement sur le copal, de façon qu'il ne faut plus qu'une température fort douce pour le mettre en fusion. Aussitôt que le copal est fondu, on y ajoute :

> Huile de lin bouillante non cuite,
> mais bien épurée, de. . . . 125 à 150 gram.

on agite ces matières, puis on étend avec précaution avec :

> Essence de térébenthine, de. . 500 à 750 gram.

après le refroidissement, on filtre. (Miller.)

6. On fait fondre dans un pot :

> Copal . . . . 250 gram.

et sur ce copal fondu, on verse, en remuant toujours :

Huile de lin oxydée, ou vernis d'huile, 125 gram.

qu'on a préalablement portée à l'ébullition, puis on étend toujours en remuant, avec :

Essence de térébenthine modérément
chaude . . . . 500 gram.

et enfin, après le refroidissement, on filtre le vernis.

7. *Vernis blanc au copal.*

On fait fondre, dans une chaudière en cuivre bien écurée :

Copal, le plus blanc et le plus fin. .   500 gram.

et quand il est complètement fondu, on mélange, à la masse en fusion :

Vernis d'huile de lin blanchi. . . . .   125 gram.

qu'on a auparavant porté à l'ébullition, puis, toujours en agitant, on y ajoute :

Essence de térébenthine chaude . . .   125 gram.

et, après avoir laissé refroidir, on filtre.

8.   Dans un pot en terre neuf et bien vernissé, on fait fondre :

Copal clair, bien translucide. . . . .   500 gram.

et on y mélange, par l'agitation :

Vernis d'huile de lin blanchi et chaud, 250 gram.

puis on étend avec :

Essence de térébenthine chaude,
de . . . . 500 à 750 gram.

Quand le tout est bien incorporé, on filtre soit à travers une toile serrée, soit à travers du papier gris, et on reçoit dans des flacons en verre qu'on bouche bien.

9.   On introduit dans un matras :

Copal blanc concassé grossièrement,   350 gram.
Térébenthine de Venise épurée. . . .   40

et on fait digérer au bain-marie jusqu'à ce que la masse soit dissoute. Lorsque la masse est bien homogène, on y verse peu à peu, et en agitant constamment :

Essence de térébenthine chaude. . .   250 gram.

et lorsque le tout est parfaitement incorporé, on y ajoute, en remuant toujours :

> Vernis d'huile de lin, ou huile siccative claire . . . . 187 gram.

On opère un mélange parfait, et on filtre, à travers une étoffe de laine et d'un entonnoir en verre, dans des flacons en verre bien bouchés. (Miehr.)

10. Prenez :

> Copal d'Afrique. . . . . 2 kilog.

divisez-le, avec une pince, en morceaux de la grosseur d'un pois, et faites-le fondre dans un pot de terre neuf et bien vernissé, ou dans une chaudière en cuivre. Cela fait, ajoutez-y :

> Vernis d'huile bouillant 1kil.250

et, après que la masse s'est un peu refroidie :

> Essence de térébenthine. 2.500

qu'on a fait aussi chauffer auparavant. On filtre ce vernis, encore chaud, à travers de l'étoupe, ou bien on l'abandonne au repos dans un vase convenable, et enfin on le sépare, par décantation, sur le dépôt qui s'y est formé.

Voici encore d'autres proportions.

11. Prenez :

> Copal d'Afrique le plus fin. . . . . 1 kilog.
> Vernis d'huile. 1
> Essence de térébenthine 1.250

et manipulez comme au n° 10. Ce vernis possède des qualités distinguées. Il est convenablement gras et sèche déjà au bout de 36 à 48 heures. Il est excellent pour vernir les voitures, peut être poncé et résiste bien à toutes les influences atmosphériques.

12. *Vernis au copal des Indes occidentales.*

On opère exactement d'après les règles déjà prescrites, et on prend, pour préparer ce vernis :

> Copal des Indes occidentales ordinaire. 4 kilog.
> Essence de térébenthine 4.500
> Vernis à l'huile de lin 1.500

Le vernis au copal, préparé suivant cette formule, sèche en 4 à 5 heures. On peut le poncer et il est plus économique que les sortes précédentes, mais non pas aussi solide.

On l'emploie principalement pour les objets qui sont peu ou point exposés aux injures de l'air. Il est aussi très-avantageux pour les ouvrages de menuiserie ordinaire et pour ceux du ferblantier.

Voici une autre formule et un autre procédé.

13. Prenez :

Copal pulvérisé et conservé en couche mince pendant six semaines dans un local très-sec. . . . . 125 gram.

on y mélange :

Verre pulvérisé fin. 125

et on verse dessus, après que ces deux matières ont été introduites dans un matras en verre :

Essence de térébenthine . . . . 750 gram.

On pose le matras sur un bain de sable en remuant fréquemment, afin d'accélérer la solution du copal. Dès que cette solution est opérée, on y mélange, en agitant toujours :

Vernis d'huile de lin bouillant. . . . 125 gram.

On filtre le vernis à travers une toile de coton ou de lin. Le vernis est limpide comme l'eau et est employé principalement pour les objets délicats, et, dans la peinture à l'huile, pour le mélange de couleurs. (Held.)

14.   Dans un pot d'une capacité de 1 1/2 litre, on introduit :

Copal blanc pulvérisé. . . . . 125 gram.

qu'on fait fondre sur un feu qui ne soit pas trop vif. Aussitôt qu'il commence à fumer ou à mousser, on doit veiller à ce qu'il ne passe pas par-dessus les bords ; on attend alors que la mousse soit tombée et on agite avec une spatule en cuivre qu'on a fait chauffer, et on laisse sur le feu jusqu'à ce qu'il coule de la spatule comme de l'eau et qu'il ne présente plus de grains. Au bout de quelques heures après qu'on a retiré du feu le copal fondu, on y ajoute :

Essence de térébenthine. . . . . 250 gram.

On couvre le pot, on remet sur le feu, on porte à l'ébullition à plusieurs reprises, et lorsque l'essence est bien incorporée au copal fondu, on y ajoute encore :

Bon vernis d'huile chaud. . . . . . . 375 gram.

on mélange intimement et on filtre à travers la laine.

15. Une formule fort simple est la suivante : on fait fondre dans un pot neuf bien vernissé et sur un feu de charbon en remuant continuellement :

Copal fin concassé en morceaux de la
    grosseur d'un pois. . . . . 187 gram.

quand le copal est fondu, on y ajoute :

Vernis d'huile de lin. . . . . 125 gram.

d'abord goutte à goutte, plus tard en filet, et quand le vernis a pris la consistance d'un sirop épais, on retire du feu et on y mélange :

Essence de térébenthine. . . . . 500 gram.

on filtre et on conserve dans des flacons.

16. *Vernis gras au copal*, de FREUDENVOLL.

Ce vernis est composé de :

Copal. 250 gram.
Vernis d'huile de lin. 60
Essence de térébenthine. 875

et se prépare de la manière suivante :

On rompt le copal, au moyen d'une pince, en morceaux de la grosseur d'un pois, et on l'introduit dans un pot de terre neuf bien cuit et vernissé, d'une capacité au moins de 2 litres, pour qu'il puisse contenir la mousse et que le vernis ne se déverse pas par-dessus les bords. (Ce qu'il y a de mieux sont les pots élevés, rétrécis dans le haut, sur lequel on ajuste un couvercle enveloppé de coton ou de papier gris.) On place ce pot sur un feu de charbon qu'on entretient à l'état modéré. Lorsque le copal commence à dégager des vapeurs, on enlève, au moyen d'un linge humide, le pot du feu et on le pose sur un établi placé à portée, on ouvre le pot avec précaution et on agite avec une spatule en cuivre à plusieurs reprises pour que le copal ne brûle pas. On répète cette opération jusqu'à deux et trois fois, après que le pot est resté chaque fois quelque temps sur le feu. Toutefois, il ne faut pas, dans cette opération, le laisser trop longtemps refroidir, parce que la fusion se prolonge et que la portion fondue se colore aisément. En même temps, on fait chauffer du vernis d'huile de lin dans un pot jusqu'à ébullition et on introduit de même, dans un pot, de l'essence de térébenthine qu'on chauffe, mais non pas jusqu'à bouillir. Lorsque le copal peut être brassé sans difficulté et qu'il coule aisément de la spatule, on y verse le vernis d'huile bouillant, d'abord avec une extrême lenteur, plus tard un peu plus vivement en remuant toujours; on pose le mélange encore quelques minutes sur le feu, pour que l'huile se combine comme il faut au copal fondu, on enlève le pot du feu, on laisse un peu refroidir le mélange, et après cinq minutes, on y verse l'essence de térébenthine chaude, toujours en remuant et avec lenteur. Il est nécessaire, tant lorsqu'on ajoute l'huile bouillante, que lorsqu'on verse l'essence de térébenthine chaude, de procéder avec beaucoup de précaution pour ne pas enflammer la masse et pour qu'elle ne brûle pas un peu. Quand tout est bien mélangé, on laisse refroidir le vernis et on le filtre soit à travers un linge, soit au papier gris, et on le reçoit dans un flacon bien sec.

Lorsqu'on veut que le vernis soit aussi limpide et aussi clair qu'il est possible, il ne faut pas attendre le point de fusion complet, mais le vernis est préparé dès que le copal peut être bien brassé et coule aisément de la spatule en cuivre. Les pâtons de copal qui restent sur le filtre servent à fabriquer un vernis plus foncé, après les avoir fait fondre préalablement.

Le vernis au copal préparé de cette manière est facile à poncer, il sèche promptement, procure un enduit dur d'un grand éclat et qui ne fendille pas. Du reste, on l'emploie suivant les principes de l'art.

Nous donnerons encore quelques formules récentes pour préparer les simples vernis gras au copal.

17. *Vernis au copal clair.*

Pour préparer ce vernis, on ne fait pas fondre le copal, mais on le pulvérise, le fait sécher et le suspend dans un petit sac en mousseline fine dans un matras en verre dans lequel on a versé trois à quatre fois le poids du copal en essence de térébenthine. On pose ce matras sur un bain de sable et on le chauffe jusqu'à ce que les vapeurs de l'essence bouillante aient entièrement dissous le copal. Alors on verse en agitant toujours l'huile hydrargyrée qu'on a fait chauffer. La solution de copal doit être chaude, ainsi que le vernis d'huile, mais ne doit pas dépasser 50° C. Voici quelles sont les meilleures proportions:

Copal. . . . . 125 gram.
Essence de térébenthine. 625
Vernis d'huile. 150

18. *Vernis gras propre à remplacer l'étamage et qui résiste à l'eau, à l'alcool et au vinaigre.*

Ce vernis se prépare en manipulant ainsi qu'on l'a déjà indiqué et en prenant :

Copal fondu. . . . . 500 gram.
Vernis d'huile épais et très-cuit. . . .   1 kilog.
Essence de térébenthine.   1

Le vernis qu'on obtient ainsi est appliqué à chaud à trois ou quatre reprises différentes sur les objets et chauffé jusqu'à ce qu'il fume et brunisse. Après le refroidissement, lavé à l'eau chaude, puis à l'eau froide.

19. *Vernis au copal de qualité supérieure.*

On fait fondre dans une capsule de porcelaine :

Copal blanc. . . . . 125 gram.

et quand il est fondu, on y ajoute :

Baume de copahu chauffé. . . . .   30 gram.

et on étend ce mélange avec :

Essence de térébenthine chaude. . . .   90 gram.

20. On met en fusion dans un vaisseau convenable :

Copal des Indes orientales. . . . . . . 500 gram.

et quand il est bien coulant, on y ajoute peu à peu en agitant toujours :

Vernis d'huile de lin chaud. . . . . .   90 gram.

et on étend avec :

Essence de térébenthine de France. .   1 kil.625

on obtient ainsi un vernis qui, après la filtration, prend une belle couleur ambrée et peut très-bien être poncé. Il sèche vite, ne s'écaille pas et miroite parfaitement bien.

b. *Vernis composés au copal.*

1. Prenez :

Copal pur. . . . . 180 gram.

concassez-le en morceaux de la grosseur d'un pois et ajoutez-y :

Sandaraque en grains. . . . . 15 gram.

faites fondre ces deux résines dans un pot neuf en terre bien vernissé fermé par un couvercle. Le pot est de temps en temps enlevé du feu, et on en agite le contenu avec une spatule en cuivre. Lorsque le tout est fondu, ce qu'on reconnaît très-bien en faisant tomber de la spatule quelques gouttes de la masse fondue sur un carreau en verre, et lorsqu'il se forme un bouton tout-à-fait cristallin et sans granulation, l'opération est terminée. On ajoute alors peu à peu et en remuant toujours :

> Vernis d'huile de lin bouillant. . . . 125 gram.

on laisse un peu refroidir et on y verse :

> Essence de térébenthine chaude. . . . 180 gram.

On filtre encore tiède à travers une étoffe de laine ou du coton et on reçoit dans des flacons en verre qu'on expose pendant quelque temps au soleil.

2. De la même manière, ou bien aussi en faisant dissoudre les résines au bain de sable, on peut combiner à un bon vernis au copal :

> Copal. . . . . 30 gram.
> Succin. 30
> Térébenthine. 60
> Essence de térébenthine. 15
> Vernis d'huile de lin. 45

filtrer tiède à travers une étoffe de laine ou de coton, recevoir dans des flacons de verre et exposer longtemps à la lumière solaire (Thomson).

3. *Vernis gras composé au copal, de* MIEHR.

On fait fondre dans des vases en terre bien cuits et bien vernissés ou dans des vases en cuivre :

> Copal fin. . . . . 180 gram.
> Succin pur translucide. 60

chaque résine séparément ; on les mélange aussitôt que leur fusion est complète, et on y ajoute :

> Vernis d'huile de lin chaud. . . . . . . 300 gram.

et on étend avec :

> Essence de térébenthine de France. . 300 gram.

4. Voici d'après le même auteur la formule d'un autre vernis composé. Prenez :

> Copal fin. . . . . 250 gram.
> Sandaraque. 26
> Vernis d'huile de lin. 150
> Essence de térébenthine. 220

observez les précautions indiquées précédemment, seulement il n'est pas nécessaire de faire fondre séparément le copal et la sandaraque, et on peut très-bien les mettre ensemble en fusion.

Les vernis au copal obtenus par ces deux formules, sont filtrés pendant qu'ils sont encore tièdes, reçus dans des vases en verre bien secs et exposés pendant longtemps au soleil.

5. *Vernis composés au copal, de* THON.

Les manipulations sont presque absolument les mêmes que celles indiquées jusqu'à présent, et on ne donnera ici que la composition et les doses :

Copal.	60 gram.
Succin.	180
Vernis d'huile.	360
Essence de térébenthine.	360

6. Vernis moins riche en succin :

Copal.	60 gram.
Succin.	60
Vernis d'huile.	300
Essence de térébenthine de France. . .	300

7. *Vernis à la sandaraque.*

Copal.	180 gram.
Sandaraque..	15
Vernis d'huile.	120
Essence de térébenthine.	180

8. *Vernis au mastic.*

Copal d'Afrique fin..	250 gram.
Mastic..	60
Térébenthine de Venise.	120
Huile de lin cuite..	120
Essence de térébenthine..	420

9. *Vernis à l'élémi.*

Copal d'Afrique fin..	150 gram.
Elémi.	30
Térébenthine de Venise.	15
Vernis d'huile.	150
Essence de térébenthine française.. .	180

10. *Vernis gras au copal.*

Ce vernis se prépare par le mélange des deux vernis dont voici la formule; prenez :

a. Copal.................... 2 kilog.
Huile de lin vieille............ 2.500
Acétate neutre de plomb (sucre de
saturne) sec.............. 125 gram.

et faites fondre dans un vase en cuivre pour en faire un vernis qu'on étend avec

Essence de térébenthine française. 8 kil.750

on laisse le mélange pendant quelque temps sur un feu doux et on filtre encore chaud.

b. Résine animé pure.......... 2 kilog.

on fait fondre et on y ajoute peu à peu :

Huile de lin chaude........... 2.500
Sulfate de zinc sec............ 60 gram.

On traite comme pour faire un vernis, et quand le tout est cuit, on étend avec

Essence de térébenthine française. 8 kil.750

Ces vernis ainsi préparés séparément sont mélangés. En cet état, ce vernis sèche en hiver en six heures, et en été au bout de quatre heures. Cette composition est très-avantageuse pour les usages ordinaires (Percy).

11. *Vernis pour voitures, de* NEIL.

a. On fait fondre :

Copal d'Afrique fin............. 500 gram.

et on y ajoute peu à peu :

Huile de lin vieille et épurée... 2 kil.500

On fait cuire pendant 4 à 5 heures, jusqu'à ce que le vernis se tire entre les doigts, puis on étend avec :

Essence de térébenthine...... 1kil.875

b. On fait fondre :

Animé pur................. 500 gram.

et on y ajoute :

Huile de lin épurée......... 1 kil.250

on cuit pendant 4 à 5 heures jusqu'à ce que le vernis se tire entre les doigts, et on étend avec :

Essence de térébenthine. 1 kil.875

et on filtre.

Le vernis *a* ne sèche pas très-facilement, mais si on veut qu'il soit plus siccatif, on prend parties égales des vernis *a* et *b*, on les mélange ensemble et on les incorpore intimement à l'aide d'une agitation soutenue et de la chaleur. On filtre encore une fois. Le vernis qui résulte de ce mélange sèche plus vite et peut être poncé, mais le vernis au copal pur est plus fluide, plus élastique et plus moù. Le premier jouit de la propriété de ne pas changer de couleur après son application, tandis que le second brunit. Il paraît donc sage de ne pas mélanger à l'huile de lin de substances siccatives qui la rendent toujours plus foncée.

12. *Vernis à voitures plus foncé.*

a. Faites fondre :

Copal d'Afrique de première qualité. 500 gram.

et ajoutez y :

Huile de lin clarifiée. 1 kil.250

Acétate neutre de plomb (sucre de saturne) sec. . . . . 75 gram.

faites cuire jusqu'à ce que le vernis commence à se tirer entre les doigts et étendez avec :

Essence de térébenthine. 1 kil.875

b. Faites fondre :

Animé pâle. . . . . 500 gram.

et ajoutez :

Huile de lin clarifiée. 1 kil.250

Sulfate de zinc sec. . . . . 15 gram.

faites cuire pendant 3 à 4 heures jusqu'à ce que le vernis commence à prendre de la consistance, et étendez avec :

Essence de térébenthine. 1 kil.875

Ces deux vernis sont mélangés ensemble, incorporés à l'aide de la chaleur et filtrés. Le vernis qu'on obtient de ce mélange sèche très-promptement, mais il est moins durable que celui au copal pur.

13. *Autre mode de préparation.*

On fait fondre de même que précédemment :

a. **Copal d'Afrique. . . . . 500 gram.**

et on y ajoute :

>   Huile de lin clarifiée.. . . . .   1 kil.500
>   Litharge. . . . .   15 gram.

on étend avec :

>   Essence de térébenthine de France
>   chauffée. . . . .   2 kilog.

et on filtre. D'un autre côté on fait fondre :

> *b.*   Animé.. . . . .   500 gram.

résine à laquelle on ajoute :

>   Huile de lin clarifiée.. . . . .   1 kil.500
>   Litharge. . . . .   15 gram.

on étend en agitant constamment avec :

>   Essence de térébenthine française et
>   chaude.. . . . .   2 kil.500

On mélange de même ces deux vernis, on complète l'incorporation à l'aide de la chaleur, et on filtre encore une fois. Le vernis au copal ainsi préparé sèche très-promptement.

14.   *Vernis au siccatif pour parquets, de* MONMORY *et* RAPHANEL.

On fait chauffer pendant 16 heures :

>   Huile de lin. . . . .   1 kilog.

et on y fait dissoudre :

>   Copal fondu. 2.500

puis on y ajoute :

>   Résine blanche..   2
>   Sandaraque..   1
>   Laque blanche.   3
>   Mastic.. . . . .   500 gram.
>   Dammar.   500

on laisse cuire le tout pendant 3 heures, et on mélange alors avec :

>   Alcool à 22º. . . . .   10 kilog.

Quand tout est dissous, on verse la masse sur un tamis de crin et on ajoute la couleur qu'on veut donner au parquet. On applique ce vernis au pinceau sur le parquet bien nettoyé, et on répète cette application au bout de 2 heures. Ce vernis a un grand éclat et peut être aisément débarrassé de la boue et des malpropretés, avec une éponge mouillée. S'il est détérioré par le temps, on le répare aisément en l'appliquant avec un linge imbibé d'huile de lin. On l'applique aussi sur les moulures et les murs, mais, dans ce cas, il faut encore y ajouter :

Elémi. . . . .   1 kilog.

M. Dufft a proposé un appareil très-convenable pour la fusion des substances solides qui servent à la fabrication des vernis, et dont voici à peu près la structure :

Dans l'entonnoir de fusion *a*, fig. 122, qui est coiffé d'un couvercle bien ajusté *b*, tous deux en cuivre, et dans lequel, à la hauteur *c*, est placée une passoire en tôle de cuivre, on charge le copal ou autre résine, et on entoure l'entonnoir avec de la terre grasse. Cet entonnoir *a* repose sur une cuvette à combustible *d* fermée dans le bas, qui ne présente qu'une ouverture pour le passage du bec de l'entonnoir, et dont la surface convexe est percée de trous tout autour. Cette cuvette, au moyen de tiges en fer *e, e*, est assujettie sur le fourneau à vent *f*, sur lequel est disposé un trois-pieds *g* qui porte une jatte en porcelaine ou en cuivre *h*. Lorsqu'on veut opérer, on procède comme il suit : on introduit dans l'entonnoir de fusion le copal ou autre résine qu'on veut fondre, on enduit à l'extérieur cet entonnoir avec de la terre grasse et on mastique convenablement le couvercle. Cela fait, on dispose l'entonnoir dans la cuvette à charbon, et, au moyen d'un soufflet, on allume le combustible. Lorsque la substance commence à entrer en fusion, elle coule goutte à goutte dans la jatte *h*, dans laquelle on a porté à l'ébullition de l'huile de lin, au moyen d'un feu de charbon dans le fourneau à vent *f*, et avec une spatule en cuivre on agite convenablement jusqu'à ce que le vernis soit préparé.

En ce qui concerne le vernis au copal, il est de règle générale que celui qui doit être appliqué, poncé et poli sur des objets élastiques, du cuir par exemple, soit préparé avec une addition un peu plus forte d'huile, et que le mélange s'opère à chaud ; et, au contraire, qu'aux vernis qu'on applique sur le bois, le fer, etc., et qui doivent sécher promptement, on ajoute moins de vernis d'huile et que le mélange ne doit pas être cuit.

L'expérience m'a démontré aussi, que dans la fabrication des vernis au copal, il y a des moyens, par exemple par l'addition d'une petite quantité de térébenthine de Venise, d'augmenter la ductilité et l'élasticité des vernis aux résines, mais que tous ces moyens sont peu satisfaisants dans la pratique, en comparaison du caoutchouc dont on se sert aujourd'hui pour donner plus d'élasticité aux vernis, sujet dont nous nous occuperons plus loin. Le mélange d'un vernis au caoutchouc avec un vernis à la résine, fait dans des proportions convenables, satisfait de la manière la plus complète à toutes les conditions qu'on croit devoir rencontrer dans ces sortes de produits.

J'ai lu jadis dans un ouvrage sur la fabrication des vernis, « que si on parvenait à combiner le copal avec les huiles au moment où il entre en fusion, on obtiendrait des vernis à peu près incolores, mais ce problème reste encore à résoudre. » Cependant, en méditant profondément sur ce sujet, je crois être parvenu à sa solution, mais non pas tout-à-fait dans les termes où il a d'abord été posé.

J'ai donc mis le copal en fusion dans un vaisseau en cuivre, et après qu'il est devenu parfaitement fluide, je l'ai versé sur un marbre, en une couche mince. Là, j'ai observé que ce copal, étendu comme une feuille de verre, présentait, sur ce marbre, des veines translucides et d'autres louches ou ternes. J'ai rompu la masse avec un marteau et j'ai séparé les parties claires et translucides de celles qui l'étaient moins.

Ces parties claires et pures ayant été introduites dans les proportions indiquées par les formules, dans de l'huile lithargirée portée à l'ébullition, on a filtré après solution, et obtenu un vernis limpide comme l'eau pure. Le copal qui a été soumis à une fusion préalable, se dissout complètement dans le vernis d'huile. Les parties louches et troubles sont utilisées pour fabriquer des vernis au copal de qualité inférieure.

J'ai obtenu le même succès pour les vernis au succin.

A l'aide de ce procédé, le rapport pondéral entre les ingrédients est plus facile à observer, puisqu'on n'a pas le plus léger résidu en résine insoluble.

Moyen pour reconnaître les vernis au copal falsifiés à la résine dammar.

On rencontre depuis quelque temps dans le commerce des vernis gras au copal qui se distinguent par une teinte d'une pureté extraordinaire, mais qui n'en sont pas moins des sophistications avec la résine dammar ou le vernis fait avec cette résine. Il est assez facile de découvrir cette fraude en se servant d'un moyen que M. Winterfeld a indiqué depuis longtemps à l'industrie pour reconnaître la pureté du copal.

Pour cela, on agite avec soin une partie du copal suspect avec 2 à 3 parties d'éther sulfurique rectifié. Si le mélange reste limpide comme l'eau, le copal est pur; s'il y a un trouble laiteux, il est allongé avec le dammar.

B. VERNIS AU SUCCIN.

a. *Vernis au succin simples.*

Les morceaux de succin qui sont de couleur pâle, durs et translucides, sont les meilleurs et se fondent à la chaleur sans laisser de résidu. Les sortes foncées fondent avec moins de facilité; elles deviennent moins fluides et laissent toujours des portions insolubles.

Le vernis au succin est le plus solide ou le plus durable de tous les vernis qu'on connaisse. Jusqu'à présent, on n'a pas rencontré dans le commerce de vernis au succin d'une limpidité parfaite, cela dépend peut-être de ce que cette matière brunit pendant la fusion. Mais si l'on veut bien observer à la rigueur le procédé décrit à la page précédente pour la préparation du vernis au copal, il n'y a pas de doute qu'on obtiendra également des vernis au succin parfaitement limpides.

Les principes pour la préparation des vernis au succin sont identiquement les mêmes que ceux pour préparer les vernis au copal, et je crois, en conséquence, inutile de rien ajouter à cet égard, si ce n'est qu'on y fait entrer des sortes inférieures de colophane, pour pouvoir en abaisser le prix, mais en même temps en détériorer notablement la qualité. Quelques fabricants ajoutaient à leurs vernis au succin un peu de térébenthine de Venise, pour lui donner de la ductilité; mais depuis qu'on connaît le vernis au caoutchouc, on a abandonné à peu près complètement la térébenthine.

Formules.

1. Prenez :

    Succin blanc, translucide et pur. . . 375 gram.

concassez-le grossièrement et faites-le fondre dans un pot en cuivre chargé d'un couvercle bien ajusté, sur un feu doux de charbon. On enlève de temps à autre avec des mordaches, le pot du feu, et on brasse avec une spatule en fer le succin en fusion. Lorsque cette résine est complètement fondue, elle coule de la spatule comme de l'huile, et arrivé à ce point, c'est le moment d'y ajouter :

> Vernis d'huile bouillant........ 500 gram.

qu'on y verse peu à peu, et en agitant toujours. On laisse le mélange cuire pendant quelque temps ; on retire le pot du feu et on laisse reposer jusqu'à ce que le vernis ne bouille plus, et on y ajoute par petites portions à la fois :

> Essence de térébenthine chauffée. . . 125 gram.

et enfin on filtre.

2. *Vernis au succin séchant à l'étuve.*

On procède exactement comme au n° 1, seulement les rapports quantitatifs sont ceux qui suivent :

> Succin. . . . . 500 gram.
> Vernis d'huile. 500
> Essence de térébenthine.. 125

Lorsque le succin est fondu, on peut laisser égoutter dans un autre pot la résine limpide qui, lorsqu'on brasse, reste adhérente à la spatule, et cela jusqu'au moment où la masse commence à affecter une couleur foncée. Après le refroidissement, on broie grossièrement le succin limpide qu'on a recueilli, on l'introduit dans un pot propre, on verse dessus de l'essence de térébenthine, on couvre bien ce pot, et on abandonne pendant quelque temps dans un local chauffé. Si on veut étendre, il faut poser le pot sur un feu doux de charbon, mettre en fusion complète et y introduire peu à peu du vernis d'huile bien pur et limpide. On laisse encore cuire peu de temps, on enlève le vase du feu, on fait refroidir et on filtre dans des flacons bien nets qu'on bouche avec soin.

Le vernis ainsi préparé est excellent pour les couleurs claires, et on peut le poncer et le polir.

3. *Autre mode de préparation du vernis au succin.*

Dans un pot de terre bien cuit et bien vernissé, on introduit :

> Succin pur concassé.. . . . . 500 gram.

qu'on fait fondre sur un feu de charbon, en couvrant d'un couvercle en terre. Dès que le succin commence à répandre de l'odeur, on enlève du feu et on agite bien avec une spatule en cuivre ou en porcelaine, et on répète cette opération jusqu'à ce que le succin soit entièrement fondu. Arrivé à ce point, on verse :

Vernis d'huile de lin préalablement
chauffé. 125 gram.

peu à peu, et en remuant continuellement ; et enfin, après que le mélange est suffisamment refroidi, on ajoute encore :

Essence de térébenthine française. .   125 gram.

et on filtre.

On peut aussi laisser reposer le vernis, et au bout de quelques jours, décanter pour la séparer des impuretés qui se sont déposées, la couche limpide supérieure, qu'on reçoit dans un vase en verre propre et sec.

Lorsque le vernisseur veut appliquer ce vernis, il faut d'abord qu'il enduise la pièce bien sèche à deux reprises différentes avec du vernis d'huile de lin, puis avec son vernis au succin. Dès que ce dernier est devenu ferme, on le fait chauffer doucement.

Les pièces qui ont été enduites ainsi qu'on vient de l'expliquer, sont sujettes, après quelques années, à se ternir. Dans cet état, il est nécessaire de les laver à l'eau tiède, puis de les bien sécher et de les recouvrir de nouveau d'une couche de vernis.

4. *Vernis gras au succin.*

Prenez un pot en terre neuf et bien vernissé, et fondez-y, sur un feu modéré de charbon :

Succin translucide et de première
qualité. . . . . 500 gram.

en retirant à plusieurs reprises le pot du feu, remuant avec une spatule en cuivre et répétant cette opération tant que le succin n'est pas entièrement fondu. Quand ce succin fondu coule de la spatule comme de l'huile, on enlève le pot du feu et on y verse, en agitant constamment,

Essence de térébenthine bien chaude. 250 gram.

et on continue à brasser, jusqu'à ce que le succin soit intimement incorporé avec l'essence. On remet alors le pot sur le feu, on porte la masse à l'ébullition, puis on y ajoute par petites portions, et toujours en remuant :

Vernis d'huile de lin bien limpide. . 500 gram.

qu'on a fait chauffer préalablement; on laisse refroidir, on filtre le vernis, qu'on reçoit dans un flacon en verre, et on expose pendant quelque temps au soleil.

5.   *Autre mode de préparation du vernis gras au succin.*

Prenez :

    Succin de première qualité. . . . . . 500 gram.

broyez-le sur un marbre pour le réduire en poudre fine, et introduisez-le dans une cornue en verre pourvue d'un récipient aussi en verre; distillez avec précaution dans une coupelle au bain de sable, opération dans laquelle le succin se dépose dans le col de la cornue.

Dès que le succin est entièrement fondu, ajoutez-y :

    Huile de lin préparée et chaude, ou ver-
       nis d'huile de lin limpide et chaud. .   500 gram.

en remuant toujours, et enfin :

    Essence de térébenthine française et
       pure, de.. . . . . 500 à 750 gram.

qu'on a fait préalablement chauffer. Laissez le vernis re-froidir et s'éclaircir, et enfin filtrez-le dans des flacons.

6.   *Autre formule.*

On opère comme dans la formule précédente, mais on prend :

    Succin fondu.. . . . . 500 gram.
    Vernis d'huile de lin.. 250
    Essence de térébenthine.. 375

7.   *Vernis durable au succin.*

On fait fondre :

    Succin translucide.. . . . . 500 gram.

et on y ajoute, avec les précautions connues :

    Huile de lin vieille et chaude. 180

puis en agitant continuellement, et par petites portions à la fois :

    Essence de térébenthine chauffée.. .   1 kilog.

Lorsque le tout est bien incorporé, on verse le vernis, après qu'il est refroidi, dans un flacon, et on y ajoute :

    Minium, céruse ou litharge. . . . . . 30 gram.

On laisse en repos pendant huit à dix jours, pendant lesquels on agite journellement, à plusieurs reprises; on laisse ensuite en repos et on décante enfin le vernis limpide dans des flacons en verre bien propres.

8. *Vernis au succin très-solide.*

Prenez :
    Succin fondu. . . . . 500 gram.
    Vernis d'huile de lin. 725

et faites cuire jusqu'à ce que le tout soit incorporé, laissez un peu refroidir et filtrez, et recevez dans des flacons en verre.

9. *Vernis blanc au succin.*

Prenez :
    Succin fondu parfaitement limpide. . 125 gram.
et faites-le cuire avec :
    Vernis d'huile de lin bien limpide. . 500
et enfin, ajoutez par fractions et en agitant toujours :
    Essence de térébenthine chaude. . . 500 gram.

On laisse éclaircir, ou bien on filtre le vernis pur dans des flacons en verre qu'on expose quelque temps au soleil.

10. *Vernis gras au succin, de* MILLER.

Pour préparer un beau vernis limpide au succin, prenez :
    Succin limpide de choix.. . . . . . . 500 gram.

brisez-le en morceaux de la grosseur d'un pois, et faites-le fondre dans un pot en terre bien vernissé. N'attendez pas que le succin soit complètement fondu; mais dès qu'une portion seulement est en fusion, et que cette portion fondue paraît encore bien limpide, mélangez-y, en remuant toujours :
    Vernis d'huile de lin limpide et bien
       cuit, de.. . . . . 150 à 180 gram.
puis, étendez avec :
    Essence de térébenthine de France. . . 1 kilog.
filtrez et conservez ce vernis, pour s'en servir au besoin, dans des bouteilles en fer-blanc bien bouchées.

11. *Autre formule de* MILLER.

Faites fondre dans un creuset de Hesse sur un feu doux de charbon :

Succin limpide.. . . . .   500 gram.

versez-le sur un marbre, laissez-le refroidir et broyez-le jusqu'à le réduire en poudre fine, introduisez-le dans un matras en verre, et mélangez-le avec :

Essence de térébenthine de France. .   500 gram.

on favorise la solution en faisant digérer sur un bain de sable, et lorsque cette solution est complète, mélangez-y :

Vernis d'huile de lin limpide, de 90 à 120 gram.

filtrez et conservez dans des flacons pour l'usage.

12.   *Vernis gras au succin , de* HELD.

On prend :

Succin fondu. . . . .   500 gram.

on le brise en petits morceaux avec un marteau, et on le fait fondre dans un vase en cuivre ou en terre, sur un feu doux de charbon, avec :

Vernis d'huile de lin ou huile
cuite pure. . . . .   1 kilog.

et lorsque la fusion est complète, on laisse un peu refroidir et on y mélange peu à peu :

Essence de térébenthine. . . . .   0.725 à 1 kilog.

et on filtre encore chaud à travers une toile ou de l'étoupe.

13.   *Autre formule.*

On prend :

Succin fondu. . . . .   2 kilog.
Vernis d'huile de lin.   2
Essence de térébenthine. 1.500

Cette formule, qui est donnée par Held, ne nous paraît nullement pratique et fort peu propre à fournir un produit recommandable.

14.   *Vernis gras, de* FREUDENVOLL.

Prenez :

Succin limpide et de choix. . . . . .   250 gram.

brisez-le, avec une pince tranchante, en petits morceaux de la grosseur d'un haricot, et introduisez-le dans un pot en terre neuf bien cuit et vernissé, d'une capacité suffisante, et faites fondre sur un feu doux. Pour cela, il faut que le pot soit bien couvert. Dès que le succin commence à dégager des vapeurs, retirez du feu, ouvrez le pot avec précaution, brassez avec une spatule en cuivre ou en porcelaine et répétez toute cette opération deux à trois fois, jusqu'à ce que le succin soit en fusion complète. Ajoutez alors, par petites portions à la fois et en agitant constamment :

<blockquote>
Vernis d'huile de lin limpide et
    bouillant. . . . .   60 gram.
Essence de térébenthine bouillante. . 725
</blockquote>

puis laissez reposer ou filtrez le vernis sur étoupes. En général, les conditions pour réussir sont les mêmes que pour les vernis au copal.

15. *Autre formule.*

On prend :

<blockquote>
Succin. . . . . 225 gram.
Vernis d'huile de lin, de. . . .   150 à 360
Essence de térébenthine.   500   (1).
</blockquote>

16. *Vernis au succin, de* GAHN.

Prenez :

<blockquote>
Succin fondu, refroidi et brisé. . . . . 225 gram.
Vernis d'huile de lin limpide. 225
Essence de térébethine. . . . . . 0.725 à 2 kilog.
</blockquote>

puis opérez ainsi qu'il suit :

Le succin est fondu dans un vase en cuivre qui a une hauteur double de son diamètre et est pourvu d'un long manche en bois, afin de pouvoir le retirer promptement du feu. Ce vase est recouvert d'un couvercle, on le remplit à moitié de succin et on pose sur un feu doux de charbon. Le succin commence alors à fondre, puis il mousse et enfin coule comme une huile. Il faut éviter avec soin de brûler la résine, parce qu'autrement le vernis aurait une couleur foncée; on introduit en conséquence un agitateur par un trou percé dans le couvercle et on agite continuellement pendant que la fusion s'opère. La portion du succin qui fond la première est toujours la

---

(1) On trouve encore, sur les vernis au succin et sur les autres vernis aux résines, de bonnes formules dans l'ouvrage de MM. D. et F. Frendenvoll, intitulé *Praktische erfahrungen über die gesaminte firniss fabrikation* (*Expériences pratiques sur toute la fabrication des vernis*). Mayence, 2e édition, 1846.

plus légère, on fera bien, en conséquence, de munir le vase d'un bec au moyen duquel on verse cette portion qui a fondu d'abord. Le succin ainsi liquéfié est versé dans une bassine bien écurée en fer ou en cuivre et, terme moyen, on obtient de 500 à 685 grammes de succin fondu, de 1 kilog. de succin brut. Pour fabriquer le vernis on procède ainsi qu'il suit :

Le succin fondu et brisé en morceaux est mélangé avec de l'huile lithargirée, et placé dans une bassine en cuivre ou en fer sur un feu de charbon peu ardent, puis chauffé jusqu'à ce que la résine soit entièrement fondue. Lorsque ce mélange a été refroidi, on y ajoute l'essence de térébenthine en quantité suffisante pour lui donner la consistance voulue et on le laisse refroidir, où on le filtre, et on le conserve dans des flacons bien bouchés (1).

17. *Vernis au succin, de* STELLING.

On prend du succin clair et pur et on le dépose dans un récipient en cuivre épais fermé à sa partie supérieure et luté avec de l'argile. À sa partie inférieure, ce récipient est pourvu d'un tube conique sur lequel est assujettie une tôle percée de trous (un crible ou un tamis en tôle métallique), qui sert à débarrasser le succin fondu des impuretés qu'il peut renfermer. Ce récipient est posé sur un fourneau, où son fond conique pénètre de plusieurs centimètres. Lorsque la température est suffisamment élevée, le succin entre en fusion et coule à l'état pur dans un second récipient en cuivre placé dessous et qui est rempli aux deux tiers de l'huile grasse qui sert à préparer le vernis. En chauffant alors, on favorise la combinaison du succin fondu et de l'huile, et lorsque cette combinaison est intime, on y ajoute, avec les précautions connues, l'essence de térébenthine.

18. *Vernis préservateur pour le zinc, de* FICHTENBERG.

On prend :

Vernis d'huile de lin..............	4 kilog.
Succin chauffé....................	16 gram.
Acétate de plomb.................	8
Sulfate de zinc...................	4

(1) Le Mémoire sur ce sujet, préparé par Gahn, célèbre chimiste et minéralogiste, de Fahlun, en Suède, et mort il y a déjà longtemps, n'a paru qu'en 1852.

Vert-de-gris. . . . .   4 gram.
Bleu de Prusse.   8
Noir d'ivoire.   66

toutes ces matières étant réduites en poudre fine sont incorporées à l'huile et appliquées à chaud sur le zinc qui se trouve ainsi préservé de l'oxydation et des détériorations qui en sont la conséquence.

b. *Vernis gras composés au succin.*

1. Prenez :

Copal translucide et blanc.. . . . . .   1 kilog.
Succin clair..   1

fondez ces deux résines sur un feu de charbon et dans un vase convenable en cuivre ou en terre cuite, avec les précautions déjà indiquées, puis ajoutez peu à peu :

Essence de térébenthine pure et bouillante. . . . .   500 gram.

dans laquelle vous avez fait dissoudre :

Térébenthine purifiée. . . . .   2 kilog.

et versez-y :

Vernis d'huile de lin bouillant. . . .   1 kil. 500

d'abord goutte à goutte, puis en filet, agitez comme il faut et laissez éclaircir ou filtrez à travers une toile ou de l'étoupe.

2. Prenez :

Succin.. . . . .   225 gram.
Copal.   225
Vernis pur d'huile de lin. . . . . . .   1 kilog.
Essence de térébenthine française. .   500 gram.

Dans cette préparation, on fait d'abord fondre le copal et le succin, puis on mélange ensuite avec l'huile siccative, et enfin avec l'essence de térébenthine.

3. On prend :

Succin limpide. . . . .   225 gram.

qu'on fait fondre dans un pot de terre bien cuit, et on y ajoute :

Térébenthine de Venise. . . . .   30 gram.
Vernis clair d'huile de lin..   30

on laisse éclaircir ou on filtre à travers une toile ou des étoupes.

4. *Vernis mixte au succin, de* THOMSON.

On prend :

Succin grossièrement concassé. . . . 375 gram.

et on le fait fondre sur un feu doux de charbon. Quand il est fondu, on y ajoute :

Copal réduit en poudre fine.. . . . . 125 gram.

on agite le tout jusqu'à ce que les deux résines soit parfaitement incorporées, puis on y ajoute par petites portions :

Vernis d'huile de lin bouillant.. . . . 725 gram.
Essence de térébenthine chaude.. . . 725

on laisse encore bouillir quelque temps, puis refroidir, enfin, on filtre encore tiède à travers une toile.

5. *Autre formule.*

Prenez :

Succin concassé grossièrement. . . . 375 gram.

faites fondre sur un feu doux. Quand ce succin est fondu complètement, ajoutez-y peu à peu :

Vernis d'huile de lin chaud. . . . . . 500 gram.

et agitez jusqu'à ce que le tout soit intimement mélangé.

D'un autre côté, préparez une solution avec :

Baume de copahu. . . . . 45 gram.
Alcool concentré. 45

dans un flacon en verre, qu'on bouche avec une vessie dans laquelle on perce un trou avec une aiguille, et qu'on abandonne dans un local chauffé, en agitant fréquemment jusqu'à ce que le tout soit intimement combiné. Alors, on chauffe cette solution de copahu et on l'ajoute au vernis encore chaud en agitant toujours, on laisse refroidir et on filtre à travers une toile.

6. *Vernis gras composé au succin, de* HELD.

Prenez :

Succin. . . . . 500 gram.

réduisez en poudre fine ; introduisez dans un pot de terre bien cuit et vernissé,

Térébenthine de Venise. . . . . 250 gram.

mélangez-y peu à peu le succin pulvérisé, et ajoutez :

    Colophane blanche. . . . .   60 gram.

et chauffez sur un feu de charbon jusqu'à ce que le tout soit bien fondu, puis mélangez-y peu à peu et en remuant toujours :

    Vernis d'huile de lin.. . . . .   500 gram.

qu'on a porté à l'ébullition, et enfin étendez ce vernis avec :

    Essence de térébenthine chaude. . . .   725 gram.

Quand on prépare de grandes quantités de vernis, on se sert de vases en cuivre disposés de façon qu'il n'y a que le fond qui soit chauffé par le feu, parce qu'autrement le vernis serait coloré ou même noircirait.

7. *Vernis gras composé au succin.*

On prend :

    Huile de lin épurée et vieille. . . . .   500 gram.
    Sulfate de zinc calciné..   16
    Massicot..   16

On fait infuser pendant une heure les substances sèches renfermées dans un sachet qu'on suspend dans l'huile jusqu'à ce que toute l'humidité soit évaporée.

D'un autre côté, on fait fondre avec précaution :

    Succin.. . . . .   125 gram.
    Copal clair.   125

et lorsque le tout est en fusion, on y verse lentement et par petites portions le vernis ci-dessus encore chaud, et on étend enfin avec :

    Essence de térébenthine chaude.. . .   500 gram.

enfin, on filtre à travers une toile ou de l'étoupe. Ce vernis, préparé de cette manière, gagne beaucoup à être versé dans de grandes bouteilles qu'on expose pendant longtemps au soleil.

8. *Vernis gras composé au succin, de* THON.

Prenez :

    Succin.. . . . .   375 gram.
    Copal clair.   125

Concassez chaque résine à part dans un mortier, en morceaux de la grosseur d'un pois, introduisez le succin d'abord dans un pot en terre bien vernissé, et versez dessus deux cuillerées d'essence de térébenthine, et agitez pour que tous les morceaux de succin soient bien pénétrés d'essence. Quand cette pénétration est complète, on fait fondre ce succin ainsi humecté, mais avec précaution, sur un feu soutenu de charbon, en agitant souvent. Dès que le succin commence à se liquéfier, on ajoute le copal et on opère de manière que les deux résines arrivent au même instant à l'état de fusion. Lorsque le tout est bien fondu et que les matières sont parfaitement unies ensemble, on enlève le pot du feu, on agite à plusieurs reprises avec la spatule et, après que la masse s'est un peu rassise, on y ajoute :

> Essence de térébenthine chaude.. . . . 725 gram.

d'abord goutte à goutte, puis en filet, et après avoir remis le pot sur le feu et avoir cuit la masse, on y mélange encore :

> Vernis d'huile de lin chaud. . . . . . 725 gram.

et enfin, on filtre ainsi qu'on l'a prescrit.

9. *Autre formule.*

On obtient, assure-t-on, un vernis au succin de première qualité en faisant fondre :

> Succin très-pur.. . . . . 375 gram.

sur un feu doux, versant sur un marbre, pulvérisant après le refroidissement, mélangeant avec :

> Copal très-pur pulvérisé. . . . . 125 gram.

et versant ces deux poudres dans :

> Vernis d'huile de lin bien clarifié et
> bouillant. . . . . 725 gram.

favorisant l'incorporation des matières par l'agitation; enfin, ajoutant :

> Essence de térébenthine française
> chaude . . . . 725 gram.

faisant encore cuire quelque temps, filtrant et recevant dans des flacons en verre bien secs.

On peut aussi employer parties égales de succin et de copal, ou deux parties de copal et une de succin, etc. Dans tous les cas, il faut prendre en considération l'époque de l'année. Par exemple, en hiver, on doit prendre moins d'huile de lin, tandis qu'en été, il faut plus d'essence de térébenthine.

On peut, en opérant comme au n° 9, composer son vernis comme il suit :

10. Première formule.

Copal bien pur. . . . . 375 gram.
Succin aussi bien pur 125
Sandaraque. 60
Vernis d'huile de lin. 250
Essence de térébenthine 375

11. Deuxième formule.

Copal pur. . . . . 500 gram.
Mastic 125
Térébenthine de Venise 65
Huile de lin préparée. 250
Essence de térébenthine. 725

On travaille ces substances ainsi qu'on l'a décrit ; on filtre à travers une toile ou de l'étoupe, et on reçoit dans des flacons en verre qu'on expose quelque temps au soleil.

12. Troisième formule.

Succin pur . . . . 500 gram.
Élémi 125
Térébenthine purifiée 65
Huile de lin préparée 250
Essence de térébenthine 725

On procède comme il a été dit. Ces vernis sont excellents.

13. Vernis au succin inaltérable au feu.

M. A. R. Percy, dans son *Lexicon général de chimie technique et de recettes*, Nuremberg, 1856, a donné la formule suivante pour un vernis au succin inaltérable au feu.
On prend :

Asphalte . . . . 50 gram.
Huile de lin purifiée . . . . 3 kilog.
Minium. . . . . 100 gram.
Litharge. . . . . , ... 100
Sulfate de zinc calciné 100

on fait cuire à consistance épaisse, puis, dans un vase en fer, on fait fondre et on pulvérise, après refroidissement :

Succin jaune . . . . 500 gram.

on porte à l'ébullition 1kil.500 du vernis ci-dessus qu'on

verse en agitant constamment sur le succin pulvérisé. Lorsque le mélange est un peu refroidi, on fait chauffer :

Essence de térébenthine . . . . 3 kilog.

et on en verse la moitié sur le mélange ci - dessus ; on agite avec soin et on fait bouillir sur le feu jusqu'à consistance de sirop ; on laisse encore refroidir et on mélange :

Terre d'ombre brûlée . . . . 100 gram.

l'autre moitié de l'essence de térébenthine, ainsi que le reste, ou 1kil.750 du vernis ci-dessus, bouillants ; on reporte sur le feu où on laisse bouillir jusqu'à ce que le vernis se tire entre les doigts ; enfin on filtre encore chaud.

M. Percy fait en outre remarquer que le vernis, avant de l'appliquer sur des objets en métal, a besoin d'être chauffé et étendu avec un peu d'essence de térébenthine. Les pièces en métal qu'on veut vernisser doivent être chauffées et frottées avec du succin en poudre, afin qu'elles prennent bien le vernis et acquièrent un très-bel enduit glacé.

14. *Vernis sur bois inattaquable par l'eau bouillante.*

Nous avons trouvé, dans un journal anglais, la recette suivante. On prend :

Huile de lin. . . . . 725 gram.
Succin. 500
Litharge en poudre. 150
Céruse en écailles. 150
Minium pulvérisé. 100

on fait bouillir, dans une chaudière en cuivre, l'huile de lin avec la litharge, la céruse et le minium, qu'on a suspendus dans un sachet, dans ce liquide, jusqu'à ce que l'huile commence à prendre une couleur brun foncé. Alors, on retire le sachet avec les ingrédients qu'il renferme, et on ajoute, en remuant toujours :

Ail. . . . . 8 à 9 têtes.

puis on fait fondre sur un feu vif :

Succin. . . . . 500 gram.

dans :

Huile de lin. 65

et aussitôt qu'il est en pleine fusion, on le verse à l'état bouillant et en agitant constamment dans le vernis préparé comme on a dit ci-dessus ; on laisse bouillir pendant quelques minutes, on filtre et on verse le vernis refroidi dans des flacons en verre.

Les objets sur lesquels doit être appliqué ce vernis, sont d'abord poncés et polis, puis recouverts d'une couche mince de noir de fumée et d'essence de térébenthine. Quand cette première couche est sèche, on porte dessus le vernis avec une petite éponge fine ou un pinceau, et on l'étend comme il convient. Il faut appliquer quatre couches successivement après que chacune d'elles est suffisamment sèche, puis la pièce est introduite dans une étuve sèche où on peut polir, sans danger, le vernis. On peut appliquer telle couleur qu'on désire, avec la première couche, après qu'on l'a bien mélangée avec l'essence de térébenthine (1).

C. VERNIS GRAS A L'OR, MORDANTS A L'OR.

1. *Vernis à l'or à l'huile de lin.*

On pulvérise :

Copal jaune translucide . . . . 125 gram.

et on le fait fondre avec précaution sur un feu doux.

D'un autre côté, on colore :

Vernis d'huile de lin . . . . 1 kilog.

avec :

Sang-dragon . . . . 60 gram.
Rocou 60

en faisant bouillir ces matières colorantes avec l'huile ; on filtre et on ajoute le vernis coloré et bouillant au copal fondu en agitant constamment, on filtre et on conserve dans des flacons.

2. *Vernis à l'or, de* THOMSON.

Prenez :

Résine de sapin . . . . 375 gram.
Sandaraque 375
Succin jaune 135

réduisez ces résines en poudre.

D'un autre coté, broyez :

Aloès succotrin 180

(1) *Recueil de recettes chimiques et économiques nouvelles,* par A.-R. Percy. Nuremberg, 1858.

avec :

       Vernis d'huile de lin. . . . . 250 gram.

et mélangez avec les résines en poudre. Cela fait, on porte à l'ébullition et on ajoute peu à peu, et en remuant toujours :

       Vernis d'huile de lin. 2kil.750

et :

       Sang-dragon. . . . . 60 gram.

qu'on a broyé avec :

       Essence de térébenthine. 375

on fait chauffer et on verse, par petites portions à la fois, dans le vernis ci-dessus ; on filtre et on conserve pour l'usage, dans des bouteilles en verre.

3. *Autre vernis d'or.*

Prenez :

       Succin clair. . . . . 125 gram.
       Gomme laque. 15

Faites fondre ces matières à part, mélangez-les et ajoutez-y, par petites portions et en agitant toujours :

       Vernis d'huile de lin limpide. . . . . 375 gram.

Préparez ensuite une teinture avec :

       Gomme-gutte. 15
       Rocou. 15
       Safran. 60
       Sang-dragon. 15

qu'on pulvérise et qu'on chauffe dans :

       Essence de térébenthine. 250

Versez dans le vernis ci-dessus et filtrez à travers une toile ou des étoupes.

4. *Vernis à l'or, de* LIPP.

On prépare, avec les mêmes manipulations qu'au n° 3, un vernis d'or avec les substances suivantes :

       Gomme laque. . . . . 60 gram.
       Succin fondu 250
       Essence de térébenthine 500
       Vernis d'huile de lin. 250
       Sang-dragon. 15
       Gomme-gutte 15
       Essence de térébenthine 125

On fait cuire jusqu'à consistance de sirop, et on filtre.

5. *Autre formule de vernis à l'or.*

On fait fondre sur le feu avec précaution :
    Copal . . . . 125 gram.
et on y ajoute peu à peu :
    Vernis d'huile de lin limpide et bouil-
      lant 250
puis, dans :
    Essence de térébenthine 125
on broie :
    Rocou 15
    Sang-dragon 15
On fait chauffer, on filtre et on ajoute cette solution au vernis ci-dessus, et on filtre de nouveau.

6. *Vernis gras à l'or, de* HELD.

On prépare ce vernis en chauffant dans un pot en fer et sur un feu doux :
    Huile de lin. . . . . 1 kilog.
à laquelle on ajoute peu à peu :
    Sulfate de zinc calciné. . . . . 125 gram.

Il faut avoir soin de ne pas introduire la moindre portion nouvelle de sulfate de zinc avant que l'effervescence, causée par la précédente ne soit apaisée. Lorsque tout le sulfate a été introduit, on mélange en agitant toujours :
    Gomme-laque pulvérisée. . . . . 500 gram.

Cela fait, avec un copeau de bois incandescent, on enflamme la masse sur le bord du pot, et lorsque le vernis a brûlé pendant quelques minutes, on ferme ce pot avec un couvercle bien ajusté. Au bout de quelques minutes, la flamme est éteinte, on ouvre le pot, on prend un peu de vernis avec une spatule et on le laisse refroidir. Si, après le refroidissement, le vernis se tire en fil, l'opération est terminée ; s'il n'en est pas ainsi, il faut enflammer de nouveau la masse. On retire ensuite le pot du feu, on le laisse un peu refroidir, et on étend en versant peu à peu et remuant toujours :
    Essence de térébenthine chaude. . . . 500 gram.
et enfin on filtre.

Ce vernis sert à enduire les objets qu'on se propose de

dorer et qu'on essuie ensuite avec une étoffe de soie ou de coton, jusqu'à ce qu'il n'en reste plus qu'un soupçon sur la pièce, et alors on peut aussitôt y appliquer l'or.

7. *Vernis à l'or au caoutchouc, de* HELD.

Prenez :

> Caoutchouc. . . . . 60 gram.

coupez-le en petits morceaux et introduisez-le dans un flacon en verre avec :

> Essence de térébenthine. . . . . 180 gram.

abandonnez cette masse pendant huit jours ou jusqu'à ce que le caoutchouc ait absorbé toute l'essence et sé soit gonflé. Alors, chauffez cette masse gonflée au bain de sable jusqu'à ce qu'elle soit complètement désaggrégée, et étendez avec telle quantité d'essence de térébenthine que vous le jugerez convenable. Puis, on fait fondre au bain-marie dans un matras en verre :

> Copal d'Afrique pulvérisé. . . . . 82 gram.

et lorsque cette masse est entièrement fondue, on mélange la solution de caoutchouc encore chaude au copal fondu en n'ajoutant que par petites portions à la fois.

Il ne faut pas préparer de grandes quantités de ce vernis à la fois, parce qu'il devient poisseux avec le temps. On l'emploie pour les pièces d'ornementation ou de décors qu'on ne peut pas essuyer; il faut en outre ne l'appliquer qu'en couche très-légère et qui suffise seulement pour happer l'or, si on veut que celui-ci conserve tout son éclat.

8 *Vernis gras à l'or, de* FREUDENVOLL.

Ce vernis se prépare avec :

> Copal clair. . . . . 250 gram.
> Gomme-gutte. 15
> Sang-dragon. 15
> Safran. 15
> Vernis d'huile de lin. 125
> Essence de térébenthine. 500

On manipule en général dans cette préparation comme pour celle de tous les autres vernis d'or mentionnés ci-dessus.

9. *Vernis gras à l'or,* de Thon.

Ces vernis se préparent d'après les formules suivantes :

a. Gomme-laque. . . . . 30 gram.
    Succin. 125
    Vernis d'huile de lin. 125
    Essence de térébenthine. 250
    Sang-dragon. 15
    Safran. 15
    Gomme-gutte. 15
    Rocou. 15

Ce vernis est excellent pour tous les objets qu'on ne fait pas sécher au feu. Si les pièces doivent être séchées au feu, on prend vernis d'huile, 250 grammes et seulement 125 grammes essence de térébenthine.

b. Succin clair. . . . . 125 gram.
    Gomme-laque. 30
    Aloès. 30
    Vernis d'huile de lin limpide. 250
    Essence de térébenthine. 500

L'aloès, avant d'être ajouté aux substances lorsqu'elles sont fondues, doit être broyé avec du vernis d'huile de lin.

c. Succin clair. . . . . 250 gram.
    Laque en bâtons. 60
    Huile de lin. 250
    Essence de térébenthine. 500
    Gomme-gutte. 60
    Sang-dragon. 60
    Rocou. 60
    Safran. 15

La laque en bâtons et le succin doivent être chacun fondus à part.

d. Laque en grains. . . . . 125 gram.
    Sandaraque. 125
    Sang-dragon. 125
    Gomme-gutte. 15
    Curcuma. 250
    Térébenthine. 60
    Verre pilé. 150
    Huile de lin préparée. 500
    Essence de térébenthine française. . . 500

Ces ingrédients solides, tous pulvérisés, sont mis en

digestion dans l'huile de lin et l'essence de térébenthine (à l'exception du verre pilé), et lorsque le tout est dissous, on filtre.

e. On fait fondre :

Copal fin. . . . . 120 gram.

et quand il est en fusion, on verse dessus :

Vernis d'huile de lin épais et bouillant. 500 gram.

qu'on a coloré préalablement avec :

Sang-dragon. . . . . 60 gram.
Rocou. 60

Le vernis est prêt et n'a plus besoin que d'être filtré chaud.

10. *Vernis à l'or avec acide picrique.*

On fait fondre séparément :

Copal. 250 gram.
Laque en bâtons. 60

on mélange ces deux résines et on y ajoute peu à peu :

Vernis d'huile de lin bouillant. . . . 250 gram.

d'un autre côté, on fait dissoudre :

Acide picrique. . . . . 16 gram.

dans :

Essence de térébenthine bouillante. . 875 gram.

et on ajoute par petites portions à la fois au vernis encore chaud. Il faut avoir l'attention de se procurer de l'acide picrique bien pur, car tout sel qui s'y trouve mélangé reste sans se dissoudre.

11. *Vernis à l'or simple.*

Ce mordant pour dorure se fabrique dans les ateliers en introduisant à froid de la céruse en poudre fine dans l'huile de lin, déposant dans une bouteille de verre blanc qu'on bouche avec soin et suspend le long d'un tuyau de poêle bien chauffé où on laisse le plus longtemps possible. L'huile blanchit peu à peu et devient limpide, on y introduit alors une pointe de jaune de chrome broyé fin qui facilite les réchampissages et soutient la dorure.

D. VERNIS AU CAOUTCHOUC.

1. On découpe en petits morceaux :

Caoutchouc. . . . . 500 gram.

et le dissout dans :

      Ether sulfurique. . . . . 250 gram.

A cet effet, on introduit le caoutchouc et l'éther dans un matras en verre qu'on plonge dans le bain de sable chaud jusqu'à ce que le caoutchouc soit devenu bien fluide. Cela fait, on y ajoute :

      Vernis d'huile de lin limpide et chaud. 250 gram.

et après que la masse est un peu reposée :

      Essence de térébenthine chauffée. . . 500 gram.

on filtre ce vernis à l'état tiède et on le conserve dans des flacons en verre. Il sèche lentement.

2. *Vernis au caoutchouc, de* MILLER.

On fait dissoudre dans un matras et au bain de sable :

      Caoutchouc découpé fin. . . . . 60 gram.

dans :

      Essence de térébenthine rectifiée. . . 125 gram.
      Naphte blanc rectifié. 15

Aussitôt que le caoutchouc est dissous, on mélange la dissolution avec :

      Vernis gras au copal. . . . . 30 gram.

qu'on a fait préalablement chauffer. Le vernis au copal donne de la solidité à ce vernis, qu'on emploie principalement avec les dorures.

3. *Vernis au caoutchouc, de* CHAMPAGNAT, *pour marocains.*

On introduit dans une fiole à large goulot :

      Caoutchouc découpé très-fin. . . . . . 60 gram.

et on verse dessus :

      Essence de térébenthine. . . . . 500 gram.

On abandonne le mélange au repos pendant deux jours, et au bout de ce temps, on le brasse bien avec une spatule en bois. Cela fait, et lorsque le caoutchouc a absorbé toute l'essence, on y ajoute encore :

      Essence de térébenthine. . . . . 500 gram.

et on fait digérer en agitant fréquemment jusqu'à ce que tout le caoutchouc soit dissous.

On mélange alors ensemble :

> Vernis au copal aussi blanc que possible. . . . . 1 kilog.
> Huile de lin bien cuite. . . . . 750 gram.
> Caoutchouc ci-dessus dissous dans l'essence. 750

on remue bien ce mélange qu'on pose sur un bain de sable et chauffe doucement jusqu'à ce que le tout soit bien incorporé en un vernis.

4. *Vernis au caoutchouc et à l'huile de goudron de houille.*

On prend :

> Caoutchouc coupé très-fin. . . . . . . 120 gram.

et on le fait dissoudre au bain de sable dans un pot bien clos et en agitant fréquemment, dans :

> Huile brune de goudron. . . . . 1 kilog.

Lorsque cette dissolution est opérée, on mélange à la dissolution :

> Vernis d'huile de lin. . . . . 2 kilog.
> Essence de térébenthine. . . . . 250 gram.

et on filtre. Ce vernis possède à un haut degré la propriété de sécher, et est, avec un peu de précaution, facile à préparer.

5. *Vernis élastique.*

On fait fondre :

> Colophane. . . . . 500 gram.

et on y ajoute peu à peu :

> Caoutchouc coupé très-fin.. . . . . . . 250 gram.

en agitant jusqu'à refroidissement. On élève alors de nouveau la température, et on ajoute encore :

> Vernis d'huile de lin chauffé. . . . . 500 gram.

et on filtre.

6. *Vernis élastique, autre formule.*

On fait fondre au moyen de la chaleur, et surtout au bain de sable :

> Résine dammar. . . . . 500 gram.
> Caoutchouc coupé très-fin. 250

dans :

> Essence de térébenthine blanche. . . 500

et dès q[ue la di]ssolution a eu lieu, on y ajoute :

    [Vous ?] huile de lin chaud. . . . . 500 gram.

puis on filtre.

7. *Vernis au caoutchouc, de* COLPIN.

On fait fondre sur un bain de sable dont on élève peu à peu la température dans l'espace de trois heures, du caoutchouc découpé, lavé et séché, de manière qu'il ne se dégage aucune des parties volatiles de la gomme. On ouvre le vaisseau qu'on a enlevé sur le bain de sable, on agite bien pendant dix minutes, on ferme de nouveau, on chauffe encore le lendemain de la même manière, jusqu'à ce qu'on ne remarque plus à la surface de la masse de petites bulles distinctes. Arrivé à ce point, on verse sur une toile métallique, et le vernis est prêt à être employé.

8. *Vernis au caoutchouc pour tissus imperméables, de* CHEVALIER.

On fait gonfler :

    Caoutchouc coupé fin. . . . . 125 gram.

dans :

    Essence de térébenthine. . . . . 250 gram.

on y ajoute :

    Huile de lin bien cuite. . . . . 1 kilog.

et on laisse bouillir le tout pendant deux heures sur un feu doux de charbon. Quand le caoutchouc est dissous, on y ajoute encore :

    Huile de lin cuite. . . . . 3 kilog.
    Litharge. . . . . 500 gram.

et on fait cuire jusqu'à ce que la masse forme un fluide homogène. Ce vernis est appliqué à chaud sur les tissus.

9. *Vernis au gutta-percha.*

On lave :

    Gutta-percha. . . . . 125 gram.

avec de l'eau tiède, on le débarrasse à la main des bois et des écorces qui peuvent y adhérer ; on le fait sécher de nouveau et on la dissout dans :

    Pinoline rectifiée (produit de la dis-
     tillation sèche de la résine d'Amé-
     rique). 500

et enfin on y ajoute :

Vernis d'huile de lin bouillant. . . . . . 1 kilog.

et on filtre. Ce vernis est excellent pour enduire les métaux et les préserver de l'oxydation.

10. *Vernis au caoutchouc pour peinture, de* LANGLOIS.

Ce vernis se compose :

Dissolution d'élémi.. . . . . 2 litres.
Dissolution de copal dur 1
Dissolution de caoutchouc.. 2
Vernis surfin à tableaux. 1

L'élémi est dissous dans l'essence de térébenthine; on
verse dans 2 litres d'essence 500 grammes d'élémi; on
filtre au linge.

Le caoutchouc et le copal fondent dans le même dissolvant. On choisit le caoutchouc en poires, on le taille et
on verse l'essence peu à peu. 500 grammes de caoutchouc
exigent 10 litres d'essence de térébenthine.

La toile étant sur le châssis, on passe successivement
trois couches de vernis, puis deux ou trois couches de
céruse légèrement colorée avec de l'ocre jaune; le mélange est broyé avec un peu d'huile, en ajoutant du vernis en quantité suffisante pour rendre la pâte maniable.

E. VERNIS GRAS AU BITUME, JAPON.

a. *Vernis au bitume de Judée.*

1. On prend :

Bitume de Judée pur. . . . . 250 gram.
Baume de copahu. 15
Essence de térébenthine.. 60
Vernis d'huile de lin.. 750

Pour préparer ce vernis, on fait fondre sur un feu doux
le bitume et le copahu, puis on y ajoute le vernis d'huile
de lin bien chaud, et on mélange avec soin le tout. Lorsque la masse qu'on a retirée du feu s'est un peu refroidie, on peut y mélanger l'essence de térébenthine qu'on
a fait préalablement chauffer, filtrer à travers le coton et
conserver dans des flacons en verre.

2. *Vernis gras et noir à l'asphalte, de* MILLER.

On fait fondre de l'asphalte auquel on mélange un peu

de terre d'ombre grossièrement broyée, ou un petit morceau de pierre ponce, et on laisse toutes les parties volatiles s'évaporer pendant la fusion. On prend alors dans cette masse :

Bitume fondu. . . . . 500 gram.

et on y ajoute :

Vernis d'huile de lin bouillant, de 60 à 120 gram.

et on étend avec :

Essence de térébenthine de France. . 500 gram.

Ce vernis à l'asphalte est surtout employé avec avantage dans le vernissage de la tôle et des cuirs.

3.　*Vernis noir au bitume pour objets en fer.*

On fait fondre dans un pot en terre :

Succin. . . . . 500 gram.

et dans un autre pot :

Bitume de Judée.. . . . .　1 kilog.
Colophane. . . . . 250 gram.

on ajoute au succin :

Vernis d'huile de lin. 90

et dès que le tout est fondu, on réunit le contenu des deux pots, et on étend le vernis avec :

Essence de térébenthine.. . . . .　2 kil.500

et enfin on filtre.

4.　*Vernis noir au bitume pour cuir.*

On fait fondre avec précaution dans un pot en terre :

Copal.. . . . . 500 gram.

et on y combine :

Vernis d'huile de lin bouillant. . . . 250

à cette combinaison on ajoute :

Caoutchouc.. 30

qu'on a dissous dans :

Naphte blanc.. 125

D'un autre côté, on fait fondre :

Bitume qui a déjà éprouvé une fusion　500

On réunit le tout ensemble, et on filtre à travers le coton.

5. *Vernis fin au bitume pour serrurerie, moulages en fonte, etc.*

On fait fondre ensemble :

Bitume de Judée.. . . . . 500 gram.
Colophane. 250
Vernis d'huile de lin. 500

et on étend avec :

Essence de térébenthine.. . . . . 2 kilog.

et on filtre. Ce vernis sèche vite et est noir brillant.

6. *Vernis gras noir, très-siccatif, de* FREUDENVOLL.

Ce vernis est composé de :

Bitume de Judée.. . . . . 250 gram.
Copal. 500
Vernis d'huile de lin.. 125
Sous-acétate de plomb.. 30
Essence de térébenthine, de. . 500 à 750

Le copal et l'asphalte sont fondus à part avec précaution, puis mélangés : on y ajoute alors le vernis d'huile de lin, puis le sous-acétate de plomb, et on laisse bouillir une demi-heure. Il faut, lorsqu'on ajoute ce sous-acétate de plomb, procéder avec prudence, parce que autrement le vernis monte et se déverse volontiers. On ajoute enfin l'essence de térébenthine et on filtre.

7. *Vernis noir au bitume, de* THON, *pour serrurerie et voitures.*

On fait fondre, avec les précautions connues :

Succin. . . . . 375 gram.
Colophane. 60
Bitume de Judée.. 60
Vernis d'huile de lin.. 180

on étend avec :

Essence de térébenthine.. 375

et on filtre. Ce vernis est assez siccatif et élastique.

8. *Autre vernis noir au bitume.*

On fait fondre dans un pot d'une grande capacité :

Colophane. . . . . 60 gram.
Bitume. 60
Encens. 60

D'un autre côté, on mélange :

Huile de lin vieille. . . . .   2 kilog.
Noir de lampe fin et calciné. . . . . .   60 gram.
Litharge.   60

On ajoute ce mélange aux précédentes substances en état de fusion, et on fait cuire jusqu'à ce que le vernis ait pris la consistance convenable. Ce vernis s'applique à chaud.

9.   *Japon noir anglais.*

Mettez dans un grand pot :

Bitume. . . . .   24 kilog.

faites fondre et ajoutez :

Huile de lin brute. . . . .   45 litres

puis placez sur un feu modéré, et dans un autre pot :

Résine animé brune. . . . .   4 kilog.

mélangez-y 9 litres d'huile bouillante et versez dans le grand pot ; faites fondre dans un pot en fer :

Succin brun. . . . .   5 kilog.

agitez pour opérer la fusion, mais sans porter la température au point où l'huile se déverserait, et quand, tout est en pleine fusion, mélangez à 9 litres d'huile bouillante, versez dans le grand pot, continuez à faire bouillir pendant 3 heures, et pendant cette ébullition, introduisez une certaine quantité de siccatifs (litharge, minium, terre d'ombre, etc.), retirez du feu, abandonnez jusqu'au lendemain, faites encore bouillir jusqu'à forte consistance, laissez refroidir, puis ajoutez la térébenthine.

10.   *Noir de Brunswick, qualité fine.*

Faites fondre dans un pot en fer, sur un feu doux, au moins pendant 6 heures :

Bitume. . . . .   22 kilog.

et en même temps, mais dans un autre pot :

Huile de lin bouillie.   27

Pendant que cette huile bout, ajoutez-y peu à peu :

Litharge. . . . .   3 kilog.

et continuez à faire bouillir jusqu'à ce que l'huile se tire en fil entre les doigts. Transportez avec une poche dans le pot qui contient le bitume, et faites bouillir jusqu'à ce

que la matière se laisse rouler en boulettes, refroidissez
et mélangez à :

    Essence de térébenthine. . . . . 100 kilog.

ou jusqu'à ce qu'on ait obtenu la consistance voulue.

11. *Noir de Brunswick économique.*

Introduisez dans un pot en fer :

    Poix noire ordinaire.. . . . . 14 kilog.
    Goudron de gaz. 14

faites bouillir pendant 8 à 10 heures, laissez reposer la
nuit, et le lendemain matin, aussitôt que le mélange bout
ajoutez-y :

    Huile de lin bouillie.. . . . . 36 kilog.

puis :

    Minium. 5
    Litharge. 5

faites bouillir 3 heures, ou jusqu'à pouvoir rouler en
boulettes, puis mélangez :

    Essence de térébenthine.. . . . . 90 kilog.

ou plus, suivant la consistance qu'on veut obtenir.

Ce vernis, qui sèche en moins d'une demi-heure, sert
pour les pièces en métal qui sortent des ateliers des con-
structeurs, fondeurs, mécaniciens, etc.

b. *Vernis au bitume ou asphalte artificiel.*

Sous le nom d'asphalte artificiel, on désigne le résidu
noir, brillant, plus ou moins cassant, qu'on obtient de
la distillation sèche du goudron de houille, ainsi que de
la résine d'Amérique, et auquel on donne aussi le nom
impropre de poix noire. On l'étend soit avec l'essence de
térébenthine, soit avec l'huile noire, ou avec celle légère
et purifiée de goudron de houille. Le mode de préparation de ces vernis est très-facile et se borne à un simple
mélange des ingrédients aussitôt que l'asphalte ou la
poix sont fondus. On emploie plus rarement le résidu de
la distillation sèche de la résine.

Voici diverses formules pour préparer ces vernis à l'asphalte artificiel :

1. On fait fondre dans une grande chaudière en fer ou
en cuivre qu'on met sur le feu :

    Asphalte artificiel. . . . . 50 kilog.

on ôte cette chaudière du feu, et on laisse cette masse fondue déposer un peu, puis on y ajoute :

    Vernis d'huile de lin bouillant. . . .   3 kilog.

en agitant constamment, et on étend avec :

    Naphte brun de goudron de houille
        de 24°. . . . .   30 kilog.

A quelques jours de là, on fait passer le vernis préparé à travers un tamis fin, et on le conserve dans des vases en fer bien bouchés.

2.   *Vernis élastique à l'asphalte.*

On prépare d'abord une solution de

    Caoutchouc coupé fin. . . . .   500 gram.

dans

    Huile lourde de goudron de houille
        rectifiée.. . . . .   7 kil.500

et on filtre. D'un autre côté, on fait fondre dans une chaudière :

    Asphalte artificiel. . . . .   50 kilog.

on retire du feu et on mélange en agitant continuellement, et après que la masse fondue s'est un peu refroidie, à la

    Solution de caoutchouc ci-dessus. . .   5 kilog.

et

    Naphte de houille brun à 24°.   30

et on passe le lendemain par un tamis fin.

3.   *Autre formule.*

Ce vernis se compose avec :
    Asphalte artificiel. . . . .   50 kilog.
    Naphte de houille de 20° à 24°. . . .   25
    Solution de caoutchouc. 2 kil.500

4.   *Vernis d'asphalte à l'essence de térébenthine.*

On combine avec les précautions indiquées précédemment :
    Asphalte artificiel. . . . .   40 kilog.
    Vernis d'huile de lin. 2 kil.500
    Essence de térébenthine. . . . .   20 kilog.

On passe également à travers un tamis fin.

5. *Autre formule.*

On fait fondre :

     Asphalte artificiel. . . . .   50 kilog.

et après avoir retiré du feu la masse fondue, on y ajoute :

     Vernis d'huile de lin bouillant. . . .   4 kilog.

on étend avec

     Essence de térébenthine.   25

et on filtre.

Ce vernis sèche très-promptement, mais il est nécessaire d'en appliquer au moins trois couches.

6. *Vernis asphaltique noir-fin.*

On fait fondre :

     Asphalte artificiel. . . . .   50 kilog.

ainsi qu'on l'a indiqué, et on y mélange d'abord :

     Vernis d'huile de lin chaud. . . . . . .   3 kilog.

toujours en remuant ces ingrédients.

D'un autre côté, on démêle :

     Noir de lampe fin calciné.   5

dans

     Naphte de houille de 24°.   30

au moyen de l'agitation, on mélange à la masse d'asphalte fondu, et on passe à froid à travers un tamis fin.

7. *Vernis asphaltique peu siccatif.*

On fait fondre :

     Asphalte artificiel. . . . .   50 kilog.

et on le mélange par les procédés déjà indiqués, avec :

     Vernis d'huile de lin.. . . . .   3 kilog.

     Naphte de goudron de houille de 24°.   25

     Huile lourde de   id.   25°.   5

et on filtre.

8. *Vernis asphaltique brun.*

On fait fondre avec précaution dans une grande chaudière en fer :

     Résidu de la distillation sèche de la

         résine d'Amérique.. . . . .   25 kilog.

et on y ajoute :

> Pinoline ou huile légère et rectifiée,
>   provenant de la distillation de la
>   résine. . . . .   20 kilog.
> Vernis d'huile de lin.   3

ce dernier à l'état bouillant, et on filtre après refroidissement.

9. *Autre formule.*

Ce vernis se prépare avec :

> Résidu de résine d'Amérique. . . . .   20 kilog.
> Colophane.   5
> Pinoline.   30
> Vernis d'huile de lin. 2.500

F. VERNIS AU GOUDRON.

Depuis longtemps, on se sert de diverses espèces de
goudrons, par exemple, goudron de houille, goudron des
arbres résineux, goudron de bois, etc., comme d'un vernis économique pour les objets en bois qu'on veut garantir de la pourriture ou de l'humidité, ou pour les métaux qu'on veut garantir de l'oxydation.

Les goudrons, indépendamment des huiles essentielles,
renferment aussi diverses matières corrosives qui exercent en particulier une action délétère sur l'organisme végétal. On ne remarque pas, en effet, sur les bois goudron-
nés, qu'il se développe des mousses ou des lichens. Ils
possèdent en outre la propriété de garantir contre l'action
de l'eau, les substances qui peuvent s'y ramollir ou s'y
dissoudre, après qu'elles en ont été enduites.

On a déjà dit que dans la distillation sèche du goudron
de houille, on obtenait, dans certaines circonstances, une
matière à laquelle on a donné d'abord le nom de vernis
élastique de goudron, et qu'aujourd'hui on appelle improprement, en Allemagne, poix noire (résidu goudronneux). Ce produit, on peut l'obtenir partout où on soumet
du goudron de houille à la distillation.

Ce résidu goudronneux constitue déjà à lui seul un vernis quand il est appliqué chaud sur les objets, mais il
reste poisseux pendant longtemps, et, en conséquence,
on a cherché des mélanges qui remplissent mieux le but
de ces applications. Voici quelques formules pour cet
objet.

1. *Première formule.*

On prend :

    Résidu de la distillation du goudron
       (poix noire). . . . . 50 kilog.

qu'on fait fondre à un feu doux dans une grande chaudière en fonte. On enlève du feu et on ajoute :

    Goudron de houille débarrassé de son
       eau.. . . . . 20 kilog.

Ce vernis est employé principalement au calfatage des vaisseaux et fait un excellent service.

2. *Deuxième formule.*

Ce vernis se fabrique avec :

    Résidu goudronneux. . . . . 50 kilog.
    Goudron de houille. 30

et on traite le mélange comme le précédent.

3. *Vernis pour enduit imperméable.*

On mélange ensemble :

    Goudron de houille dépouillé d'humi-
       dité. . . . . 35 kilog.
    Huile lourde brute de goudron de
       houille.. . . . . ,. . 15

et on filtre à travers une grosse toile.

Ce vernis est employé principalement sur les murs en maçonnerie.

4. *Vernis pour les murs humides.*

On fait fondre :

    Résidu goudronneux. . . . . 50 kilog,

et on y ajoute

    Goudron de houille dépouillé d'humi-
       dité. . . . . 10 kilog.

Le vernis qu'on obtient de cette manière est appliqué sur les murs humides. Il faut avoir soin d'enlever tout le salpêtre sur ces murs, puis appliquer plusieurs couches de ce vernis.

5. *Vernis économique pour le fer.*

On fait cuire dans une grande chaudière en fonte, ouverte :

Goudron de houille............... 50 kilog.
Craie lavée 10

pendant deux heures, en agitant toujours ; on laisse déposer ; on puise la solution claire, avec laquelle on enduit à chaud le fer à plusieurs reprises.

Ce vernis noir est très-économique et très-durable lorsqu'on l'applique sur les pièces en fer.

On sait que dans la distillation du goudron de bois on obtient comme produits une huile essentielle et un acide, et dans celle du goudron de houille, une huile essentielle et de l'ammoniaque. On voit donc que le goudron de bois est acide, et que celui de houille est basique ou alcalin. Si on mélange ces deux goudrons, ces deux propriétés se neutralisent entre elles, et on peut pour cela opérer comme il suit :

6. On mélange ensemble :
Goudron de bois............... 10 kilog.
Goudron de houille............. 5

Ce vernis est excellent pour imprégner la surface des murs en maçonnerie ou en terre.

7. *Vernis au goudron épais.*

On obtient ce vernis en faisant fondre dans une grande chaudière en fonte ouverte, sur un feu doux :
Résidu goudronneux............. 10 kilog.
retirant du feu et ajoutant aussitôt :
Goudron de houille............. 25 kilog.
Goudron de bois............... 25
et agitant pour opérer un mélange parfait.

8. *Vernis à l'huile de goudron pour toile à voile.*

On le prépare en mélangeant :
Huile lourde de goudron de houille . 40 kilog.
Goudron de houille dépouillé d'humidité. 40
et ajoutant à ce mélange :
Rouge anglais................. 5

Il faut avoir soin de remuer pendant qu'on fait une application. Ce qu'il y a de mieux est d'appliquer ce vernis à plusieurs reprises avec un gros pinceau, sur la toile bien tendue.

SECTION III.

VERNIS A L'ESSENCE DE TÉRÉBENTHINE.

Sous le nom de vernis à l'essence de térébenthine, on entend les solutions de certaines résines dans cette essence elle-même ou dans certaines essences ou huiles volatiles qui en sont voisines. Il arrive souvent que ces résines sont soumises à la fusion avant d'être mises en dissolution.

Ces vernis sont inférieurs à ceux à l'huile de lin, mais, à raison de leur souplesse, de leur brillant éclat et de leur dessiccation rapide, on les applique très-fréquemment sur beaucoup d'articles.

Afin de leur donner plus de solidité et de durée, on y ajoute de l'huile de lin rendue siccative ou des vernis de cette huile bien cuits. On distingue, en conséquence, deux espèces principales de vernis à l'essence de térébenthine :

1° Les vernis à l'essence pure ;

2° Les vernis mixtes à l'essence.

On peut remplacer l'essence de térébenthine par l'huile de lavande ou l'huile d'aspic.

Les vernis à l'essence pure sont étendus seulement avec l'essence de térébenthine ; ils tiennent le milieu entre les vernis gras à l'huile et les vernis à l'esprit-de-vin.

Les vernis mixtes à l'essence renferment une petite addition d'huile ou de vernis d'huile de lin.

La première espèce de vernis s'emploie principalement pour les objets qui décorent les appartements, tels que carton, papier mâché, bois, tôles, fers-blancs, etc., tandis que la seconde espèce s'applique surtout sur les métaux, les meubles, et, la plupart du temps, sur des objets qui sont soumis à une température variable, et qui exigent une grande durée et beaucoup de solidité.

I.   VERNIS A L'ESSENCE DE TÉRÉBENTHINE PURE.

1.   *Vernis pur à l'essence.*

Prenez :

Térébenthine de Venise. . . . . 180 gram.

ou bien

Colophane. 120

Faites dissoudre l'une ou l'autre de ces matières dans :

Essence de térébenthine. . . . . . 500 gram.

et filtrez. Le vernis ordinaire à l'essence obtenu de cette manière est destiné principalement à enduire les objets à la colle; son application est facile quand on le chauffe, ce qui lui donne, d'ailleurs, un grand éclat. Il est également convenable de chauffer préalablement un peu les objets qu'on veut enduire. Si on veut le mélanger à des couleurs pour peinture, il faut d'abord broyer celle-ci avec un bon vernis siccatif à l'huile.

2. *Autre formule.*

Faites fondre ensemble, dans une grande chaudière en terre, en fer ou en cuivre :

Colophane blanche.. . . . . 1kil.500
Térébenthine de Venise. . . . . 500 gram.

et ajoutez-y, toujours en remuant :

Essence de térébenthine française. .   6 kilog.

et filtrez après refroidissement.

3. *Vernis à broyer les couleurs.*

Ce vernis se compose des substances suivantes :

Térébenthine purifiée. . . . . 375 gram.
Mastic en grains. 250
Animé.. 250
Succin jaune. 125
Sandaraque pure en grains.. 250
(Verre pilé).. 500
Essence de térébenthine rectifiée. . .   3 kilog.

Les substances solides, telles que le mastic, l'animé, la sandaraque et le succin, sont réduites en poudre fine et introduites dans un matras ou une fiole à digestion, mélangées à la poudre de verre, et on verse dessus l'essence. On ferme le matras ou la fiole avec une vessie dans laquelle on a percé un trou avec une aiguille; on introduit ce vase dans un bain de sable, où on le laisse jusqu'à ce que le tout soit dissous; alors on ajoute la térébenthine, qu'on a fait chauffer, et on filtre pour débarrasser du verre pilé.

4. *Vernis anglais à l'essence.*

On prépare ce vernis en pulvérisant finement :

Mastic en grains. . . . .   375 gram.
Colophane blanche. . . . .   3 kilog.

et introduisant dans un matras qu'on place sur un bain de sable avec :

Essence de térébenthine. . . . .   10 kilog.

Lorsque le tout a bien digéré et que les deux ingrédients solides sont complètement dissous, on ajoute :

Térébenthine de Venise chaude. . . .   500 gram.

on agite et mélange avec soin, on filtre et on reçoit dans des flacons.

5. *Vernis incolore à l'essence et au mastic.*

Ce vernis se prépare ainsi qu'il suit. On réduit en poudre fine :

Mastic en grains. . . . .   375 gram.

et à cette poudre, on mélange :

Verre pilé.   125
Camphre broyé avec alcool concentré.   15

on fait digérer ces matières dans un vase convenable en verre, sur le bain de sable, avec :

Essence de térébenthine. 1kil.250

on y ajoute

Térébenthine de Venise chaude. . . .   500 gram.

on mélange intimement, on filtre et on conserve dans des flacons.

6. *Vernis anglais incolore au mastic.*

Ce vernis consiste en une dissolution de :

Mastic en grains. 1kil.500

dans :

Essence de térébenthine rectifiée. . . .   6

On manipule exactement comme on a dit au n° 5.

7. *Vernis au galipot et à l'essence.*

On fait une dissolution de :

Galipot. . . . .   5 kilog.

dans

> Essence de térébenthine . . . . 8 kilog.

en manipulant comme il suit. On fait fondre le galipot dans une chaudière en cuivre sur un feu très-doux de charbon ; on retire la chaudière du feu, on laisse un peu refroidir, on ajoute par petites parties à la fois et toujours en remuant l'essence de térébenthine, et on filtre :

VERNIS AU COPAL.

8. *Vernis à l'essence au copal.*

On fait fondre :

> Copal . . . . 375 gram.

on verse sur un marbre, on pulvérise et on procède comme il suit. On chauffe dans un matras avec précaution et au bain-marie :

> Essence de térébenthine rectifiée . . . 2 kilog.

et on introduit, par petites portions à la fois (avec une cuillère à café), le copal pulvérisé et fondu dans cette essence chaude qu'on tourne constamment. L'essence finit par se troubler et former un dépôt ; c'est le moment auquel elle ne peut plus dissoudre de copal. On enlève le matras du bain-marie, on le laisse refroidir et on filtre à travers le coton.

Le vernis ainsi préparé est très-peu coloré. En été, il sèche en deux fois vingt-quatre heures et donne un enduit durable sur le bois.

9. *Vernis au copal des Indes occidentales,*
de FREUDENVOLL.

On fait fondre, dans un pot en terre :

> Copal des Indes occidentales de bonne
> qualité. . . . . 250 gram.

on verse sur un marbre, on laisse refroidir, on fait choix des parties les plus translucides qu'on réduit en poudre fine et introduit dans une fiole ; on verse dessus :

> Essence de térébenthine de France
> rectifiée. . . . . 375 gram.

on agite bien le tout à plusieurs reprises jusqu'à ce que le copal soit complètement dissous. Enfin, on abandonne la dissolution au repos jusqu'à ce que le vernis se soit parfaitement éclairci, ou on filtre.

Si on veut que ce vernis sèche comme il faut, on doit l'appliquer en plusieurs couches très-minces et n'en donner une nouvelle que lorsque la précédente est bien sèche. On peut aussi ajouter préalablement à l'essence :

Alcool absolu. . . . . 60 gram.

afin de le rendre plus siccatif.

10. *Vernis au copal pour les relieurs, de* FREUDENVOLL.

On compose ce vernis avec :

Copal des Indes occidentales de bonne
qualité. . . . . 500 gram.
Essence de térébenthine rectifiée. . . 300
Alcool absolu 60
Essence de lavande. 60

on manipule comme on a dit au n° 9. Ces deux vernis sont employés surtout pour décorer les meubles, retoucher et vernir les peintures, les cartes géographiques, ainsi que pour le dos des livres reliés et les objets en cuir.

11. *Vernis au copal d'Afrique.*

On coupe avec une pince, en morceaux de la grosseur d'un pois environ :

Copal d'Afrique. . . . . 500 gram.

et on fait fondre dans un pot neuf en terre bien cuit. Aussitôt que le copal est en pleine fusion, on y ajoute, suivant le degré de consistance qu'on désire donner au vernis, peu à peu, et toujours en agitant :

Essence de térébenthine rectifiée
et chaude, de. . . . . 500 gram. à 2 kilog.

on filtre après refroidissement et on conserve dans des flacons en verre.

12. *Vernis au copal couleur d'or, de* THOMSON.

On réduit en poudre :

Copal translucide de la plus belle
qualité. 125 gram.

D'un autre côté, on fait chauffer dans un matras en verre, dans un bain de sable placé sur un feu de charbon :

Essence de lavande. . . . . 250 gram.

On y projette, par petites portions à la fois, le copal pulvérisé, toujours en agitant jusqu'à ce que celui-ci soit complètement dissous, puis on mélange, avec les précautions convenables :

> Essence de térébenthine rectifiée. . . 750 gram.

On laisse refroidir et on filtre dans des flacons.

Ce vernis sèche lentement, mais après qu'il est sec, il possède un bel éclat. On l'applique principalement sur les instruments de physique et autres objets en métal.

13. *Vernis à l'essence et au copal, de* MILLER.

Prenez :

> Copal de bonne qualité pulvérisé fin, 160 gram.

et dissolvez, dans un matras au bain de sable, dans :

> Essence de térébenthine chauffée préalablement . . . . 1 kilog.

Laissez refroidir et éclaircir, puis enfin filtrez à travers une toile.

14. *Autre formule.*

Prenez :

> Copal de bonne qualité cassé en morceaux. . . . . 125 gram.
> Térébenthine de Venise 30

Faites fondre ces deux substances dans un pot en terre neuf et bien vernissé, et en agitant constamment sur un feu doux de charbon. Lorsque le tout est en fusion, on verse la masse sur une dalle en pierre. Après le refroidissement, on réduit en poudre et on dissout celle-ci dans :

> Essence de térébenthine. . . . . 250 gram.

qu'on a chauffée au bain de sable. On laisse refroidir et éclaircir, puis on filtre.

15. *Vernis excellent au copal, de* VARRENTRAPP.

Dans un vase en porcelaine, on fait fondre avec précaution :

> Copal blanc . . . . 125 gram.

et aussitôt qu'il est en fusion complète, on y ajoute :

> Baume de copahu chauffé préalablement . . . . 30 gram.

et en étend enfin avec :

> Essence de térébenthine rectifiée et
> blanche. . . . . 90 gram.

16.   *Vernis pour fil-de-fer et ferrures.*

On fait dissoudre :

> Camphre . . . . 940 gram.

dans :

> Essence de lavande 1kil.390

puis on ajoute :

> Essence de térébenthine 3.875

et on filtre.

Ce qu'il y a de mieux à faire pour préparer un beau vernis limpide au copal, lorsqu'on ne fait pas fondre, est de pulvériser cette résine, de la faire sécher et de la renfermer dans un sachet ou un linge. On chauffe alors, dans un matras au bain de sable, trois à quatre fois le poids du copal pulvérisé d'essence de térébenthine ; on y suspend le sachet et on chauffe jusqu'à ce que les vapeurs d'essence seules aient dissous ce copal.

17.   *Vernis à l'essence pour la conservation des collections entomologiques.*

On mélange :

> Essence de térébenthine. . . . .   45 gram.
> Térébenthine de Venise   15
> Essence de girofle   4
> Camphre   5
> Pétrole. 125

et lorsque le tout est dissous, on filtre. Le vernis est prêt à l'usage.

18.   *Nouveau vernis à la térébenthine et à la résine.*

On fait dissoudre :

> Colophane . . . .   3 kilog.
> Térébenthine de Venise . . . . 125 gram.
> Camphre 125
> Essence de térébenthine. . . . .   9 kilog.

et on filtre.

19. *Autre formule, qualité supérieure.*

On met en dissolution :

    Mastic de bonne qualité. 3kil.100
    Térébenthine de Venise. . . . . 125 gram.
    Camphre 125
    Essence de térébenthine rectifiée . . . 9 kilog.

On peut, dans la fabrication de ce vernis, prendre parties égales de mastic et de sandaraque.

20. *Vernis ordinaire à l'essence, de* THOMSON.

Ce vernis se prépare avec :

    Résine de pin . . . . 500 gram.
    Essence de térébenthine. . . . . 2 kilog.

On fait dissoudre à froid et on filtre.

21. *Vernis à l'essence anglais.*

Pour préparer ce vernis, on prend :

    Résine . . . . 2 kilog.
    Mastic 1
    Térébenthine de Venise. 3
    Verre pulvérisé 2
    Essence de térébenthine rectifiée. . . . 16

La résine, le mastic et la térébenthine sont fondus dans un pot, sur un feu doux, puis on ajoute peu à peu l'essence, et on filtre. Pour rendre le vernis plus siccatif, on peut y ajouter encore :

    Huile de lin siccative bien cuite. . . . 2 kilog.

22. *Vernis à la résine, de* FREUDENVOLL.

Ce vernis se prépare avec :

    Colophane blanche . . . . 500 gram.
    Térébenthine de Venise. 250

qu'on fait dissoudre à froid dans :

    Essence de térébenthine rectifiée. . . 2 kilog.

puis on filtre.

23. *Vernis dur peu siccatif à la résine,*
       de FREUDENVOLL.

Pour préparer ce vernis, on fait fondre ensemble :

    Colophane. . . . . 2 kilog.

Sandaraque.. . . . . 125 gram.
Térébenthine de Venise. 166

qu'on mélange en agitant, avec :

Essence de térébenthine chaude . . . 2 kilog.

et qu'on filtre après le refroidissement. Ce vernis de résine ne sèche qué très-lentement, mais il donne un enduit solide qui résiste même à l'eau bouillante.

24. *Vernis à cercueils.*

On fait fondre dans un pot en terre et sur un feu modéré :

Sandaraque.. . . . . 500 gram.
Colophane. 500

et lorsque le tout est fondu, on y mélange :

Essence de térébenthine chaude.. . . 2 kilog.

et on filtre à travers un linge.

Le vernis de résine qu'on obtient ainsi, s'applique à chaud, et il ne faut en faire d'application que dans les lieux chauffés. On s'en sert en Allemagne pour enduire les cercueils, etc.

25. *Vernis de résine flexible.*

On fait fondre sur un feu doux :

Sandaraque.. . . . . 500 gram.
Colophane. 250

et lorsque la fusion est complète, on mélange à ces deux résines :

Essence de térébenthine rectifiée. . . 1 kil.750

et aussi

Dissolution de caoutchouc (1). . . . . 125 gram.

enfin, on filtre à travers une toile.

Ce vernis sèche plus promptement que les précédents et s'applique à froid.

26. *Vernis incolore au copal fait à froid,*

de A. DEMOUSSY.

Le copal, dans la fabrication ordinaire, est exposé à

---

(1) On prépare cette dissolution de caoutchouc en faisant fondre avec précaution au bain-marie 250 grammes de caoutchouc, coupé très-fin, dans 1 kil.250 de benzine et filtrant. C'est cette dissolution qu'on ajoute au vernis dans la proportion de 125 grammes.

l'action de la chaleur pour le fondre, et traité ensuite par une huile grasse ou par l'essence de térébenthine.

Dans cette opération, dit M. Demoussy, la température élevée à laquelle le copal se trouve exposé le colore, en même temps qu'il se répand une odeur extrêmement désagréable, qui rend très-nuisibles pour le voisinage les établissements où l'on fabrique cette espèce de vernis, et que des dangers flagrants d'incendie forcent à ne pratiquer cette opération que dans des lieux isolés.

Les vernis obtenus sont toujours colorés, et par là même, plus ou moins impropres à servir à divers usages qui exigeraient qu'ils n'eussent pas une teinte plus sensible que celle du copal ou de ses dissolvants. Mon procédé fait disparaître tous ces inconvénients et fournit un vernis qui n'a d'autre teinte que celle des matières employées.

On réduit le copal en poudre par un broyage convenable, et on y mêle successivement de l'huile d'aspic ou de l'un des mélanges qui seront postérieurement indiqués, en broyant aussi intimement que possible, par le moyen de la molette, de rouleaux, de meules, ou de toute autre disposition mécanique analogue; après un certain temps, le copal disparaît et fournit un vernis qu'on laisse éclaircir ou qu'on filtre pour l'obtenir, s'il est nécessaire, d'une complète diaphanéité.

Si à la dissolution opérée au moyen de l'essence d'aspic on ajoute de l'essence de térébenthine, la résine copal se sépare, ce qui n'aurait pas lieu si elle avait été dissoute à chaud. L'huile d'aspic peut se mêler en toute proportion avec le vernis préparé à froid. Un mélange de 1 partie d'aspic et 9 parties d'essence de térébenthine peut être ajouté au vernis fait à froid, dans des proportions très-variées, en fournissant toujours un vernis offrant les caractères désirables. L'huile de lin opère aussi la séparation du copal dissous à froid dans l'huile d'aspic.

On peut cependant fabriquer du vernis gras au moyen de cette huile, en broyant d'abord le copal en poudre avec l'huile d'aspic ou les autres substances indiquées ci-dessous, en ajoutant ensuite l'huile de lin successivement au moyen du broyage. On peut également se servir des différentes huiles grasses ou siccatives employées pour la fabrication des vernis.

Le vernis obtenu par ce procédé offre toutes les qualités désirables; il est aussi peu teinté que les substances qui entrent dans sa composition; s'applique avec facilité, offre un degré de dessiccation proportionné à la nature des applications auxquelles on le destine, et peut être employé pour toutes sortes d'objets.

Au moyen des proportions suivantes, on prépare d'excellents vernis, mais on peut les varier pour obtenir des compositions susceptibles de s'appliquer aux différents usages. Après avoir opéré la dissolution du copal au moyen de l'huile d'aspic, on peut encore fabriquer ce vernis en se servant d'alcool, qui fournit un produit susceptible d'application particulière.

Proportions.

1 partie de copal pur.

Au choix, 1 partie d'essence d'aspic ou $^2/_7$ de térébenthine.

9 parties, au choix, d'essence d'aspic, de térébenthine ou d'alcool.

Vernis gras.

Aux proportions ci-dessus on ajoute, suivant l'usage auquel on le destine, une quantité convenable d'huile fixe.

On peut faire indistinctement usage, selon l'occasion, de la molette, du rouleau, des meules verticales ou horizontales, ou autres moyens analogues. On fait une dissolution à froid du copal dur réduit en poudre au moyen d'huile d'aspic, à laquelle on peut substituer de l'essence de térébenthine mêlée à l'huile d'aspic ou renfermant une plus ou moins grande proportion de résine ou de la térébenthine mêlée à l'essence, ou de l'alcool ajouté à la dissolution du copal dans l'huile d'aspic. Les proportions varient suivant les usages auxquels les vernis sont destinés.

Les vernis à l'essence de térébenthine où l'on fait entrer le succin se préparent exactement de la même manière que ceux à l'essence au copal. Pages 225 et suivantes, nos 8 à 15.

VERNIS AU MASTIC.

1. *Vernis anglais au mastic.*

On fait fondre dans un matras sur un feu doux :

Mastic fin en larmes. . . . . 240 gram.
Térébenthine de Venise. 60
Camphre. 8

en ajoutant à ces ingrédients :

    Verre pilé. . . . . 60 gram.

et on mouille avec :

    Essence de térébenthine rectifiée. . . 500 gram.

La dissolution se fait au bain-marie, et quand elle est opérée, on filtre le vernis qui est incolore.

2. *Vernis hollandais au mastic pour peinture à l'huile.*

On prépare ce vernis en faisant fondre au bain-marie :

    Mastic blanc en larmes. . . . . 250 gram.
    Térébenthine de Venise cuite et con-
      crète. 60
    Elémi des plus fins. 30

dans :

    Essence de térébenthine rectifiée. . . 1 kilog.

et on filtre.

3. *Vernis au mastic pour tableaux, de* HELD.

On pulvérise :

    Mastic fin. . . . . 180 gram.

et on y mélange :

    Verre en poudre. . . . . 90 gram.

On introduit ces substances dans une fiole en verre dans laquelle on verse :

    Essence de térébenthine. . . . . 420 gram.

on expose le tout au soleil ou dans une étuve en agitant de temps à autre. Dès que la dissolution est opérée, on verse dans une petite bassine :

    Térébenthine de Venise. . . . . 90 gram.

on y mélange la dissolution, on chauffe encore quelque temps et on filtre à travers le coton.

Lorsqu'on abandonne un peu de temps ce vernis au repos, on peut s'épargner la filtration, attendu qu'il s'é-claircit complètement de lui-même.

4. *Autre formule.*

On mélange, comme il a été dit ci-dessus, les substances suivantes :

    Mastic. . . . . 750 gram.

      Térébenthine de Venise. . . . .   3 kilog.
      Verre pilé. 375 gram.
      Essence de térébenthine rectifiée. . . .   1 kil.875
en opérant du reste comme ci-dessus.

5. *Vernis au mastic limpide comme l'eau, de* HELD.

On réunit sur un feu doux :

      Mastic de première qualité. . . . . . 180 gram.
      Térébenthine de Venise. 30
      Verre pilé. 60
      Camphre.   8
      Essence de térébenthine. 375

Le vernis au mastic peut s'appliquer sur les objets aux
couleurs les plus claires.

6. *Vernis au mastic dit isochrome.*

Le vernis dit isochrome, qu'on applique sur les gravures
et les lithographies pour leur donner l'aspect des peintures à l'huile, se prépare en pulvérisant :

      Mastic. . . . . 250 gram.

auquel on mélange :

      Verre pilé. . . . . 150 gram.

on introduit ces substances dans un flacon en verre avec :

      Essence de térébenthine rectifiée. . . . 750 gram.

on expose au soleil pendant 25 jours en agitant fréquemment, et lorsque la dissolution est opérée, on combine encore avec :

      Térébenthine de Venise. . . . . 500 gram.

on laisse encore quelque temps exposé au soleil et on
filtre.

7. *Vernis au mastic à la pinoline.*

On fait dissoudre :

      Mastic pulvérisé fin. . . . . 500 gram.

dans

      Pinoline. . . . .   2 kilog.

essence qu'on obtient aisément à l'état léger par la distillation de la résine d'Amérique et une nouvelle rectification. Cette dissolution s'opère au bain-marie et on
filtre. Le vernis ainsi obtenu est presque complètement
incolore.

VERNIS A LA SANDARAQUE.

1.   *Vernis anglais à la sandaraque.*

On prépare ce vernis en mélangeant :

    Sandaraque. . . . . 125 gram.
    Mastic en poudre fine. 125

auxquels on ajoute :

    Verre pilé. . . . . 125 gram.

sur ce mélange, on verse :

    Essence de térébenthine. . . . . 500 gram.

et on fait dissoudre au bain de sable ou dans une étuve en agitant fréquemment. Lorsque la dissolution est opérée, on ajoute encore :

    Térébenthine de Venise liquéfiée préa-
        lablement. . . . . 250 gram.

on mélange comme il convient et on filtre sur coton.

2.   *Vernis à la sandaraque, de* THON.

Ce vernis consiste en :

    Sandaraque. . . . . 125 gram.
    Mastic. 125
    Animé. 125
    Succin. 60
    Térébenthine de Venise. 375
    Essence de térébenthine. 1 kil.500

Les ingrédients solides sont concassés et mélangés à :

    Verre pilé. . . . . 250 gram.

déposés dans un flacon dans lequel on verse l'essence, et introduits dans un lieu chauffé ou posé sur un bain de sable où la dissolution s'opère, et lorsque celle-ci est complète, on ajoute la térébenthine liquéfiée et on filtre.

3.   *Autre formule.*

On combine d'après les mêmes principes :

    Mastic. . . . . 250 gram.
    Sandaraque. 375
    Térébenthine. 500
    Verre pilé. 250
    Essence de térébenthine. . . . .   2 kilog.

on mélange, on dissout et on filtre.

Quand on expose pendant longtemps ce vernis au soleil dans des flacons, il devient presque complètement blan et peut, en conséquence, servir principalement sur cou leurs claires.

4. *Vernis translucide à la sandaraque.*

On combine au bain-marie ou au bain de sable :

Térébenthine de Venise. . . . . 180 gram.
Sandaraque en poudre fine. 125
Essence de térébenthine purifiée et rec-
tifiée. 750

Lorsque les matières solides sont dissoutes et que la solution est refroidie, on filtre et on reçoit dans des flacons qu'on expose encore quelque temps au soleil.

5. *Vernis ordinaire à la sandaraque.*

On pulvérise :

Sandaraque de choix très-fine. . . . . . 125 gram.

qu'on fait dissoudre au bain-marie dans un matras avec :

Essence de térébenthine. . . . . 1 kilog.

d'un autre côté, on fait fondre dans un pot de terre et sur un feu doux :

Colophane claire. . . . . 125 gram.
Térébenthine de Venise. 765

et après que la masse fondue a un peu reposé, on y ajoute :

Essence de térébenthine. . . . . 1 kilog.

Si on mélange les deux dissolutions l'une avec l'autre, on obtient le vernis ordinaire à la sandaraque qui n'a plus besoin que d'être filtré.

6. *Vernis ordinaire à la sandaraque, de* MILLER.

On pulvérise :

Sandaraque pure. . . . . 1 kilog.

et on la démêle dans un pot en terre bien vernissé dans :

Essence de térébenthine. . . . . 250 gram.

pour en faire une bouillie sirupeuse qu'on rend fluide par l'application d'une très-douce chaleur, et quand la sandaraque est entièrement dissoute, on y ajoute encore :

Essence de térébenthine chaude. . . . 1 kil.750

et on filtre enfin, après refroidissement, à travers une toile.

7. *Autre formule.*

On dissout, dans un matras, au bain-marie :

    Sandaraque pulvérisée finement. . . . 375 gram.

dans :

    Essence de térébenthine. . . . . 750 gram.

et d'un autre côté, on fait fondre :

    Colophane blanche. . . . . 375 gram.

à laquelle on ajoute peu à peu :

    Essence de térébenthine. . . . . 750 gram.

qu'on a fait d'abord chauffer, on mélange les deux solutions et on filtre.

8. *Troisième formule.*

On pulvérise :

    Sandaraque fine. . . . . 180 gram.
    Mastic, qualité fine. 180
    Colophane blanche. 375

on dissout au bain-marie dans un flacon en verre avec :

    Essence de térébenthine rectifiée. . .   1 kil.250

et on filtre.

9. *Vernis à la sandaraque très-fin.*

Ce vernis consiste en :

    Sandaraque première qualité. . . . .   180 gram.
    Mastic première qualité.   180
    Elémi.   125
    Copal fondu.   900
    Essence de térébenthine française. .   1 kilog.

On prépare ce vernis dans un matras au bain-marie, et on mélange les substances solides pulvérisées avec :

    Verre pilé. . . . . 180 gram.

on mouille avec l'essence, on fait dissoudre au bain-marie et on filtre.

10. *Vernis hollandais à la sandaraque, pour tableaux.*

On pulvérise :

    Mastic, qualité la plus fine. . . . . .   125 gram.
    Sandaraque,   id.   125

et on y ajoute

    Térébenthine de Venise. . . . .   60 gram.
    Huile d'aspic.   250

On introduit le tout dans un matras en verre qu'on place dans un bain-marie, en ajoutant :

    Verre pilé. . . . .   60 gram.

et lorsque la dissolution est complète, on laisse refroidir et on filtre à travers une toile. Ces substances forment, avec :

    Vernis d'huile de lin bien cuit. . . .   2 kilog.

une excellente huile siccative pour les peintres.

11. *Vernis à la sandaraque, de* HELD.

On prend :

    Mastic. . . . .   250 gram.
    Sandaraque   250
    Térébenthine ordinaire.   125
    Essence de térébenthine.. . . . . . .   1 kilog.

On pulvérise le mastic et la sandaraque, et on fait fondre au bain-marie avec addition de

    Verre pilé. . . . .   250 gram.

puis on met la térébenthine en fusion, qu'on mélange avec la dissolution, et on filtre.

12. *Vernis pour impressions sur verre et sur bois,*
de CHEVALIER.

Ce vernis forme une masse qui se compose de :

    Sandaraque fine. . . . .   250 gram.
    Mastic fin..   60
    Galipot.   125
    Térébenthine de Venise.   250

On dépose toutes ces substances dans un flacon qu'on introduit dans un bain-marie, et qu'on fait fondre en agitant toujours.

Le vernis qu'on obtient de cette manière ne sèche qu'avec beaucoup de lenteur ; il faut le préparer avec beaucoup de soin et le filtrer, afin de ne pas rendre troubles les lithographies sur lesquelles on l'applique.

VERNIS A LA RÉSINE DAMMAR.

1.   *Vernis limpide à la dammar, de* MILLER.

On pulvérise :

  Dammar pur et de choix. . . . . . . 250 gram.

on introduit dans un pot en terre bien vernissé et on verse dessus :

  Essence de térébenthine rectifiée,
   de. . . . . : . . . . . 125 à 250 gram.

et on agite pour faire une bouillie épaisse, et on place le pot sur un feu extrêmement doux. La masse se résout, et dès qu'elle commence à entrer en ébullition, on retire le pot du feu, et ajoute, en remuant toujours :

  Essence de térébenthine rectifiée,
   de. . . . . 125 à 250 gram.

On remet le pot sur le feu, où on le laisse jusqu'à ce que l'ébullition recommence; alors on le retire et on filtre le vernis qui est préparé à travers un blanchet ou une toile.

Miller a, depuis, proposé d'ajouter à ce vernis 7 à 8 grammes de camphre.

2.   *Vernis à la dammar séchant lentement, de* HELLER.

On pulvérise :

  Résine dammar claire. . . . . 250 gram.

on dissout dans

  Essence de térébenthine bouillante. . 500

et après le refroidissement, on filtre. On a ainsi un vernis limpide, mais qui ne sèche qu'avec lenteur. On ne doit d'ailleurs l'appliquer qu'en couches extrêmement minces.

3.   *Vernis à la dammar, de* HELD.

On fait fondre ensemble, dans un pot de terre bien vernissé :

  Résine dammar.. . . . . 375 gram.
  Térébenthine de Venise. 25

ou, ce qui est mieux, on fait fondre la résine, et quand elle est fondue, on y ajoute la térébenthine. On retire le pot du feu et on ajoute, en agitant constamment :

Essence de térébenthine rectifiée et
chaude. 1kil.125

et on filtre après le refroidissement. Le vernis ainsi préparé s'applique sur objets en bois de Spa ou autres bois
blancs, sur le fer-blanc, les objets de décoration intérieure, etc. Cette recette est simple et fort bonne, et le
vernis vaut le précédent.

4. *Vernis à la dammar, de* MÜNZEL.

Dans un pot en fonte émaillé, on dissout, en faisant
cuire :

Dammar débarrassée de toute hu-
midité. 2kil.500

et on poursuit la cuisson jusqu'à ce qu'il ne se dégage
plus d'humidité, ce qu'on reconnaît à ce que la masse
bout tranquillement. Le vernis ainsi obtenu est passé à
travers un tamis en toile métallique et abandonné au
repos pour éclaircir.

Si on veut donner plus de consistance ou de corps à
ce vernis, Münzel conseille d'y ajouter, avant la cuisson,
de 2 à 3 pour 100 d'huile de lin bien blanche, mais non
pas traitée par les oxydes métalliques.

Cette formule est la meilleure pour la préparation des
vernis à la résine dammar, et préférable à celles précédentes.

5. *Vernis de dammar à la pinoline.*

On fait dissoudre dans :

Pinoline rectifiée. . . . .   2 kilog.

qui, comme on sait, est le produit de la distillation sèche
de la résine d'Amérique :

Résine dammar en petits morceaux.   250 gram.

et on fait cuire jusqu'à ce que le tout soit bien fluide et
bouille avec calme ; enfin on filtre à travers du coton ou
un blanchet.

VERNIS AU BITUME ET A L'ESSENCE DE TÉRÉBENTHINE.

1. *Vernis au bitume pour la serrurerie, etc.*

On fait fondre :

Bitume de Judée. . . . .   1 kilog.

et après que ce bitume est fondu, on y ajoute :

Essence de térébenthine rectifiée et
   chaude.. . . . .   4 kilog.
t enfin on filtre.

2.   *Vernis à l'asphalte de* FREUDENVOLL.

Dans un pot de terre vernissé ou dans une chaudière
en fonte émaillée, on fait fondre sur un feu doux :

Bitume de Judée, de. . . . . .   375 à 500 gram.
puis, quand la fusion est complète, on retire du feu, on
ajoute, en remuant :

Essence de térébenthine chaude. . .   1 kilog.
et on filtre.

3.   *Autre formule. Vernis noir au bitume.*

On fait fondre :

Bitume de Judée. . . . .   500 gram.
on y mélange

Essence de térébenthine chaude. . .   500
et on filtre.

4.   *Vernis au bitume artificiel.*

On fait fondre sur un feu doux 12kil.500 du résidu
noir, brillant et cassant qu'on obtient par la distillation
sèche du goudron de houille, et après avoir retiré la
chaudière du feu, on y mélange :

Essence de térébenthine.. . . . . . .   12kil.500
Après refroidissement, on coule à travers un tamis. Ce
vernis est applicable sur beaucoup d'objets, mais il sèche
lentement.

5.   *Vernis au bitume, avec huile légère de goudron de houille.*

On le prépare par le même procédé que le précédent,
mais on prend :

Résidu de la distillation du goudron
   de houille. 12kil.500
Huile légère rectifiée de goudron de
   houille. 7.500
Ce beau vernis noir sèche promptement.

Couleurs et Vernis.   Tome 2.   21

6. *Vernis brun pour imiter le bois de noyer.*

Ce vernis se prépare encore de la même manière que les précédents, en prenant :

> Résidu noir de la distillation sèche de la résine brune d'Amérique. . .   12kil.500

qu'on fait dissoudre dans

> Huile légère (pinoline) de résine rectifiée.   50

et passant la dissolution à travers un tamis.

Ce vernis a l'aspect d'un liquide noir très-fluide, qui, quand on l'oppose à la lumière dans un verre, paraît brun foncé. Il sert à enduire les bois blancs, le chêne ou autres bois, pour leur donner un bel aspect de bois de noyer. Cet enduit sèche au bout d'un quart-d'heure, et peut être poncé et poli. Alors on peut le recouvrir d'une couche de vernis au copal.

VERNIS D'OR A L'ESSENCE DE TÉRÉBENTHINE.

Les vernis d'or servent à donner aux métaux blancs, et en particulier l'étain en feuille, le bel éclat de l'or. Pour cela, il faut les broyer préalablement avec un peu d'essence de térébenthine.

1. *Vernis d'or anglais.*

On broie :

> Aloès. . . . .   65 gram.

avec très-peu de vernis d'huile de lin ; et, d'un autre côté, on concasse et réduit en poudre fine :

> Succin jaune. . . . .   250 gram.
> Gomme-laque.   65

D'abord on fait fondre dans un pot en terre neuf, le succin dans lequel on introduit peu à peu la gomme-laque, puis l'aloès, et on mélange intimement ensemble. Quand le tout est suffisamment incorporé, on enlève le pot du feu, on laisse refroidir, puis on ajoute par petites portions à la fois, et toujours en agitant :

> Essence de térébenthine chaude . . .   750 gram.

et on filtre à travers une toile ou du coton.

2. *Vernis d'or au bitume, de* THOMSON.

On fait fondre sur un feu doux :

    Bitume de Judée. . . . .   500 gram.

et quand il est fondu, on y ajoute par petites portions à
la fois, et en remuant toujours :

    Baume de copahu. . . . .   60 gram.

On étend ensuite avec

    Essence de térébenthine bien rectifiée
      et chaude   500

et on filtre à travers le coton.

3. *Vernis d'or au copal.*

On réduit en poudre fine :

    Copal jaune d'or. . . . .   125 gram.

pendant qu'on fait chauffer au bain-marie dans un matras en verre :

    Essence de lavande.. . . . .   500 gram.

Quand l'essence est sur le point de bouillir, on y ajoute
le copal en poudre, toujours en remuant avec une baguette en verre, et on continue à chauffer jusqu'à ce que
tout le copal soit dissous ; après quoi on étend avec :

    Essence de térébenthine rectifiée et
      chaude. . . . .   750 gram.

et on filtre à travers le coton.

4. *Vernis d'or ordinaire.*

On réduit en poudre fine :

    Gomme-laque. . . . .   125 gram.
    Aloès hépatique.   125
    Sandaraque..   125

tandis qu'on fait chauffer dans un grand matras en verre :

    Essence de térébenthine rectifiée. . .   1 kilog.

on introduit peu à peu dans celle-ci les ingrédients précédents, et on chauffe jusqu'à ce que le tout soit dissous.
On peut, pour donner plus de consistance, ajouter une
forte cuillerée à bouche de vernis d'huile de lin bien
chaud et filtrer.

5. *Vernis d'or à l'asphalte, de* THON.

On fait fondre dans un pot en terre bien vernissé, et sur un feu modéré :

    Bitume de Judée. . . . . 500 gram.
    Gomme-laque 60

quand le tout est fondu, on y ajoute :

    Baume de copahu. . . . . 60 gram.

on étend avec :

    Essence de térébenthine rectifiée. . . 500 gram.

et on filtre.

6. *Autre formule.*

On pulvérise :

    Colophane. . . . . 60 gram.
    Gomme-gutte. 120
    Gomme-laque. 120

on fait fondre sur un feu doux dans un pot bien vernissé :

    Térébenthine de Venise. . . . . 500 gram.

on y projette peu à peu, et en remuant toujours, les ingrédients ci-dessus ; on étend jusqu'à parfaite incorporation avec :

    Essence de térébenthine rectifiée et
      chaude. . . . . 2 kilog.

et on filtre.

7. *Vernis d'or à l'essence, de* HELD.

On pulvérise les ingrédients suivants :

    Gomme-laque. . . . . 60 gram.
    Aloès. 60
    Succin. 30
    Sandaraque. 30
    Gomme-gutte. 8
    Sang-dragon. 4

on dissout dans un matras en verre sur bain de sable avec :

    Essence de térébenthine. . . . . 500 gram.

Si on veut donner plus de corps à ce vernis, on y ajoute de 60 à 120 grammes de vernis d'huile de lin, on fait encore cuire la masse, et enfin on filtre.

8.   *Vernis d'or pour cuirs et métaux.*

Ce vernis se prépare avec :

    Laque en grains. . . . . 250 gram.
    Sandaraque. 250
    Sang-dragon. 30
    Gomme-gutte.   8
    Térébenthine de Venise. 125
    Essence rectifiée de térébenthine. . .   2 kilog.

on manipule exactement comme au n° 7, et on filtre.

9.   *Vernis d'or de* FREUDENVOLL.

On prépare une dissolution avec :

    Gomme-gutte. . . . . 125 gram.
    Sang-dragon. 125
    Aloès. 125
    Essence de térébenthine rectifiée. . . 750

et on y ajoute, soit du vernis au copal à bas prix, soit du vernis à la dammar jusqu'à ce qu'on ait atteint la couleur d'or désirée.

10.   *Vernis d'or hollandais.*

On pulvérise :

    Mastic. . . . . 125 gram.
    Sandaraque. 125
    Colophane. 30
    Aloès. 60

on dissout ces ingrédients dans un matras en verre au bain-marie, dans :

    Huile d'aspic. . . . . 180 gram.

à la solution, on ajoute :

    Térébenthine de Venise. . . . .   8 gram.

et on filtre.

Ce vernis peut être appliqué chaud et en couche mince sur l'étain poli, qui prend ainsi une belle couleur d'or. On peut très-bien avec ce produit dorer le bois, le cuir, après y avoir appliqué, au moyen de l'albumine d'œuf, de petites feuilles d'argent.

VERNIS DIVERS AUX ESSENCES.

1.   *Vernis à la cire, de* MIEHR.

On porte à l'ébullition :

  Racine d'orcanette en poudre. . . . . 15 gram.

dans :

  Essence de térébenthine rectifiée. . . 180 gram.

et à cet extrait, on ajoûte :

  Cire jaune. . . . . 180 gram.

et enfin on filtre. Pour appliquer ce vernis, on en mouille un tampon de toile et on en frotte les pièces jusqu'à ce qu'il soit complètement sec.

Si on veut qu'il soit coloré en jaune, on prend du bois jaune, et pour les travaux sur marbre, de la cire blanche exclusivement.

2.   *Vernis au gutta-percha.*

On prend :

  Gutta-percha, bien débarrassé des parties ligneuses et séché avec soin. . 500 gram.

on fait fondre dans un pot neuf, et on y ajoute peu à peu en agitant :

  Essence de térébenthine ou pinoline
   rectifiées et chaudes. . . . . 1 kilog.

et on filtre la dissolution.

3.   *Vernis au gutta-percha et à l'huile de goudron.*

Ce vernis se prépare avec :

  Gutta-percha. . . . . 500 gram.
  Huile légère de goudron de houille
   rectifiée. . . . . 6 kilog.

et manipule comme pour les vernis à l'essence de térébenthine.

4.   *Vernis à l'huile d'aspic résistant à l'humidité.*

On pulvérise les ingrédients suivants :

  Mastic. . . . . 125 gram.
  Sandaraque. 250

Encens. 125
Colophane translucide. . . . . 125 gram.

on mouille avec un peu d'alcool et on laisse en repos.
Lorsque la masse est redevenue sèche, on la pulvérise sur
un carreau de verre; on verse dessus :

Huile d'aspic. . . . . 2 kilog.

et on dissout les résines au bain-marie. Quand la dissolution est opérée, on ajoute encore :

Térébenthine de Venise chaude. . . . 250 gram.

et on filtre.

II. VERNIS MIXTES A L'ESSENCE.

Sous le nom de vernis mixtes à l'essence, on comprend
tous les vernis auxquels on a ajouté une petite partie de
vernis d'huile de lin clair et bien siccatif (*voyez* page 222).

1. *Vernis anglais à broyer les couleurs.*

Ce vernis se compose avec :
Térébenthine de Venise. . . . . 180 gram.
Mastic en grains. 60
Encens blanc. 125
Vernis blanc d'huile de lin. 60
Essence de térébenthine rectifiée. . . 1 kilog.

Pour préparer ce vernis, on manipule ainsi qu'il suit :
on pulvérise l'encens et le mastic et on le mélange avec

Verre pilé fin. . . . . 125 gram.

dans un matras en verre dans lequel on verse l'essence
de térébenthine. On ferme le matras avec une vessie humide dans laquelle on a percé un trou avec une aiguille,
et on l'expose à la chaleur du bain-marie jusqu'à ce que
le tout soit dissous entièrement, puis on y ajoute, en remuant toujours, le vernis qu'on a fait chauffer, on filtre
et on garde dans des flacons en verre pour l'usage.

2. *Vernis au copal et à l'essence.*

On fait fondre ensemble dans un pot en terre bien ver-
nissé :
Copal. . . . . 500 gram.
Térébenthine de Venise. 60

puis on ajoute, toujours en remuant :

> Vernis d'huile de lin ou d'huile d'œil-
> lette porté à l'ébullition. . . . . . . 250 gram.

et aussitôt que le pot est retiré du feu et que la masse s'est un peu refroidie, on étend avec :

> Essence de térébenthine rectifiée et
> chaude. . . . . . , ... 1 kil.500

Ce vernis, quand il est encore tiède, peut être filtré à travers une toile, ou bien on l'abandonne au repos dans un lieu chauffé pour éclaircir, et on sépare le vernis limpide du dépôt qui s'est formé.

3. *Vernis au copal pour coquilles.*

On fait fondre sur un feu doux :

> Copal clair. . . . . 500 gram.
> Térébenthine de Venise. 750

et lorsque le tout est fondu, on mélange peu à peu et en remuant constamment :

> Vernis d'huile de lin épais. . . . . . . 1 kilog.

et on étend ce mélange, après avoir retiré le vaisseau du feu, avec :

> Essence de térébenthine rectifiée et
> chaude. . . . . 750 gram.

on filtre et le vernis est prêt.

Le vernis qu'on obtient ainsi sèche très-lentement ; on le polit à la pierre ponce.

4. *Vernis mixte au copal, de* THOMSON.

On pulvérise :

> Copal blanc. . . . . 180 gram.
> Encens blanc. 30

et on mélange :

> Verre pilé finement. . . . . 125 gram.

on verse cette poudre dans un matras en verre avec :

> Essence de térébenthine rectifiée. . . 750 gram.

et on fait chauffer au bain-marie jusqu'à ce que le tout soit dissous, alors on ajoute :

> Térébenthine de Venise préalablement
> liquéfiée. . . . . 30 gram.
> Vernis clair d'huile de lin chaud. . . 60

on filtre à travers le coton ou bien on abandonne pen-

ant quelque temps au repos, puis on sépare le vernis
air du dépôt par voie de décantation.

5. *Vernis au copal hollandais.*

On fait fondre dans un pot bien vernissé :
    Copal fin. . . . . 500 gram.
n y mélange :
    Vernis d'huile de lin épais et bien
      chaud. . . . . 250 gram.
n étend avec :
    Essence de térébenthine rectifiée et
      chaude. . . . . 500 gram.
t on filtre sur le coton.

6. *Vernis anglais au copal.*

Ce vernis se prépare en faisant fondre :
    Copal fin. . . . . 375 gram.
dans un matras au bain de sable, et quand cette résine
est fondue, on y ajoute :
    Vernis d'huile de lin ou d'œillette
      chauffé . . . . 250 gram.
On laisse un peu refroidir et on étend avec :
    Essence de térébenthine chaude. . . 375
on filtre sur coton, on dépose le vernis préparé dans des
flacons en verre qu'on expose pendant quelque temps aux
rayons solaires.

7. *Autre formule.*

On manipule exactement comme au nᵒ 6 ; seulement,
on se sert du bain-marie et on combine en un vernis limpide les ingrédients suivants :
    Copal. . . . . 500 gram.
    Vernis d'huile de lin. 1kil.250
    Essence de térébenthine rectifiée. . . 1.250
auxquels on ajoute :
    Verre pilé fin. . . . . 250 gram.
Enfin, on filtre sur coton, à travers une toile et on reçoit dans des flacons en verre. Si ce vernis avait trop de
consistance pour l'employer, on pourrait l'étendre avec
de l'essence de térébenthine chaude.

8. *Vernis mixte au copal, de* THON.

On pulvérise :

       Copal de premier choix . . . . 180 gram.
       Encens de première qualité. 180

et on mélange cette poudre avec :

       Verre pilé fin 125
       Essence de térébenthine rectifiée. . . 750

on dissout au bain-marie, et quand la dissolution est complète, on ajoute :

       Térébenthine de Venise liquéfiée. . . 30 gram.
       Vernis d'huile de lin chaud. 60

on abandonne pendant vingt-quatre heures au repos dans un local chauffé, on filtre tiède à travers une toile et on reçoit dans des flacons en verre.

Le vernis ainsi obtenu est d'une qualité supérieure quand il a été bien préparé, et résiste parfaitement à l'humidité.

VERNIS MIXTES AU SUCCIN.

1. *Vernis ordinaire au succin.*

On mélange, dans un pot en fer :

       Succin concassé . . . . 500 gram.
       Térébenthine de Venise 60

on couvre le pot et on fait fondre sur un feu doux, en retirant fréquemment du feu et agitant. Alors, on introduit dans ce mélange :

       Vernis d'huile de lin bien cuit. . . . 500 gram.

qu'on a fait chauffer préalablement, et on ajoute enfin :

       Essence de térébenthine rectifiée et
         chaude. 1kil.500

On laisse encore le vernis digérer sur un feu doux pendant un quart-d'heure, puis refroidir ; on filtre et on conserve dans des flacons en verre.

2. *Vernis au succin, de* WATIN.

Ce vernis est composé avec :

       Succin pulvérisé. . . . . 500 gram.
       Essence de térébenthine rectifiée. . . 1 kil.500

Vernis d'huile de lin cuit jusqu'à consistance épaisse . . . . 250 gram.
Térébenthine de Venise 125

Les manipulations sont les mêmes que pour le vernis
n° 1.

3.   *Vernis mixte au succin, formule anglaise.*

On combine, en faisant fondre sur un feu doux :
   Succin clair concassé. . . . . 500 gram.
   Térébenthine de Venise.   60

et on mélange avec :
   Vernis d'huile de lin 300
   Essence de térébenthine 500

et on filtre encore tiède. Ce vernis a un bel éclat.

4.   *Vernis mixte au succin, formule hollandaise.*

Ce vernis est composé avec :
   Succin qu'on a fait fondre, puis qu'on
    pulvérise. . . . . 500 gram.
   Essence de térébenthine. . . . .   2 kilog.
   Vernis d'huile d'œillette. 125

La dissolution s'opère dans un matras au bain de sable,
et on filtre à travers une toile.

Le vernis ainsi fabriqué sèche moins promptement que
celui au copal, mais il donne au bois un éclat plus beau
et plus durable.

5.   *Vernis mixte au succin, de* THOMSON.

Ce vernis se prépare avec :
   Succin fondu, puis pulvérisé. . . . . 270 gram.
   Vernis d'huile de lin bien cuit. . . . 625
   Essence de térébenthine 625

L'opération s'exécute au mieux dans un matras en verre
et au bain-marie.

6.   *Autre formule.*

On pulvérise :
   Succin fondu . . . . 180 gram.
   Encens.   60

on mélange avec :
   Térébenthine de Venise. 125

on fait fondre ces ingrédients dans un matras en verre, au bain-marie et en agitant fréquemment, puis on ajoute :

    Vernis d'huile de lin. . . . . 60 gram.

on chauffe jusqu'à ce que le tout soit intimement incorporé, et on mélange enfin avec :

    Essence de térébenthine chaude . . . . 1 kilog.

on abandonne quelques jours au repos, puis on décante le vernis clair du dépôt ou partie trouble qui s'est formée. Enfin, on remplit avec ce vernis des flacons qu'on expose pendant quelques semaines à la lumière solaire.

7. *Vernis mixte au succin, formule française.*

Ce vernis se compose de :

    Succin fondu et pulvérisé . . . . 1 kil. 500
    Essence de térébenthine rectifiée . . . 2.500
    Vernis d'huile de lin 2.500

La préparation se fait dans un matras en verre et au bain-marie, et, après que l'incorporation des substances a eu lieu, on filtre le vernis, on introduit dans des flacons en verre, et on expose pendant quelque temps aux rayons solaires.

8. *Vernis au succin vulgaire.*

On le prépare, en faisant fondre dans un pot bien vernissé et pourvu d'un couvercle :

    Succin pur grossièrement concassé. 375 gram.
    Élémi ou sandaraque. 30
    Térébenthine de Venise. 60

en retirant fréquemment le pot du feu et remuant comme il faut. Aussitôt que la fusion est complète, on ajoute, en agitant toujours :

    Vernis d'huile de lin bien chaud. . . 250 gram.

puis on étend avec :

    Essence de térébenthine chaude . . . 375

On filtre alors le vernis préparé qu'on reçoit dans des flacons, qu'on expose pendant quelque temps à la chaleur d'une étuve ou à la lumière solaire.

9. *Vernis au succin plus clair.*

Dans un pot en terre, on fait fondre sur un feu doux :

    Succin clair en morceaux gros comme
      des pois. . . . . 500 gram.

n y ajoute :

    Huile de lin vieille et de choix. . . . 250 gram.

u'on a préalablement fait chauffer, et enfin on étend avec :

    Essence de térébenthine rectifiée et
        chaude. . . . . 1 kilog.

Dès que le succin est fondu, et surtout que tous les in-grédients sont intimement combinés, on filtre, on reçoit dans un flacon en verre dans lequel on introduit :

    Céruse fine ou minium. . . . . 60 gram.

on laisse le vernis digérer pendant cinq à six jours dans un lieu chauffé, ou bien on l'expose aux rayons du soleil jusqu'à ce qu'il devienne parfaitement translucide, et enfin on sépare le vernis clair du dépôt.

10. *Vernis au succin et à l'essence plus dense.*

On pulvérise :

    Succin fondu . . . . 180 gram.
    Encens. 60

on dissout ces deux substances, dans un matras en verre au bain-marie, avec :

    Essence rectifiée de térébenthine. . . 1 kilog.

puis on ajoute :

    Térébenthine de Venise. . . . . 125 gram.
    Vernis d'huile de lin blanchie. . . . 60

On laisse le tout en repos pendant quelques jours, on filtre dans un flacon qu'on expose pendant plusieurs semaines au soleil.

11. *Vernis mixte au succin*, de THON.

Ce vernis se compose avec :

    Succin fondu et pulvérisé. . . . . . . 180 gram.
    Térébenthine de Venise. 45
    Essence de térébenthine rectifiée. . . 560
    Vernis d'huile de lin blanchie. . . . 90

Ces ingrédients sont, comme précédemment, mis en dissolution dans un matras en verre, soit au bain-marie, soit au bain de sable, et lorsqu'ils sont bien incorporés, on filtre encore tiède.

1.　*Vernis mixte à l'essence et à la colophane.*

On fait fondre, dans un pot en terre sur un feu doux :
　　　Colophane récente . . . . 375 gram.
　　　Térébenthine de Venise. 60
après avoir mélangé ces deux matières avec :
　　　Verre pilé 125
Quand les résines sont fondues, on y ajoute, en agitant :
　　　Huile de lin bien siccative . . . . . . 250 gram.
on laisse un peu refroidir et on étend ensuite avec :
　　　Essence de térébenthine rectifiée. . . . 1 kilog.
et enfin on filtre le vernis préparé à travers une toile ou le coton.

2.　*Vernis mixte à la résine, de* THOMSON.

On fait fondre sur un feu doux, dans un pot vernissé :
　　　Colophane récente . . . . 250 gram.
　　　Mastic 125
après avoir mélangé avec :
　　　Verre en poudre 250
puis on ajoute :
　　　Térébenthine de Venise. 375
Dès que la masse est bien fluide, on y ajoute peu à peu :
　　　Huile de lin bien siccative. . . . . . . 250 gram.
qu'on a d'abord fait chauffer, et on y mélange :
　　　Essence de térébenthine rectifiée. . . 2 kilog.
on filtre et on conserve pour l'usage dans des flacons eu verre.

3.　*Vernis à tabatières, première couche.*

On fait fondre dans un pot en terre :
　　　Colophane claire. . . . . 125 gram.
et on y ajoute peu à peu :
　　　Vernis d'huile de lin chaud. 1 kil.375
et on filtre à travers le coton.
Avec ce vernis de fond, on donne une première couche aux tabatières, on fait sécher dans une étuve à la température convenable et on polit sur le tour.

4. *Vernis à tabatières, deuxième couche.*

On fait fondre dans un pot émaillé :

    Bitume vrai de Judée . . . . 125 gram.

qu'on mélange avec :

    Huile de lin cuite, épaisse et chaude. 125 gram.

on remue bien le tout, on enlève le mélange du feu, on ajoute de l'essence de térébenthine rectifiée en quantité suffisante pour donner au vernis la consistance qu'on désire.

Le vernis ainsi obtenu est broyé avec du brun ou du noir (du colcotar ou du noir de lampe calciné) pour en faire une sorte d'onguent qu'on étend ensuite avec le vernis précédent, de manière à pouvoir appliquer le mélange. Les tabatières sont enduites avec ce vernis depuis quatre jusqu'à six fois, et chaque couche doit être séchée complètement à l'étuve avant d'en appliquer une nouvelle.

VERNIS AU MASTIC.

1. *Vernis à retouche pour tableaux.*

On fait cuire dans un pot neuf en terre bien vernissé :

    Huile d'œillette ou de noix. . . . . . . 500 gram.

on y ajoute :

    Litharge broyée finement. . . . . . . 125 gram.

puis :

    Mastic concassé fin. . . . . 60 gram.

on laisse bouillir un quart-d'heure et on filtre.

2. *Vernis au mastic anglais.*

On pulvérise :

    Encens premier choix. . . . . 250 gram.
    Mastic en larmes. 250

et on y mélange :

    Verre pilé. . . . . 250 gram.

on introduit ce mélange dans un matras en verre et on verse dessus :

    Essence de térébenthine rectifiée. . . 2 kilog.

on opère la dissolution au bain-marie, et lorsque celle-ci est complètement opérée, on ajoute :

Térébenthine de Venise liquéfiée. . . 375 gram.
Vernis d'huile de lin préparé avec soin. 125
et on filtre.

3. *Vernis mixte au mastic pour mélanger aux couleurs.*

On pulvérise :

Mastic premier choix. . . . . 90 gram.
Encens. 750

auxquels on mélange :

Verre pilé. . . . . 500 gram.

on verse le tout dans un matras en verre et on y ajoute :

Essence de térébenthine rectifiée. . . 6 kil.125

puis, après que la dissolution a eu lieu :

Térébenthine de Venise liquéfiée. . . 1 kil.125
Huile de lin blanchie. . . . . 375 gram.

qu'on a fait préalablement chauffer, et enfin on filtre.

4. *Vernis mixte au mastic et à l'essence*, de MIEHR.

On fait fondre dans un pot bien vernissé :

Mastic premier choix. . . . . 500 gram.
Sandaraque premier choix. 375
Aloès succotrin. 250
Colophane. 625

Lorsque ces ingrédients sont complètement fondus, on
y mélange d'abord et peu à peu :

Vernis d'huile de lin bouillant. . . . . 2 kilog.

puis, d'un autre côté, on broie à part :

Sang-dragon pulvérisé. . . . . 180 gram.
Terre d'ombre la plus fine. 375
Vernis d'huile de lin bouillant. . . . . 1 kilog.

qu'on ajoute par petites portions à la masse précédente ;
on fait cuire le tout pendant un quart-d'heure, et enfin
on étend avec :

Essence de térébenthine rectifiée. . . 250 gram.

qu'on a préalablement fait chauffer. Enfin, on filtre le
vernis ainsi préparé à travers une flanelle dans un entonnoir et on reçoit dans des flacons en verre.

On obtient ainsi un vernis au mastic brun et assez consistant, qui couvre très-bien et, par conséquent, est très-
propre à recouvrir les bois de toute espèce.

VERNIS DIVERS AUX RÉSINES, AUX GOMMES ET A L'ESSENCE.

1. *Vernis à la sandaraque solide et économique de* FREUDENVOLL.

On fait fondre dans un pot en terre fermé d'un couvercle :

    Sandaraque premier choix. . . . . . . 500 gram.
    Gomme-laque. . . . . 1 kilog.
    Résine dammar. . . . . 250 gram.

Dès que la fusion est complète, on y mélange peu à peu et en agitant :

    Vernis d'huile de lin blanchi et chaud. 250 gram.

et après que la masse est un peu refroidie, on ajoute :

    Essence de térébenthine rec-
       tifiée . . . . 3,5 à 4 kilog.

et on filtre sur du coton.

Lorsque le vernis est fabriqué avec une consistance suffisante, deux couches suffisent complètement pour obtenir un bel enduit.

2. *Vernis à l'essence pour boiseries.*

On fait fondre dans une chaudière en cuivre :

    Animé premier choix. . . . . 1 kilog.

et on y ajoute :

    Huile de lin vieille et bouillante. . . . 4 kilog.
    Litharge. . . . . 30 gram.
    Sulfate de zinc sec. 30
    Sucre de saturne sec. 30
    Térébenthine de Venise. . . . . 7 kilog.

on liquéfie préalablement la térébenthine et on fait cuire jusqu'à ce que le vernis commence à filer, et on filtre sur coton.

Le vernis ainsi obtenu sèche en été en deux heures, et en hiver en quatre heures, et est, par conséquent, très-propre à vernir les boiseries dans les constructions.

3. *Vernis mixte à la dammar et à l'essence, de* MILLER.

On le prépare en faisant fondre dans un pot vernissé et sur un feu doux :

    Résine dammar. . . . . 2 kilog.

et ajoutant :

    Vernis d'huile de lin bouillant. . . . . 500 gram.

mélangeant intimement, étendant avec :

    Essence de térébenthine rectifiée et chaude. . . . . 2 kilog.

filtrant sur coton et conservant pour l'usage.

4. *Vernis mixte brun à l'essence.*

On pulvérise :

    Colophane. . . . . 375 gram.
    Dammar. 375
    Aloès 185
    Sang-dragon. 185
    Bitume de Judée 185

on dissout ces matières dans un matras et au bain de sable dans :

    Essence de térébenthine rectifiée. . . 2 kil. 375

et on termine l'opération en ajoutant :

    Vernis d'huile de lin bouillant. . . . . 250 gram.

et filtrant sur coton.

Le vernis ainsi préparé s'applique très-bien sur les bois qui n'ont pas reçu de fond coloré.

5. *Vernis au caoutchouc et à l'essence.*

On découpe en petites lanières très-fines :

    Caoutchouc. . . . . 500 gram.

et on verse dessus dans un verre :

    Essence de térébenthine rectifiée. . . 3 kilog.
    Huile blanche rectifiée de goudron de houille. . . . . 500 gram.

on abandonne au repos pendant six à sept jours jusqu'à ce que la masse soit suffisamment gonflée. Puis, on provoque la dissolution en chauffant dans un matras au bain de sable, et quand celle-ci est complète, on mélange avec :

    Vernis gras au copal bouillant. . . . 3 kilog.

Ce vernis est parfaitement propre pour les dorures.

6. *Vernis au caoutchouc, de* HELD.

Ce vernis se prépare avec :

        Caoutchouc. . . . . 250 gram.
        Essence de térébenthine. 375
        Vernis d'huile de lin. 125

Les manipulations sont les mêmes que celles prescrites ci-dessus.

7. *Vernis au gutta-percha et à l'essence.*

On fait fondre dans un pot vernissé :

        Gutta-percha débarrassé des matières
            étrangères. . . . . 250 gram.

on étend avec :

        Essence de térébenthine rectifiée et
            chaude. . . . . 1 kilog.

et on mélange enfin avec :

        Vernis au copal ou au succin chaud. 250 gram.

et enfin on filtre pendant que le vernis est encore chaud.

8. *Autre formule.*

On manipule comme précédemment avec les ingrédients suivants :

        Gutta-percha purifié. . . . . 250 gram.
        Essence de térébenthine rectifiée. . . 625
        Vernis d'huile de lin. 250

et on filtre tout chaud.

VERNIS D'OR MIXTES A L'ESSENCE.

1. On fait fondre séparément :

        Succin pulvérisé grossièrement. . . . 250 gram.
        Gomme-laque. 60

puis on verse peu à peu sur ces résines fondues :

        Huile de lin très-siccative, bouillante. 250 gram.

on mélange bien le tout par l'agitation, et après que la masse est un peu refroidie, on l'étend avec :

        Essence de térébenthine rectifiée et
            chaude. . . . . 1 kilog.

et on filtre.

Pour donner à ce vernis l'aspect de l'or, on le colore avec

   Safran. . . . . 6 gram.

Le safran doit être dissous à part, dans un peu d'essence de térébenthine, jusqu'à ce qu'on obtienne la couleur désirée.

2. *Vernis à la colophane et à la gomme-laque.*

On pulvérise :

   Colophane pure. . . . . 30 gram.
   Succin fondu. 60
   Gomme-laque 60
   Aloès succotrin 30

et on fait fondre ces substances les unes après les autres sur un feu doux, en y ajoutant :

   Térébenthine de Venise. . . . . 250 gram.

Quand le tout est fondu, on y introduit peu à peu :

   Vernis d'huile de lin bouillant. . . . 60 gram.

en agitant constamment ; on étend avec :

   Essence de térébenthine chaude. . . 500

on laisse refroidir et on filtre.

3. *Vernis d'or au succin et à l'essence.*

Pour préparer ce vernis, on pulvérise :

   Succin fondu. . . . . 125 gram.
   Sandaraque 60
   Gomme-laque 125
   Aloès succotrin. 125

On verse ces ingrédients dans un matras en verre avec :

   Essence de térébenthine rectifiée. . . 1 kilog.

On opère la dissolution au bain-marie ou au bain de sable, et lorsqu'elle est opérée, on mélange au produit :

   Vernis d'huile de lin bouillant. . . . 60 gram.

et après le refroidissement, on filtre sur coton.

4. *Vernis d'or à l'essence, de* THON.

On fait fondre :

   Succin de la qualité la plus fine. . . 375 gram.

et après que cette fusion est opérée, on enlève le vase du

feu et on le laisse un peu refroidir. Cela fait, on dissout le succin fondu dans

Essence de térébenthine rectifiée et chaude. . . . .　1 kilog.

puis on ajoute :

Sang-dragon en poudre. . . . .　15 gram.
Rocou.. . . . .　25 centig.
Gomme-gutte . . . .　25

on fait bouillir quelques minutes, on mélange à :

Vernis d'huile de lin bouillant. . . .　60 gram.

et on filtre, après le refroidissement, à travers une toile.

5. *Vernis d'or anglais à l'essence.*

Ce vernis se compose de :

Copal. . . . .　125 gram.
Succin . . . .　125
Gomme-laque . . . .　60
Sandaraque . . . .　60
Gomme-gutte.. . . . .　30
Aloès. . . . .　30
Essence de lavande . . . .　250
Vernis d'huile de lin. . . . .　125
Essence de térébenthine.. . . . .　1^{kil}.500

On opère ainsi qu'il suit pour préparer le vernis : on pulvérise d'abord le copal et on le dissout complètement dans l'essence de lavande ; ensuite on pulvérise les autres substances, on les introduit dans la dissolution de copal, toujours en agitant ; on y mélange l'essence de térébenthine qu'on a fait chauffer, et on verse enfin sur la masse le vernis d'huile de lin porté à l'ébullition. Quand le tout est bien incorporé, on laisse refroidir et on filtre le vernis à travers une toile.

6. *Vernis d'or hollandais.*

Voici de quoi on compose ce vernis ; on prend :

Succin fondu. . . . .　250 gram.
Gomme-laque. . . . .　60
Huile de lin préparée. . . . .　250
Essence de térébenthine rectifiée. . .　500

dans lesquels on introduit et fait fondre :

Sang-dragon. . . . .　60
Gomme-gutte.. . . . .　60

Rocou.	60 gram.
Safran.	15

On peut préparer ce vernis dans un matras en verre et au bain-marie, de la manière indiquée précédemment.

7. *Vernis d'or pour fond.*

On le prépare en faisant fondre sur un feu doux :

Succin..	250 gram.

auquel on ajoute :

Vernis d'huile de lin bouillant. . . .	375

avec :

Essence de térébenthine chaude. . .	250

dans laquelle on a fait dissoudre :

Bitume de Judée.	90

étendant et filtrant aussitôt.

8. *Vernis d'or résistant au feu.*

On prépare ce vernis en faisant fondre :

Succin	250 gram.
Bitume de Judée.	180

mélangeant avec :

Vernis d'huile de lin bouillant. . . .	150
Térébenthine.	750

et filtrant après le refroidissement.

9. *Vernis contre la rouille, de* WOLF.

On mélange :

Vernis d'huile de lin.	2kil.500
Essence de térébenthine	2

Ce vernis s'oppose à ce que les objets en acier et en fer soient attaqués par la rouille, après qu'ils en ont été enduits et qu'on les a fait bien sécher.

10. *Vernis-cristal ou hyalin.*

Prenez un flacon de baume de Canada, enlevez le bouchon, mettez la bouteille à quelque distance du feu, en la tournant de temps à autre, jusqu'à ce que le baume soit devenu fluide; ayez une bouteille d'une capacité double du flacon, ôtez le baume du feu, et mélangez-le à un volume d'essence de térébenthine égal au sien, et agitez jusqu'à ce que l'incorporation soit complète. Au bout de quelques jours, ce vernis est prêt, et on l'applique après l'avoir légèrement chauffé. Ce vernis s'applique sur les cartes géographiques, les impressions, les dessins, etc.

VERNIS POUR PARQUETS.

1. *Coloration ou fond.*

On fait cuire :

        Bois jaune en poudre. . . . . 250 gram.
        Bois de Fernambouc.. 125
        Potasse. 125
avec
        Lessive des savonniers (marquant 5º)   12kil.500
dans 8 litres d'eau, et on y fait dissoudre :
        Rocou.. . . . . 30 gram.
        Cire jaune. 750
On agite le tout jusqu'à refroidissement. On donne avec cette couleur une couche de fond, et on recouvre du vernis suivant.

2. *Vernis d'huile de lin.*

On fait cuire :

        Vernis d'huile de lin.. . . . .   1 kilog.
pendant un quart-d'heure avec :
        Terre de Sienne. . . . . 125 gram.
et on filtre.

3. *Vernis à marquer le linge.*

M. Stobäus propose pour cet objet un vernis rouge qu'il compose avec les substances suivantes :

        Cinabre fin. . . . . 500 gram.
        Sulfate de fer sec et pulvérisé. . . 250
        Vernis d'huile de lin.. 125

Quand on veut marquer le linge, on renferme une petite quantité de ce vernis entre plusieurs doubles de toile, on exprime pour faire sortir un peu de vernis, et on applique sur le linge.

SECTION IV.

VERNIS A L'ÉTHER.

Les vernis à l'éther sont des liquides bien fluides, limpides et séchant très-promptement, qu'on emploie principalement pour les objets délicats, afin de leur donner un léger enduit brillant fort agréable. On prépare des vernis uniquement à l'éther, mais il en est d'autres qui se composent de diverses substances. On partage en conséquence ces préparations en :

1º Vernis à l'éther pur ;
2º Vernis mixtes à l'éther.

Parmi les vernis à l'éther pur, on ne comprend que ceux où l'on fait dissoudre une résine, par exemple du copal, de la résine dammar dans de l'éther, tandis que sous le nom de vernis mixtes à l'éther, on comprend une dissolution d'une résine, par exemple, dans un mélange d'éther et d'alcool, ou dans un mélange d'éther, d'alcool et d'essence de térébenthine, ou ceux encore dans lesquels il entre plusieurs résines dans les dissolvants indiqués ou leurs mélanges.

On peut encore rapprocher de ces vernis les suivants :

3º Vernis à la benzine,

qu'on prépare avec la benzine, qui sont également des solutions de résines, très-volatiles, très-fluides, et séchant promptement, qu'on n'emploie aussi que pour les objets délicats.

I.   VERNIS A L'ÉTHER PUR.

1.   *Vernis ordinaire.*

On pulvérise :

Copal fin. . . . . 125 gram.

et on l'agite dans un flacon en verre avec :

Ether du poids spécifique de 0,725. .   500

jusqu'à ce que tout le copal soit dissous. Si cette résine ne se dissout pas complètement, c'est une preuve qu'il n'y a pas une quantité suffisante d'éther, et qu'il faut en ajouter encore un peu, jusqu'à ce que par l'agitation on dissolve le tout. On comprend qu'il ne faut employer à cette opération qu'un éther anhydre.

Les objets qu'on veut enduire avec ce vernis doivent être frottés préalablement avec un peu d'essence de romarin ou de lavande, et être ensuite bien séchés.

2. *Vernis très-siccatif à l'éther et à la dammar, de* FREUDENVOLL.

On prépare ce vernis en pulvérisant très-fin :

Résine dammar premier choix   150 à 180 gram.

Cette résine en poudre est introduite dans un flacon bien sec, et on verse dessus peu à peu, en agitant toujours :

Ether, poids spécifique 0,725 . . . .   500 gram.

Quand tout l'éther a été versé, on ferme le flacon avec un bouchon en verre et on agite continuellement jusqu'à ce que toute la résine soit dissoute ; on laisse reposer, on décante le liquide clair dans un autre flacon bien sec qu'on bouche avec soin et dont on entoure le col avec une vessie, afin de conserver pour l'usage.

Le vernis à l'éther ainsi obtenu n'a pas une grande solidité, mais il est excellent pour enduire les objets en bois blanc, cartes géographiques sur bois, les tableaux, etc. D'ailleurs, on peut le mélanger avec la plupart des vernis à l'esprit-de-vin, gras ou aux essences pour en composer des vernis limpides, mais de couleurs plus sombres, et les rendre plus siccatifs. Pour appliquer le vernis éthéré à la dammar, ce qu'il y a de mieux à faire est de l'étendre d'un seul coup avec un pinceau en queue de morue, et d'opérer aussi vivement qu'il est possible ; c'est le moyen d'avoir un enduit bien uniforme.

3. *Vernis au coton-poudre.*

On le prépare, en dissolvant :

Coton-poudre en quantité suffisante,

dans :

Ether acétique du poids spécifique de 0.890.

II. VERNIS MIXTES A L'ÉTHER.

1. *Vernis au copal.*

On mélange, d'abord :

Ether . . . .   250 gram.
Essence de térébenthine   250

puis on ajoute :

   Alcool à 84° centésimaux. 250

D'un autre côté, on pulvérise :

   Copal des Indes occidentales le plus
    fin. 250

on le verse dans le mélange précédent et on agite jusqu'à solution complète ; seulement, il faut faire attention que la préparation se fasse dans un local chauffé, car autrement le copal ne serait pas entièrement dissous.

Le vernis au copal préparé de cette manière est très-siccatif et sert pour enduire les bois peu colorés et le dos des livres. Si on veut qu'il sèche moins promptement, on y ajoute :

   Baume de copahu . . . . 30 gram.

Il faut conserver ce vernis dans des flacons bien bouchés.

2. *Vernis éthéré au copal*, de FRENDENVOLL.

On fait dissoudre dans :
   Ether. 1kil.125
   Camphre. . . . . 60 gram.

on y ajoute ensuite :

   Essence de térébenthine. 15

et on agite. Cela fait, on introduit dans un flacon :

   Copal des Indes occidentales ou orien-
    tales des plus fins. . . . . 250 gram.

on verse dessus la dissolution précédente et on favorise la dissolution du copal par l'agitation. Lorsque cette dissolution est opérée, on ajoute :

   Térébenthine de Venise. . . . . 15 gram.

qu'on a fait dissoudre dans :

   Alcool à 98° centésimaux 250

on agite encore avec soin et on laisse le vernis en repos pendant quelques jours pour qu'il s'éclaircisse.

La liqueur se sépare en deux couches, on décante la supérieure qui fournit un superbe vernis limpide comme de l'eau et très-siccatif Pour le conserver, on le renferme dans des flacons en verre bien bouchés dont on enveloppe le col avec une vessie bien serrée.

La couche inférieure renferme encore beaucoup de copal qui n'est pas dissous. On traite encore par :

   Camphre. . . . . 60 gram.

et

Ether. 1kil.125

et on procède comme ci-dessus. En ajoutant plus ou moins de térébenthine de Venise, on diminue son extrême dis-position à la dessiccation.

Le vernis à l'éther obtenu de cette façon ne s'applique que sur les objets de couleur claire ainsi que sur le dos des livres reliés.

3. *Vernis éthéré au copal*, de HEEREN.

On pulvérise :

    Copal des Indes occidentales. . . . . 936 gram.

et on dissout à une douce chaleur, dans un mélange de :

    Essence de térébenthine rectifiée . . 625 gram.
    Ether. 150
    Alcool de 98° centésimaux 936

Lorsque la dissolution est terminée, on a un vernis d'une consistance oléagineuse qui s'éclaircit par le repos, ou bien qu'on filtre au papier dans un entonnoir fermé.

4. *Vernis éthéré au copal*, de WALTL.

On verse sur du copal concassé grossièrement, de l'essence pure et incolore de serpolet ou de romarin, et on chauffe doucement pour hâter la dissolution. La portion est décantée sur la résine qui n'est pas encore dissoute, et on ajoute à cette portion liquide la quantité nécessaire d'alcool concentré jusqu'à ce qu'on obtienne une solution claire.

5. *Vernis éthéré incolore à la dammar.*

On dissout :

    Dammar en morceaux. . . . . 500 gram.

dans un mélange de :

    Ether sulfurique. 500
    Essence de térébenthine rectifiée . . . 1 kilog.
    Alcool à 98° centésimaux 1

Quand la dissolution est opérée, on abandonne le vernis au repos pour qu'il éclaircisse. Il est très-nécessaire de préparer ce vernis, qui est aussi très-siccatif, avec la dammara en morceaux, quoique la dissolution marche avec une plus grande lenteur, parce que les impuretés que contient la résine ne sont pas réduites en poudre et se précipitent plus aisément au fond.

6.   *Vernis éthéré au mastic.*

On le prépare en pulvérisant :
    Mastic premier choix. . . . .   500 gram.
ajoutant environ :
    Verre pilé.   125
et agitant ce mélange avec :
    Ether. 1kil.500
    Alcool à 98° centésimaux. . . . . . .   500 gram.
et laissant éclaircir par le repos.
  Si on veut s'opposer à sa trop prompte dessiccation, on ajoute à la dissolution :
    Térébenthine de Venise . . . .   125 gram.
puis on conserve le vernis dans des vases bien bouchés.

7.   *Vernis éthéré blanc et brillant, de* HELD.

On mélange :
    Ether. . . . .   125 gram.
avec :
    Alcool à 98° centésimaux.   250
et on fait dissoudre dans le mélange, en agitant :
    Mastic concassé finement . . . .   60 gram.
    Sandaraque concassée fin   60
auxquelles résines on ajoute :
    Verre pilé.   60
Les résines se dissolvent rapidement, et on ajoute :
    Essence de lavande fine . . . .   2 gram.
et on filtre dans un entonnoir fermé.

8.   *Vernis éthéré de résine.*

On pulvérise :
    Colophane bien diaphane . . . .   500 gram.
et on dissout dans :
    Alcool à 98° centésimaux. 1kil.500
    Ether. . . . .   500 gram.
Lorsque la dissolution est opérée, on ajoute :
    Térébenthine de Venise.   125
et on laisse éclaircir.

III. VERNIS A LA BENZINE, AU CHLOROFORME, AU SULFURE DE CARBONE, ET HUILES ESSENTIELLES.

1. *Vernis pour gravures photographiques sur acier, de NIEPCE.*

On prépare ce vernis avec :

    Bitume de Judée pur. . . . . 75 gram.
    Cire jaune. 15
    Benzine 1kil.500

on fait fondre et on filtre. Après le repos, on décante la liqueur claire.

Le vernis qu'on obtient ainsi est aussi fluide que l'albumine d'œuf ; il se travaille aussi aisément que le collodion et sèche très-rapidement.

2. *Autre formule.*

Le vernis se prépare avec :

    Pétrole 2kil.500
    Benzine. . . . . 500 gram.

dans lesquels on fait dissoudre :

    Cire jaune pure. 30

et filtrant à travers une toile.

3. *Vernis de résine à la benzine pour objets précieux en bois.*

On fait dissoudre :

    Colophane blond clair. . . . . 375 gram.
    Mastic première qualité. 60
    Benzine. 1kil 560

on filtre la solution à travers une toile de coton et on la conserve pour l'usage dans des flacons bien bouchés.

4. *Autre vernis à la benzine.*

On fait dissoudre :

    Élémi . . . . 500 gram.

dans :

    Benzine. 1kil.500

et on filtre à travers une toile.

5.　NOUVEAUX VERNIS POUR TABLEAUX, DE WINCKLER.

a.　*Vernis élastique.*

On fait dissoudre à la température ordinaire, et dans un flacon en verre qui bouche bien, et en agitant :

　　　Résine élémi du commerce, de choix, 500 gram.
　　　Benzine pure. . . . . 1 kilog.

et quand la dissolution est opérée, on filtre au papier.

On obtient de cette manière un vernis clair jaune d'or qui ne sèche pas, il est vrai, aussi promptement, mais possède assez d'élasticité au point de pouvoir l'employer comme vernis clair à l'or pour les bois dorés.

b.　*Vernis au mastic et au chloroforme.*

On fait dissoudre à la température ordinaire, et en agitant dans un flacon en verre :

　　　Mastic de choix. . . . . 500 gram.

dans :

　　　Chloroforme. . . . . 1 kilog.

La dissolution faite, on filtre au papier dans un entonnoir en verre recouvert d'une plaque de même substance. De cette manière, on obtient un vernis de couleur legèrement vineuse et séchant très-promptement.

c.　*Vernis à la résine dammar et à la benzine.*

On fait dissoudre à la température ordinaire, dans un flacon en verre, et en agitant :

　　　Résine dammar de choix . . . . 500 gram.

dans :

　　　Benzine pure. . . . . 1 kilog.

mais il est bon d'agiter d'abord cette benzine avec du sel marin sec pour la deshydrater, et de bien faire sécher la résine dammar. La dissolution opérée, on filtre. Ce vernis est élastique et est propre à vernir les tableaux, les cadres, les petits objets, etc.

d.　*Vernis au mastic et à la benzine.*

On fait dissoudre à la température ordinaire, et en agitant :

　　　Mastic de choix. . . . . 500 gram.

dans :

      Benzine pure deshydratée. . . . . . .   1 kilog.

et on filtre au papier après la dissolution. On obtient ainsi un vernis limpide comme l'eau et séchant très-aisément.

6. *Vernis au gutta-percha, de* WINCKLER.

Première formule.

On fait dissoudre à la température ordinaire dans un flacon en verre et en agitant :

      Gutta-percha du commerce. . . . . .   500 gram.

dans :

      Chloroforme. 1 kil.500

Dès que la dissolution est opérée, on filtre dans un entonnoir recouvert d'une plaque de verre et le vernis est prêt.

Deuxième formule.

On fait dissoudre dans un flacon en verre en ayant recours à la chaleur et à l'agitation :

      Gutta-percha du commerce. . . . .   500 gram.

dans :

      Huile légère de schiste (photogène)
        du poids spécifique 1.83. . . . . .   1kil.500

La dissolution est brun-rouge sale, mais cette coloration disparaît quand on filtre, et on obtient un vernis limpide comme l'eau et séchant très-promptement.

Troisième formule.

On fait dissoudre dans un matras en verre au bain-marie :

      Gutta-percha du commerce. . . . . .   500 gram.

dans :

      Résine du commerce. 1 kil.500

La dissolution opérée, on laisse reposer et il se forme un dépôt qui a l'aspect d'une masse résineuse rouge-brun, poisseuse, dont on sépare le liquide rouge vineux qu'on filtre. Ce vernis sèche très-promptement.

Tous ces vernis au gutta-percha sont appliqués seuls ou ajoutés à d'autres vernis d'huile auxquels on veut donner de l'élasticité.

7. *Vernis incolore au caoutchouc, de* BOLLEY.

Dans tous les liquides connus, préconisés comme agents de solution pour le caoutchouc, on observe constamment que même quand on emploie un excès de ces liquides, il reste toujours des flocons bruns qu'on peut comprimer, broyer et diviser finement, mais qui ne se dissolvent pas. La quantité de ce résidu insoluble est, comparativement à la portion qui se dissout, assez faible, quand on a fait gonfler le caoutchouc coupé en morceaux dans du sulfure de carbone, puis qu'on traite sa masse gélatineuse par le benzole dans lequel elle se dissout en grande partie. La solution passée à travers une toile peut être débarrassée par une distillation au bain-marie du sulfure de carbone et étendue à volonté avec le benzole. Cette solution est bien limpide, mais colorée faiblement en jaune vineux.

On obtient une solution aussi claire que l'eau quand on fait digérer du caoutchouc coupé en morceaux avec le benzole (benzine), à la température ordinaire, et en agitant fréquemment. Le caoutchouc gélatineux se dissout en grande partie, la liqueur est moins fluide que le benzole, et en la filtrant et la laissant reposer, on peut l'obtenir parfaitement limpide. Le benzole peut être à l'état brut, c'est-à-dire un mélange des huiles légères provenant de la distillation des goudrons de houille, et pourvu qu'il soit incolore, la solution l'est aussi. Le résidu floconneux insoluble s'obtient en le faisant passer avec pression à travers une toile épaisse, sous la forme d'une gelée consistante brunâtre, et est utilisé comme colle ou matière adhésive. Ce vernis peut être mélangé avec les vernis gras ou à l'essence. Il jouit de la propriété avantageuse de sécher très-promptement, et ne possède aucun éclat quand il n'est pas non plus cassant, et peut être appliqué en couches très-minces. Il est extrêmement présumable qu'il n'éprouve aucun changement par une exposition à l'air et à la lumière. Autant qu'on a pu encore s'en assurer, il a paru parfaitement propre à vernir les cartes géographiques ou les gravures, attendu qu'il n'altère en aucune façon la couleur blanche du papier, qu'il n'a pas cet éclat désagréable des vernis résineux dont on se sert pour cet objet, et qu'il n'est pas cassant comme eux. Il est excellent dans tous les cas pour fixer les dessins au pastel ou à la mine de plomb qui résistent, quand ils en ont été enduits, à de légers frottements. On écrit fort bien sur du papier non collé, qui en a été recouvert, avec l'encre ordinaire, et il est très-probable qu'il sera très-propre à enduire et apprêter des tissus légers, la soie par exemple, et à les préserver du contact de l'air.

8. *Vernis au gutta-percha, de* LEFÈVRE *et* DESEILLE.

On prépare ainsi qu'il suit le dissolvant, qui est un hydrocarbure liquide. On lave à plusieurs reprises avec de l'eau :

Huile de goudron de 20° à 22° Baumé,

en ajoutant à la première lotion de l'acide sulfurique, pour débarrasser de certaines matières étrangères nuisibles. Les lavages ultérieurs chassent cet acide sulfurique. On distille alors cette huile, à laquelle on ajoute de la chaux en poudre et du sulfure de carbone, et on distille de nouveau.

Dans l'huile obtenue, et qui marque 28 à 30° Baumé, le gutta-percha se dissout aisément à l'aide de la chaleur.

Si on mélange cette huile avec de l'alcool et de l'essence de lavande, on peut l'employer à enlever les taches sur les étoffes ou pour nettoyer les gants.

En mélangeant la dissolution de gutta-percha avec une solution de copal dans un vernis d'huile de lin, on obtient un vernis qui sert à vernir le bois et les meubles, et en même temps à les préserver de l'humidité.

L'addition d'une petite quantité de solution de gutta-percha à la masse pour rouleaux d'impression typographique ou lithographique, en améliore beaucoup la qualité, et enfin cette solution rend les tissus imperméables.

9. *Vernis commun à essence minérale, de* GAILHARD
et CLOZEL.

On dépose dans un matras :

Vernis d'huile de lin.. . . . . 300 gram.
Galipot. 200
Benzine à 27 ou 28° de l'aréomètre
     centigrade. 100

On porte cette composition à la température de 80° à 90° C., en agitant de temps en temps avec une spatule, et lorsque la dissolution est complète, on passe au tamis et laisse reposer.

On peut aussi fabriquer ainsi des vernis fins au copal

ou autre résine, pourvu que la benzine soit bien débarrassée de paraffine, de naphtaline et autres principes qu'elle renferme souvent.

10. *Vernis au succin pour photographes, de* DIAMONO.

On prend :

    Succin réduit en poudre.. . . . .　30 gram.

qu'on fait dissoudre dans un flacon en verre, et en agitant fréquemment, dans :

    Chloroforme. . . . .　250 gram.

Au bout de 24 heures, la partie résineuse du succin qui fournit seule un bon vernis, est dissoute, et la substance terreuse qui constitue la majeure partie de ce corps, n'est pas attaquée et reste à l'état de corps spongieux. Pour la séparer, on presse la solution dans un morceau de soie fine ou de mousseline serrée, avant de la verser sur un filtre en papier, parce qu'autrement on éprouverait une perte assez considérable en liquide volatil.

Le meilleur vernis s'obtient avec le succin qui provient des embouchures brisées de pipes.

11. *Vernis à l'asphalte et au succin, de* LANDERER.

Pour garantir les produits pharmaceutiques ou autres matières qui se décomposent avec facilité sous l'influence de la lumière, on se sert du verre hyalite, mais quand on ne peut pas s'en procurer, on est forcé de recouvrir le verre de papier noir, ou d'appliquer un vernis de cette couleur.

Pour préparer ce vernis, on se sert d'une dissolution de bitume dans la benzine. Avec ce beau vernis noir, on enduit le verre en couche plus ou moins épaisse, et au bout de quelques instants, ce vernis est parfaitement sec, surtout quand on expose le verre au soleil ou à la chaleur.

On prépare encore un beau vernis qui sèche aussi très-promptement, en dissolvant du succin ordinaire préalablement fondu dans du chloroforme. Si on verse cette dissolution sur du verre ou qu'on enduise un vase en cette matière, il sèche en laissant une belle couleur noir brillant. Ce vernis qui est susceptible de recevoir de nombreuses applications, peut être aussi coloré diversement. Lavé avec quelques gouttes d'ammoniaque liquide, il se redissout et laisse bien nets les objets qui en avaient été recouverts.

12. *Vernis au bitume pour ferrures.*

On fait dissoudre dans une chaudière en fonte, sur un feu doux :

    Bitume. . . . . 750 gram.

dans :

    Huile de goudron de pin. . . . . . . 2 kilog.

et on y ajoute :

    Colophane pulvérisée. . . . . 250 gram.

La dissolution doit être opérée avec précaution, pour que la flamme ne vienne pas en contact avec les vapeurs qui s'échappent et qui pourraient s'enflammer.

Ce vernis s'applique aussi avec succès sur les chaînes en fer, après qu'on les a debarrassées de la rouille ou des écailles en les plongeant dans l'acide chlorhydrique très-étendu.

13. *Vernis noir au bitume de Judée, de* WINCKLER.

Première formule.

On fait dissoudre à la température ordinaire, et en agitant :

    Bitume de Judée. . . . . 500 gram.

dans :

    Benzine du commerce. . . . . 1 kilog.

on filtre et le vernis est prêt.

Deuxième formule.

On fait dissoudre dans un matras en verre, et au bain-marie :

    Bitume de Judée . . . . 500 gram.
    Gomme élémi, choix. 125

dans :

    Benzine du commerce. 1kil.060

et on filtre à chaud à travers une toile.

Troisième formule.

14. *Vernis gras au bitume.*

On fait dissoudre à chaud :

    Bitume de Judée. . . . . 500 gram.

dans :

    Benzine du commerce. . . . .   1 kilog.

et, à cette dissolution, on mélange :

    Vernis d'huile de lin.   1

D'un autre côté, on fait dissoudre :

    Noir de fumée, qualité la plus fine. .   62gram.5
    Benzine. 500

On ajoute cette solution à celle précédente, et on filtre à travers un tamis en toile métallique fine. Ce vernis est très-noir, il sèche bien et donne un bel enduit brillant.

SECTION V.

VERNIS A L'ALCOOL.

Les vernis à l'alcool sont des solutions bien fluides, plus ou moins colorées, et très-siccatives, dont on se sert pour recouvrir les objets qui doivent recevoir un enduit translucide et vitreux.

Suivant que ces vernis doivent être appliqués sur des objets incolores ou colorés, ils sont ou limpides comme de l'eau ou colorés.

Les vernis incolores ou limpides comme l'eau servent principalement à enduire les bois de couleur claire, l'é-rable, par exemple, afin que la couche de résine qui reste après l'évaporation de l'alcool, modifie le moins possible la couleur claire naturelle du bois. A cet effet, on se sert, pour la préparation de ces vernis, de résines qui ne sont pas colorées.

Les résines qu'on emploie ordinairement pour cet objet, et qui se dissolvent dans l'alcool, sont :

    La gomme-laque sous la forme de laque en feuilles ;
    La sandaraque ;
    La résine animé.

Ces résines diffèrent entre elles sous le rapport de leur dureté et de leur propriété de se ramollir à une douce chaleur, et, à cet égard, suivent l'ordre indiqué ci-des-sus.

Suivant que la couche de vernis doit être plus ou moins dure, plus ou moins élastique, on emploie de préférence l'une ou l'autre de ces résines, ordinairement plusieurs d'entre elles ensemble, pour en faire une dissolution.

Toutes ces résines sont, toutefois, plus ou moins cassantes à une basse température, et la couche de vernis est en conséquence, après la dessiccation, sillonnée de petites fissures, de manière qu'au moindre choc, le vernis, dans les parties touchées, se réduit en une poudre blanche qui n'est pas apparente quand ces résines sont dissoutes dans l'alcool. On est donc obligé d'ajouter à la dissolution, suivant l'usage qu'on veut en faire de la térébenthine de Venise plus ou moins pure, qui jouit de la propriété, par la petite portion d'essence de térébenthine qu'elle retient avec obstination, de modérer les propriétés cassantes de la résine, malgré qu'avec le temps elle perde encore ces propriétés par la volatilisation complète de l'essence.

L'élémi, qui renferme également une petite quantité d'huile essentielle, se rapproche un peu par là de la térébenthine. On ajoute aussi fréquemment du camphre, qui réagit de la même manière que la térébenthine.

On obtient un effet plus durable par l'addition d'une petite quantité d'huile de lin épaissie qu'on a préalablement dissoute dans l'alcool. Cette huile épaissie se prépare en abandonnant pendant longtemps de l'huile de lin dans un flacon qui en est à moitié rempli. On peut aussi remplacer celle-ci par de la térébenthine, ou même supprimer celle-ci et ajouter au vernis environ 2 pour 100 du poids de l'alcool, d'huile de lin pure, ou même d'huile d'olive, et dissoudre par l'agitation.

Voici quelles sont les précautions qu'il convient, en général, d'observer dans la préparation des vernis à l'alcool.

1. La dissolution des résines est d'autant plus complète, et le vernis d'autant plus beau et plus durable, qu'on se sert d'alcool mieux débarrassé d'eau. L'alcool au-dessous de 90° (poids spécifique, 0,833) ne peut guère être employé à cet usage. On peut, d'une manière commode, concentrer l'alcool qu'on destine à cet objet, en se servant d'une vessie de bœuf; mais, en général, on concentre l'alcool en le rectifiant sur des substances avides d'eau, tels que l'acide chlorhydrique, la chaux vive, le tartrate de potasse, etc.

Un procédé fort simple pour déshydrater l'alcool, consiste à faire griller 1 kilogramme de sulfate de cuivre dans une bassine en fer, sur un feu de charbon, et quand cette opération est terminée, à pulvériser finement le sulfate de cuivre anhydre, à l'introduire dans un flacon en verre bien sec avec l'alcool (de 3 à 5 kilog.), à agiter fréquemment, puis, au bout de 12 heures environ, à séparer, par voie de filtration, l'alcool du dépôt. L'alcool anhydre qu'on obtient de cette manière est celui dont on se sert pour préparer le vernis à l'alcool.

Le sulfate de cuivre, dépouillé de son eau de cristallisation, jouit de la propriété de s'emparer de l'eau que contient l'alcool et de le rendre anhydre.

La quantité d'alcool qui doit servir à dissoudre les résines est variable; ordinairement, c'est de trois à trois fois et demie le poids de la résine qu'on emploie.

2. Les résines qu'on doit choisir en morceaux purs et clairs pour préparer des vernis blancs et limpides, laver d'abord dans l'eau pure et faire bien sécher, sont pulvérisées et mélangées à environ le tiers de leur poids de verre grossièrement pulvérisé dont on a séparé, au moyen du tamis de crin, la poudre la plus fine qui ne se déposerait que difficilement, afin d'empêcher les résines de s'agglomérer et favoriser l'action de l'alcool. La dissolution s'opère, au bain-marie ou au bain de sable, à une bonne température de digestion de 50° C. dans une cornue ou un matras en verre. Toutefois, on procède aussi souvent à la solution dans une étuve ordinaire, malgré que ce mode exige plus de temps. Quand on ajoute de la térébenthine de Venise, on la dissout à part dans une portion de l'alcool et on la verse sur les autres ingrédients dans le matras en provoquant le mélange complet par l'agitation.

Lors du refroidissement, on entoure le bec de la cornue ou l'orifice du matras avec un papier pour s'opposer à l'introduction de la poussière, ou mieux avec une vessie qu'on perce d'un trou d'épingle pour le dégagement des vapeurs.

Lorsque la dissolution est complète, on laisse refroidir le matras, et lorsque, par le repos le vernis s'est suffisamment éclairci, on le passe sur un entonnoir, à travers un linge fin, ou lorsque le vernis doit être trouble, à travers un peu de coton, et on le reçoit dans des flacons secs et propres qu'on bouche hermétiquement.

Les vernis à l'alcool sont plus beaux quand on les applique peu de temps après leur préparation; avec l'âge ils épaississent, parce qu'avec les fermetures ordinaires, l'alcool s'évapore continuellement. Dans ce cas, il faut leur ajouter de l'alcool pour leur rendre la consistance convenable.

Les vernis à l'alcool se distinguent les uns des autres

par la variété des résines qu'on emploie à leur préparation, résines dures et solides qui ne se ramollissent
pas par une chaleur modérée et qui sont les seules dont
on puisse se servir pour base des bons vernis alcooliques.

Ces résines sont :

a. La sandaraque.
b. La gomme-laque ou laque en feuilles.
c. Le copal.

Les autres résines, telles que :

1. Le mastic,
2. L'élémi,
3. Le galipot ou l'encens,

opèrent surtout comme la térébenthine, c'est-à-dire
qu'elles diminuent par leur addition la tendance des
vernis à se fendiller et s'écailler. On doit éviter le mélange de plusieurs résines dans un seul et même vernis,
en partant du reste, d'après ce point de vue, qu'un vernis
de ce genre doit se composer principalement :

a. D'une résine fondamentale;
b. De l'addition d'une quantité de résine molle ou de
térébenthine suffisante pour donner à la couche desséchée de vernis la solidité requise, sans qu'il soit cassant,
sans qu'il se fendille et sans rester poisseux.

Ces additions varient avec les applications qu'on a en
vue ; elles sont plus considérables pour les vernis qui
doivent conserver une certaine élasticité, et moindre pour
ceux qui sont destinés à former une couche ou croûte
solide sur des corps durs.

C'est d'après ces motifs qu'on peut partager les vernis
à l'alcool en :

I.   Vernis à la sandaraque,
II.   Vernis à la gomme-laque,
III. Vernis au copal.

I.   VERNIS ALCOOLIQUES A LA SANDARAQUE.

Les ingrédients de ces vernis sont la sandaraque et la
térébenthine de Venise. On y ajoute aussi ordinairement
du mastic en proportion d'autant plus forte que le vernis
doit être plus tendre. Dans quelques cas où on a, au contraire, besoin d'un vernis plus dur, on y ajoute un peu
de gomme-laque.

La sandaraque a besoin, pour la préparation de ces
vernis, d'être préalablement purifiée, et dans ce but on

fait cuire dans un pot neuf les morceaux les plus purs et les plus translucides dans une lessive concentrée de soude, puis on lave aussitôt avec de l'eau de pluie ou de rivière, et au besoin, on répète cette opération à plusieurs reprises. Cela fait, on étend la sandaraque dans une chambre qui ne soit pas trop chauffée, et on laisse bien sécher.

1. *Vernis ordinaire à la sandaraque.*

On fait dissoudre :

    Sandaraque lavée et séchée. . . . . . . 500 gram.

dans :

    Alcool à 96° centésimaux. . . . . 1 kilog.

au bain-marie, dans un matras ou au bain de sable dans un flacon convenable, on filtre à travers le papier à filtre et on reçoit dans des bouteilles bien sèches.

2. *Vernis blanc à la sandaraque.*

On pulvérise dans un mortier :

    Sandaraque purifiée. . . . . 180 gram.
    Mastic purifié. 125

on mélange cette poudre avec :

    Térébenthine de Venise. . . . . 250 gram.

on introduit la masse dans un flacon à large ouverture, on verse dessus :

    Alcool à 96° centésimaux. 1 kil.330

on ajoute :

    Huile de Ben. . . . . de 4 à 8 gouttes.

on noue autour du flacon une vessie humide qu'on a percée d'un trou avec une aiguille et on l'introduit dans un bain de sable. On agite de temps à autre jusqu'à ce que la dissolution soit complète. Le vernis ainsi préparé est filtré à travers une toile et conservé dans des bouteilles en verre pour l'usage.

3. *Autre formule.*

On pulvérise :

    Sandaraque purifiée. . . . . 500 gram.

on y mélange :

    Térébenthine de Venise. . . . . 125 gram.
    Alcool à 96° centésimaux. . . . . 2 kilog.

puis on procède ainsi qu'on l'a expliqué au n° 2.

4.   *Vernis à la sandaraque, l'alcool et l'essence.*

On pulvérise :

    Sandaraque purifiée. . . . . 750 gram.

on y mélange :

    Térébenthine de Venise. . . . .   60 gram.
    Essence de térébenthine rectifiée. . .   45
    Alcool à 96° centésimaux. 750

et pour le reste, on opère ainsi qu'on l'a déjà expliqué.
Ce vernis, qui possède une couleur jaunâtre, est employé
sur les objets communs.

5.   *Vernis à la sandaraque, de* WATIN.

Ce vernis est composé de :

    Sandaraque purifiée. . . . . 500 gram.
    Mastic en larmes purifié. 125
    Térébenthine de Venise. 250

substances auxquelles on ajoute :

    Verre grossièrement pilé. . . . . 250 gram.

et en outre :

    Alcool à 96° centésimaux. . . . .   2 kilog.

Pour bien préparer ce vernis, on pulvérise la sandaraque
et le mastic, on mélange avec la térébenthine de Venise
et le verre pilé, on introduit le tout dans un flacon, on
verse dessus l'alcool, on opère la dissolution au bain de
sable ou au bain-marie, et quand le vernis est fait, on
le filtre à travers le coton.

6.   *Vernis blanc brillant aisément siccatif.*

On prépare ce vernis en pulvérisant :

    Sandaraque purifiée. . . . . 375 gram.

dissolvant la poudre au bain-marie ou au bain de sable
dans :

    Alcool à 96° centésimaux. 1 kil.500

et après la dissolution complète ajoutant :

    Térébenthine de Venise. . . . . 180 gram.

laissant ensuite en contact jusqu'à ce que la masse soit
bien incorporée, et filtrant le vernis quand il est prêt.

7. *Vernis anglais brillant.*

Ce vernis se compose de :

> Sandaraque purifiée et pulvérisée. . . 375 gram.
> Térébenthine de Venise. 375
> Alcool à 96° centésimaux. . . . .   2 kilog.

Pour le préparer, on fait liquéfier la térébenthine de Venise dans un pot neuf et bien vernissé, on y ajoute par petites portions à la fois la sandaraque en poudre, toujours en remuant, et aussitôt que la masse s'est combinée parfaitement, on la verse dans un vase avec de l'eau froide qui en détermine le passage à l'état solide. Alors, on casse la masse en petits morceaux, on l'enveloppe dans un papier et on la laisse sécher complètement dans un local chauffé. Cette dessiccation opérée, on réduit en poudre, on introduit celle-ci dans un matras en verre, on verse dessus l'alcool et on opère la solution au bain-marie.

Le vernis ainsi obtenu est filtré et conservé dans des bouteilles bien bouchées. Il possède un grand éclat, mais sèche avec lenteur.

8. *Vernis anglais mixte à la sandaraque*

Ce vernis se compose avec :

> Sandaraque. . . . . 180 gram.
> Mastic en larmes 180
> Copal. 60
> Essence de lavande. 180
> Alcool à 90° centésimaux. . . . .   2 kilog.

On le prépare en humectant le copal avec quelques gouttes d'essence de lavande, le faisant fondre à un feu doux dans un pot en terre bien vernissé, puis versant sur un marbre froid. Après le refroidissement, on réduit le copal en poudre fine, on l'introduit dans un matras en verre, on y ajoute le mastic et la sandaraque en poudre, on verse l'alcool et on laisse digérer au bain-marie ou au bain de sable jusqu'à dissolution de cette poudre. Alors on ajoute l'essence de lavande et on provoque son incorporation en agitant. Après le refroidissement, le vernis est préparé et on le filtre.

Si on veut que ce vernis soit plus solide et plus durable, on prend parties égales de mastic, de sandaraque et de copal.

9. *Autre formule.*

On pulvérise :

Sandaraque.	375 gram.
Succin blanc, pur et fondu.	375
Mastic en larmes	125

et à ces ingrédients, on mélange :

Verre pilé grossièrement.	250

puis on verse sur le tout :

Alcool à 96° centésimaux.	1kil.500

On opère la solution de ces substances par l'agitation et une douce chaleur, puis plus tard par une ébullition au bain-marie, et enfin on ajoute :

Térébenthine de Venise, première qualité.	125 gram.

Dès que la solution est complète, on laisse refroidir le vernis qui est préparé et qu'on filtre sur le coton.

Le vernis ainsi préparé jouit d'un grand éclat et sèche très-vite.

10. *Vernis à la sandaraque à éclat vitreux.*

On pulvérise grossièrement :

Sandaraque purifiée.	375 gram.
Mastic en larmes	250
Animé.	30

A ces substances, on mélange :

Verre pilé.	180

Après avoir versé ces poudres dans un matras en verre, on verse dessus :

Alcool à 96° centésimaux	1kil.500

on agite bien et on ajoute :

Essence de térébenthine.	250 gram.

on entoure le col du matras avec une vessie humide per-cée d'un trou d'épingle, et on l'introduit soit dans le bain de sable, soit dans le bain-marie. Lorsque la solution des substances est achevée, on laisse refroidir et on filtre à travers une toile.

11. *Vernis vénitien à la sandaraque*

On prépare ce vernis en pulvérisant :

Sandaraque, qualité la plus fine. . .   250 gram.
Mastic en larmes   180
Copal.   60
Succin.   60
Animé.   125
Encens.   125

et faisant sécher cette poudre complètement dans une ca-pacité chauffée (on broie le copal en poudre fine avec un peu d'alcool); on introduit les substances indiquées dans un matras en verre, et on verse dessus :

Alcool à 96° centésimaux. . . . . 2 kilog.

on favorise la solution en posant sur un bain de sable, et on ajoute encore :

Térébenthine de Venise qu'on a liqué-
fiée . . . . 180 gram.

on mélange avec la solution de résine au moyen de l'agi-tation, et on laisse refroidir ; on filtre et on conserve dans des flacons en verre bien bouchés.

Ce vernis donne un très-bel enduit, solide et brillant quand il est appliqué avec soin, et n'est pas inférieur aux meilleures sortes de vernis au copal.

12. *Vernis hollandais à la sandaraque.*

On le prépare en pulvérisant :

Sandaraque purifiée. . . . . 375 gram.

dissolvant au bain-marie dans :

Alcool à 96° centésimaux 1kil.875

puis ajoutant :

Térébenthine de Venise liquéfiée. . . 125 gram.
Essence de térébenthine. 125
Camphre 15
Sucre blanc très-fin 15

on abandonne ce vernis préparé pendant quelques jours dans un lieu chaud afin qu'il éclaircisse, et on le filtre enfin à travers une toile.

Ce vernis est très-solide et d'un très-bel éclat.

13. *Vernis à la sandaraque inattaquable par l'eau bouillante.*

On fait fondre :

Sandaraque premier choix.	250 gram.
Mastic en larmes	250
Colophane blond clair.	125
Gomme-laque.	125

on laisse refroidir, on pulvérise finement et on verse sur la poudre :

Alcool à 96° centésimaux.	3 kilog.

on accélère la dissolution en plongeant dans un bain-marie et par l'agitation, et on filtre après le refroidissement.

14. *Vernis brun à la sandaraque.*

Ce vernis se compose avec :

Sandaraque purifiée	180 gram.
Gomme-laque.	125
Colophane blond clair	125
Térébenthine de Venise.	180
Alcool à 96° centésimaux.	2 kilog.

On fait fondre les résines dans un pot en terre bien vernissé ou dans une petite chaudière en cuivre étamé; on ajoute la térébenthine de Venise et on laisse refroidir; on réduit en poudre, on dissout celle-ci dans l'alcool à l'aide de la chaleur, et on filtre.

15. *Vernis à la sandaraque à mélanger aux couleurs.*

Ce vernis consiste en :

Sandaraque purifiée	250 gram.
Gomme-laque.	250
Colophane, première qualité.	125
Alcool à 96° centésimaux.	2 kilog.

On fait fondre les résines après le refroidissement, on les pulvérise et on fait dissoudre dans l'alcool à l'aide de la chaleur.

16. *Vernis anglais à la sandaraque pour le même objet.*

Ce vernis est composé avec :

Sandaraque purifiée	180 gram.
Laque en feuilles	90 à 125

Colophane. . . . .   125 gram.
Térébenthine de Venise.   180
Alcool à 96° centésimaux. . . . . . .   2 kilog.

Les résines sont fondues sur un feu doux, on y ajoute la térébenthine, toujours en agitant, et aussitôt que la masse commence à se dissoudre, on la combine avec l'essence qu'on a fait préalablement chauffer. Après le refroidissement, on filtre le vernis à travers une toile ou du coton.

17. *Autre formule.*

On pulvérise :

Sandaraque, premier choix . . . . . .   180 gram.
Copal clair.   60

qu'on broie ensuite fin avec un peu d'alcool :

Mastic en larmes   60

on fait fondre ces matières sur un feu modéré, et, après le refroidissement, on brise de même la masse et on la dissout au bain de sable ou au bain-marie dans :

Alcool à 96° centésimaux. 1kil.500

Cela fait, on ajoute :

Térébenthine de Venise qu'on a fait
    fondre . . . . 125 gram.

on combine le tout par l'agitation et on filtre après refroidissement.

18. *Vernis flexible à la sandaraque pour le bois.*

On pulvérise :

Sandaraque, premier choix. . . . . . .   375 gram.
Élémi.   125
Animé   125
Camphre.   30

on verse ces substances dans un matras en verre avec :

Alcool à 96° centésimaux. . . . .   2 kilog.

on hâte la dissolution au moyen du bain-marie ou du bain de sable, et on filtre à travers une toile après le refroidissement.

19. *Vernis à la sandaraque pour meubles.*

On pulvérise :

Sandaraque purifiée . . . .   375 gram.
Mastic   125

on mélange cette poudre avec :

    Verre pilé. . . . .   250 gram.

on verse, dans un matras en verre avec :

    Alcool à 96° centésimaux. . . . .   2 kilog.

et on favorise la dissolution en appliquant le bain-marie ou le bain de sable. Cette dissolution opérée, on ajoute encore :

    Térébenthine de Venise préalablement
      liquéfiée . . . .   60 gram.

et on filtre à travers le coton.

20. *Vernis rouge anglais pour meubles.*

On pulvérise :

    Sandaraque. . . . .   180 gram.
    Gomme-laque.   125
    Colophane.   125
    Sang-dragon.   30

on dissout ces matières dans :

    Alcool à 96° centésimaux. . . . .   2 kilog.

dans un matras en verre et au bain-marie. La dissolution opérée on ajoute encore :

    Térébenthine de Venise liquéfiée. . .   180 gram.

on combine par l'agitation et on filtre à travers une toile.

21. *Vernis hollandais pour meubles.*

On compose ce vernis avec :

    Sandaraque bien purifiée. . . . .   375 gram.
    Gomme-laque.   125
    Colophane.   250
    Térébenthine de Venise.   250
    Alcool à 96° centésimaux. . . . . . .   2 kilog.

on pulvérise les résines et on procède exactement comme il est dit au n° 20. On mélange auparavant ces résines avec 250 gram. de verre pilé avant de procéder à leur dissolution dans l'alcool.

22. *Vernis anglais pour les tourneurs.*

Les ingrédients dont ce vernis se compose, sont :

    Sandaraque purifiée. . . . .   180 gram.
    Mastic en larmes.   60

Camphre. . . . .   8 gram.
Alcool à 96° centésimaux. . . . .   3 kilog.

on pulvérise la sandaraque et le mastic qu'on mélange qu'
au camphre réduit en poudre avec l'alcool ; on opère la
dissolution dans un matras en verre au bain-marie ou et
au bain de sable, puis on filtre.

23. *Vernis rouge à la sandaraque.*

On dissout au bain-marie dans :

Alcool à 96° centésimaux. . . . .   2 kilog.
Sandaraque purifiée.. . . . .   375 gram.
Gomme-laque.   180
Colophane.   125
Térébenthine de Venise.   180

après que les résines ont été pulvérisées, on verse dessus
l'alcool dans un matras en verre plongé dans un bain-
marie ; quand la dissolution est opérée, on filtre à chaud,
et, après le refroidissement, on broie avec :

Cinabre le plus fin. . . . .   60 gram.

ou incorpore bien avec la masse et on conserve pour
l'usage.

24. *Vernis pour instruments de musique.*

Ce vernis se prépare en pulvérisant :

Sandaraque purifiée. . . . .   250 gram.
Gomme-laque en grains..   125
Mastic en larmes.   125
Elémi ou benjoin.   125

masse à laquelle on mélange :

Verre pilé.   60

et qu'on fait dissoudre au bain-marie ou au bain de sable
dans :

Alcool à 96° centésimaux. . . . .   2 kilog.

puis à laquelle on ajoute :

Térébenthine de Venise liquéfiée. . .   125 gram.

et filtrant à chaud dès que le vernis est préparé.

25. *Vernis rougeâtre pour instruments de musique.*

A la formule n° 24, on ajoute les matières colorantes
ci-après :

Sang-dragon. . . . .   30 gram.
Safran.   8

qu'on fait dissoudre dans :

Alcool.   125

et on filtre.

26. *Autre formule.*

Ce vernis se compose avec :

Sandaraque en poudre. . . . .   375 gram.
Mastic en poudre.   180
Vernis à l'essence de térébenthine. .   500 gram.
Alcool à 96° centésimaux. . . . . . .   2 kilog.

27. *Vernis pour serrurerie, de* THOMSON.

On prend :

Sandaraque . . . .   575 gram.
Gomme-laque   90
Colophane.   180
Essence de térébenthine..   180
Alcool..   875

On fabrique en faisant d'abord fondre la colophane au bain-marie, dans un matras en verre, on y ajoute la sandaraque et la gomme-laque réduites en poudre, et après que le tout est fondu, on y verse peu à peu l'essence qu'on a fait chauffer. On laisse un peu refroidir et on ajoute l'alcool aussi chauffé préalablement. On abandonne alors dans un endroit chaud jusqu'à ce que le tout soit incorporé et on filtre.

28. *Vernis à la sandaraque pour fer-blanc.*

On pulvérise :

Sandaraque purifiée. . . . .   250 gram.
Mastic en larmes.   125

on dissout au bain-marie, ainsi qu'on l'a déjà expliqué, dans :

Alcool à 96° centésimaux. 1kil.500

et on filtre à travers une toile.

29. *Vernis anglais à tabatières.*

On pulvérise :

Sandaraque purifiée . . . .   375 gram.
Mastic en larmes.   125

Couleurs et Vernis.   Tome 2.   25

on dissout ces poudres au bain-marie, dans :

      Alcool à 96° centésimaux.. . . . .   2 kilog.

Après que la dissolution est opérée, on ajoute :

      Térébenthine de Venise qu'on a liqué-
        fiée. . . . .   125 gram.

et on filtre.

30. *Vernis blanc pour les relieurs.*

Ce vernis se compose avec :

      Sandaraque . . . .   250 gram.
      Térébenthine de Venise.   60

et :

      Alcool à 96° centésimaux. . . . .   1 kilog.

Les manipulations sont les mêmes qu'au numéro 29.

31. *Vernis français à la sandaraque.*

On dissout au bain-marie, dans un matras :

      Sandaraque en poudre. . . . .   375 gram.
      Elémi   250
      Animé   125
      Camphre.   32

dans :

      Alcool à 96° centésimaux. . . . . . .   2 kilog.

et après avoir ajouté aux résines en poudre :

      Verre pilé.. . . . .   250 gram.

afin qu'elles ne s'agglomèrent pas.

32. *Autre formule.*

Ce vernis est composé avec :

      Sandaraque . . . .   250 gram.
      Arcanson.   125
      Gomme-laque   60
      Térébenthine de Venise.   125
      Alcool à 96° centésimaux. 1kil.250

La dissolution des résines réduites en poudre s'opère
au bain-marie, puis on ajoute la térébenthine de Venise.

33. *Vernis à la sandaraque pour gravures sur cuivre.*

On compose ce vernis avec :

      Sandaraque . . . .   375 gram.

Mastic en larmes. . . . .   160 gram.
Camphre.   20
Alcool à 96° centésimaux. 1kil.875

et on manipule comme au numéro 31.

34. *Autre formule.*

Sandaraque en poudre.. . . . .   125 gram.
Mastic en poudre   125

qu'on fait dissoudre au bain-marie ou au bain de sable, dans :

Alcool à 96° centésimaux. 1kil.250

et on filtre encore chaud à travers une toile ou sur le coton.

35. *Vernis français à la sandaraque pour les peintres.*

Ce vernis se prépare avec :

Sandaraque . . . .   250 gram.
Mastic en larmes.   250
Térébenthine de Venise.   375

qu'on fait dissoudre dans :

Alcool à 96° centésimaux. 2kil.250

après avoir ajouté aux résines pulvérisées :

Verre pilé . . . .   250 gram.

36. *Vernis néerlandais pour les peintres.*

On le prépare en pulvérisant :

Sandaraque purifiée. . . . .   250 gram.
Mastic en larmes.   250
Animé   125

qu'on fait fondre au bain-marie dans :

Alcool à 96°. . . . .   2 kilog.

et qu'on filtre.

37. *Vernis pour l'aquarelle.*

On pulvérise :

Sandaraque purifiée. . . . .   185 gram.
Mastic en larmes.   16

on dissout ces poudres dans :

Alcool à 96° centésimaux.   375

on ajoute :

     Térébenthine de Venise. . . . .   65 gram.

et on filtre.

38. *Vernis à insectes n° 1.*

On fait dissoudre :

     Sandaraque en poudre. . . . .   600 gram.
     Camphre.   16

dans :

     Alcool à 96° centésimaux. . . . . . .   3 kilog.

et on filtre.

39. *Vernis à insectes n° 2.*

On mélange :

     Pétrole. . . . .   125 gram.
     Essence de térébenthine.   50
     Térébenthine de Venise.   15
     Essence de girofle.   4

40. *Vernis blanc brillant, de* WHITERING.

On prépare ce vernis avec :

     Sandaraque . . . .   180 gram.
     Mastic en larmes.   60
     Elémi.   30

qu'on réduit en une poudre à laquelle on ajoute :

     Camphre. . . . .   8 gram.

On fait dissoudre au bain-marie dans :

     Alcool à 96° centésimaux. . . . . . .   1 kilog.

puis on ajoute :

     Térébenthine de Venise qu'on a fait
       liquéfier. . . . .   180 gram.

et on filtre.

41. *Vernis à la sandaraque pour écrans en papier.*

On fait dissoudre au bain-marie ou au bain de sable :

     Sandaraque en poudre. . . . .   250 gram.

qu'on a mélangée avec :

     Verre pilé. . . . .   60 gram.

dans :

     Alcool à 96° centésimaux.   750

on ajoute :

    Térébenthine de Venise liquéfiée. . .   150 gram.

on laisse le verre se déposer et on filtre le vernis après qu'il est préparé.

Suivant M. Percy, ce vernis est excellent pour écrans en papier imprimés en couleur.

42.   *Vernis divers, de* WARRENTRAPP.

a.   On fait dissoudre au bain-marie ou au bain de sable :

    Sandaraque en poudre. . . . .   625 gram.
    Térébenthine de Venise.   60

dans :

    Alcool à 96° centésimaux. 1kil.875

et on filtre.

b.   Sandaraque en poudre. . . . .   375 gram.
    Mastic en larmes.   250
    Térébenthine de Venise.   16

dans :

    Alcool à 96° centésimaux. 1kil.875

c.   Sandaraque en poudre . . . .   750 gram.
    Mastic en larmes.   375
    Térébenthine de Venise.   16

dans :

    Alcool à 96° centésimaux. 1kil.875

43.   *Vernis à la sandaraque, pour impressions sur bois (xylographie).*

On fait dissoudre au bain-marie :

    Sandaraque en poudre. . . . .   125 gram.

dans :

    Alcool à 96° centésimaux.   375

D'un autre côté, on fait aussi dissoudre :

    Gomme-laque réduite en poudre. . .   60

dans :

    Alcool à 96° centésimaux.   375

On blanchit au charbon animal ; aux solutions filtrées et mélangées des résines, on ajoute :

    Térébenthine de Venise. . . . .   60 gram.

et on filtre une seconde fois. M. Warrentrapp affirme que ce vernis est excellent.

44. *Vernis incolore à la sandaraque.*

On fait dissoudre par l'agitation :

    Sandaraque en poudre........... 250 gram.

dans :

    Alcool à 96° centésimaux....... 750

et on y ajoute aussitôt :

    Camphre................. 50
    Térébenthine de Venise......... 75

Quand la dissolution est complète, on abandonne le vernis préparé pendant quelques jours dans un local chaud, ou bien on l'expose au soleil pour éclaircir, et enfin on décante le vernis clair pour le séparer d'un léger dépôt qui s'est formé.

Pour appliquer ce vernis, il faut le faire chauffer, aussi bien que l'objet sur lequel on l'étend.

45. *Vernis de Paris, pour métaux, bois, cuir et papier.*

On fait fondre dans une capsule en porcelaine, sur un feu doux :

    Sandaraque purifiée........... 125 gram.
    Mastic................... 30
    Elémi.................... 30

et on y ajoute :

    Térébenthine de Venise........ 60

D'un autre côté, on fait dissoudre au bain-marie :

    Gomme-laque pulvérisée........ 500 gram.

dans :

    Alcool à 96° centésimaux........ 1kil.560

et on mélange par l'agitation avec les résines dissoutes, auxquelles on a ajouté d'abord :

    Essence de lavande.......... 375 gram.

On filtre à travers une flanelle tendue, sur un châssis, et on conserve dans des flacons bien bouchés.

46. *Vernis russe à la sandaraque.*

On pulvérise :

    Sandaraque.................. 125 gram.

Mastic. . . . . 250 gram.
Gomme-laque. 875
Benjoin première qualité. 1 kil.750

on fait fondre ces substances au bain-marie dans :

Alcool à 96° centésimaux. . . . . 8 kilog.

on incorpore peu à peu par l'agitation, on laisse reposer et on filtre à travers une flanelle.

Ce vernis s'applique à chaud sur les objets également chauffés au moyen d'une éponge ou avec le coton.

47. *Vernis à polir pour bois, de* MALTER.

On dissout au bain-marie :

Sandaraque en poudre. . . . . 60 gram.
Gomme-laque. 60

dans :

Alcool à 96° centésimaux. . . . . 3 kilog.

et on filtre.

48. *Vernis à polir.*

On pulvérise :

Sandaraque de choix. . . . . 125 gram.
Gomme-laque. 125

qu'on fait dissoudre dans :

Alcool à 96° centésimaux. . . . . 3 kilog.

et on filtre. Ce vernis s'applique surtout sur la corne en en mettant un peu sur un tampon imprégné d'huile de lin et frottant les objets avec ce vernis.

49. *Vernis très-siccatif à la sandaraque, de* CHEVALLIER.

On fait dissoudre :

Gomme-laque. . . . . 300 gram.
Sandaraque purifiée. 250
Sang-dragon en poudre. 75

dans :

Alcool à 96° centésimaux. . . . . 2 kilog.

La dissolution opérée, on abandonne le vernis au repos pendant quelque temps, afin qu'il dépose les impuretés qu'il peut contenir, et on décante la partie claire.

50. *Vernis mixte à la sandaraque.*

On pulvérise :

Sandaraque purifiée. . . . . 250 gram.
Laque en grains. 125
Mastic en larmes. 60
Benjoin qualité supérieure. 60

on dissout ces substances dans :

Alcool à 96° centésimaux. . . . . 2 kilog.

on ajoute :

Térébenthine de Venise liquéfiée. . . 125 gram.

et on filtre à travers une toile.

51. *Vernis brillant pour objets délicats, de* HELD.

On pulvérise :

Sandaraque de choix. . . . . 375 gram.

on mélange avec :

Verre pilé. . . . . 180 gram.

on introduit dans un flacon dans lequel on verse :

Alcool à 96° centésimaux. 1 kil.500

d'un autre côté, on fait chauffer jusqu'à liquéfaction :

Térébenthine de Venise. . . . . 180 gram.

on verse sur les substances ci-dessus, aussitôt que la dissolution qui se fait au bain-marie ou au bain de sable est opérée, on mélange par voie d'agitation, et on filtre enfin à travers une toile.

52. *Vernis blanc à la sandaraque, de* HELD.

On réduit en poudre :

Sandaraque. . . . . 125 gram.
Mastic en larmes. 125

et on mélange avec :

Verre pilé. . . . . 125 gram.

sur le mélange, on verse :

Ether sulfurique. . . . . 250 gram.
Alcool à 96° centésimaux. 1 kil.500

On opère la dissolution des résines par l'agitation et sans avoir recours à la chaleur, èt on filtre. Si on veut que ce vernis ait une odeur agréable, on y ajoute quelques gouttes d'essence de lavande.

53. *Vernis à la sandaraque des brossiers, de* HELD.

On réduit en poudre :

    Sandaraque première qualité. . . . . 250 gram.
    Mastic en larmes. 30

on dissout ces substances au bain-marie dans :

    Alcool à 96° centésimaux. . . . . 750 gram.

on ajoute aussitôt :

    Térébenthine de Venise liquéfiée. . .   30 gram.

et après incorporation complète, on filtre à travers une toile.

54. *Vernis de relieurs, de* HELD.

On fait dissoudre :

    Sandaraque. . . . . 250 gram.
    Gomme-laque en feuilles pulvérisée. . 125

suivant les règles ordinaires dans :

    Alcool à 96° centésimaux. 1 kil.500

on y ajoute :

    Térébenthine de Venise. . . . . 30 gram.

on combine par l'agitation, on abandonne quelque temps au repos pour que le vernis éclaircisse et on tire au clair.

55. *Vernis à la sandaraque pour boiseries et treillis, de* HELD.

Ce vernis se compose de :

    Sandaraque. . . . . 180 gram.
    Gomme-laque en feuilles. 60
    Arcanson. 125
    Térébenthine de Venise. 90
    Alcool. . . . .   1 kilog.

on manipule dans les règles en ajoutant aux résines en poudre :

    Verre pilé. . . . . 90 gram.

pour les empêcher de s'agglomérer.

56.   *Vernis blanc à l'alcool, de* CHEVALLIER.

On dissout au bain-marie :

    Sandaraque purifiée. . . . . 250 gram.
    Mastic en larmes. 60
    Elémi. 30
    Térébenthine de Venise. 60

dans :

    Alcool à 96° centésimaux. . . . . 1 kilog.

Ce vernis s'emploie principalement à l'intérieur, sur bois
et tentures.

57.   *Vernis dur et translucide à l'alcool,*
              de FREUDENVOLL.

  a.   On fait dissoudre :

    Gomme-laque en feuilles. . . . . 180 gram.

dans :

    Alcool à 88° centésimaux. 1 kil.625

on filtre la dissolution au papier, on y ajoute :

    Verre pilé. . . . . 250 gram.
    Sandaraque. 500

et on agite le tout avec soin. Après la dissolution, on
ajoute encore :

    Térébenthine de Venise. . . . . 15 gram.

qu'on a liquéfiée préalablement sur le feu ; on laisse quelque temps en repos pour éclaircir, ou on filtre au papier.

  b.   On pulvérise :

    Sandaraque. . . . . 250 gram.

et on y ajoute :

    Térébenthine claire. . . . . 125 gram.

ou bien on prend :

    Térébenthine claire. . . . . 180 gram.
    Sandaraque. 180

et on y mélange :

    Verre pilé. . . . . 125 gram.

on dissout au bain-marie dans :

    Alcool à 88° centésimaux. . . . . 812 gram.

La dissolution s'opère à volonté au bain-marie ou au bain
de sable.

c. *Vernis brun et dur à la sandaraque.*

On pulvérise :

    Gomme-laque en feuilles, premier
      choix. . . . . 250 gram.

qu'on dissout dans :

    Alcool à 88° (mieux à 96° centési-
      maux). 1 kil.250

on y ajoute :

    Sandaraque de choix en poudre. . . . 375 gram.
    Colophane blonde en poudre. 250

substances qu'on a d'abord mélangées avec :

    Verre pilé. . . . . 250 gram.

on fait dissoudre au bain-marie, et on filtre le vernis au papier.

VERNIS ALCOOLIQUES AU MASTIC.

1. *Vernis blanc simple anglais au mastic.*

On pulvérise :

    Mastic en larmes. . . . . 180 gram.
    Sandaraque. 125

on dissout ces poudres au bain-marie dans :

    Alcool à 96° centésimaux. . . . . 500 gram.

et on filtre après dissolution.

2. *Vernis composé au mastic.*

On pulvérise :

    Mastic. . . . . 375 gram.
    Sandaraque. 180
    Verre blanc. 250

on mélange ces poudres sur lesquelles on verse :

    Alcool à 96° centésimaux. . . . . 2 kilog.

et après dissolution complète, on ajoute :

    Térébenthine de Venise liquéfiée. . . 375 gram.

On accélère la combinaison par l'agitation et on abandonne au repos pour éclaircir ou on filtre au papier.

3. *Vernis d'or au mastic.*

On réduit en poudre :

Mastic en larmes. . . . . 125 gram.
Sandaraque purifiée. 125
Elémi. 60
Animé. 60

on dissout ces substances au bain-marie dans un matras
avec :

Alcool à 96° centésimaux. . . . . 750 gram.

et on filtre à travers le papier.

Quand on veut préparer le vernis d'or, on colore avec
une teinture alcoolique de gomme-gutte, safran et rocou.

4. *Vernis anglais au mastic.*

Ce vernis est composé de :

Mastic en grains première qualité. . . 300 gram.
Sandaraque purifiée. 420
Térébenthine de Venise.. 750
Huile de Ben. . . . . 2 gram.
Alcool à 96° centésimaux.. . . . . 3 kilog.

on opère la dissolution au bain-marie, ainsi qu'on l'a déjà
dit.

5. *Vernis d'or anglais.*

On réduit en poudre grossière :

Mastic en larmes. . . . . 250 gram.
Storax en larmes. 60
Gomme-laque en grains. 60
Curcuma, première qualité. 60
Gomme-gutte. 15
Aloès succotrin. 15
Sang-dragon 15

on dissout ces substances à l'étuve dans un flacon avec :

Alcool à 96° centésimaux. . . . . 500 gram.

et la dissolution opérée, on filtre le vernis dans des flacons en verre bien propres et bien secs.

6. *Vernis au mastic pour tabatières et étuis.*

On compose ce vernis avec :

Mastic en larmes . . . . 300 gram.

          Sandaraque purifiée 125
          Alcool à 96° centésimaux. . . . . . .   2 kilog.
on pulvérise les résines qu'on mélange à 180 grammes de verre pilé, et on dissout dans l'alcool au bain-marie.

7. *Vernis d'application pour dorures.*

Ce vernis est une dissolution de :

          Mastic en larmes. . . . .   60 gram.
          Sandaraque purifiée   60
          Gomme-gutte.   30
dans :
          Alcool à 96° centésimaux. 375
ou dans :
          Essence de térébenthine. 375
Après la dissolution, on filtre au papier.

8. *Vernis d'or français pour l'argent en feuilles.*

On amène à l'état de poudre :

          Mastic en larmes . . . . 125 gram.
          Sandaraque purifiée 125
          Colophane blonde.   15
          Aloès succotrin   60
A ces substances, on ajoute :
          Térébenthine de Venise.   8
on dissout à chaud dans :
          Essence de lavande. 180
et on ajoute aussitôt :
          Alcool à 96° centésimaux. 375
on fait chauffer légèrement l'alcool avant de l'ajouter, et on filtre le vernis préparé à travers le papier.

9. *Vernis au mastic, de* THOMSON.

Ce vernis est composé avec :

          Mastic en larmes. . . . . 180 gram.
          Sandaraque purifiée.   60
          Térébenthine de Venise   90
          Alcool à 96° centésimaux . . . .   1 kilog.
on pulvérise les résines, on les mélange avec environ 125 grammes de verre pilé, et on dissout dans l'alcool.

Ce vernis ne sèche pas facilement, mais il a beaucoup d'éclat.

10. *Vernis au mastic pour gravures en taille-douce.*

On amène à l'état de poudre fine :

>   Mastic en larmes . . . . 180 gram.
>   Réalgar (sulfure rouge d'arsenic). . 300

on mélange ces deux poudres avec :

>   Térébenthine purifiée. . . . . 1 kilog.

et on dissout le tout dans :

>   Alcool à 96° centésimaux. 3

La dissolution opérée, on laisse le vernis éclaircir ou on le filtre au papier.

11. *Vernis coloré au mastic, de* THON.

On prend :

>   Élémi. 60 gram.
>   Animé. 60
>   Encens 60
>   Succin. 60
>   Mastic en larmes 60

on fait choix, pour chacun de ces ingrédients, des morceaux les plus purs et les plus translucides ; on fait bouillir pendant trois heures dans une suffisante quantité de vinaigre de vin, on lave à plusieurs reprises à l'eau chaude, on étend sur des feuilles de papier et on laisse sécher à l'air libre. Quand les résines sont entièrement sèches, on les pulvérise, on y mélange :

>   Verre pilé . . . . 250 gram.

et on dissout au bain-marie dans :

>   Alcool à 96° centésimaux 1kil.500

Au terme de cette opération, on ajoute encore :

>   Sang-dragon en poudre. . . . . 15 gram.
>   Sucre blanc très-fin 30

et on filtre.

12. *Autre formule.*

Le vernis se compose avec les ingrédients suivants :

>   Mastic en larmes. . . . . 125 gram.
>   Gomme-laque. 60
>   Sandaraque de choix. 125

      Colophane sèche . . . .   60 gram.
      Alcool à 96° centésimaux 1kil.500
La préparation s'opère de même au bain-marie.

13. *Vernis au mastic et au copal.*

On réduit en poudre :
      Mastic en larmes . . . .   180 gram.
      Sandaraque purifiée   180
      Copal   60
on verse dessus :
      Huile d'aspic   180
      Alcool à 90° centésimaux . . . .   2 kilog.
on accélère la dissolution des résines par la chaleur et on
filtre enfin à travers une toile.

14. *Vernis au mastic pour cartonnages*, de HELD.

On pulvérise :
      Mastic en larmes . . . .   375 gram.
      Sandaraque purifiée   180
et à cette poudre, on ajoute :
      Verre pilé   250
on dissout dans :
      Alcool à 86° centésimaux . . . .   2 kilog.
et au terme de cette opération, on ajoute :
      Térébenthine de Venise rendue liquide
          par la chaleur . . . .   180 gram.
on incorpore le tout par l'agitation et on filtre à travers
une toile.

15. *Vernis à tabatières*, d'ALTENBURG.

Ce vernis est composé avec :
      Mastic de choix . . . .   375 gram.
      Sandaraque purifiée   180
      Térébenthine de Venise   180
      Alcool à 96° centésimaux 1kil.875
La dissolution s'opère au bain-marie, après avoir ajouté :
      Verre pilé . . . .   180 gram.

16.   *Vernis au mastic, éminemment translucide,*
pour tableaux.

On compose ce vernis avec :

    Mastic de premier choix. . . . .   375 gram.
    Térébenthine de Venise.   45
    Camphre.   15
    Essence de térébenthine purifiée. . .   210
    Alcool à 96° centésimaux.   500

L'opération se fait au bain-marie.

III. VERNIS ALCOOLIQUES A LA GOMME-LAQUE.

Sous le nom de vernis à la gomme-laque, on entend
soit de simples dissolutions de cette résine dans l'alcool
concentré dont on se sert dans l'ébénisterie, ou des dissolutions de gomme-laque avec d'autres résines aussi
dans l'alcool concentré qui, comme vernis, s'appliquent
sur les objets les plus variés.

On comprend aussi, dans cette subdivision, les vernis
d'or à la laque dont on donnera les formules par la suite.

A. VERNIS D'ÉBÉNISTE, FROTTIS.

1.   *Vernis d'ébéniste à la gomme-laque.*

On pulvérise :

    Laque en feuilles, qualité la plus fine, 250 gram.

qu'on dissout au bain-marie dans un matras avec :

    Alcool à 96° centésimaux. . . . .   2 kilog.

et qu'on filtre à travers un feutre.

2.   *Vernis d'ébéniste anglais.*

On pulvérise :

    Laque en feuilles, première qualité,   250 gram.
    Sang-dragon.   60

on dissout ces substances dans :

    Alcool à 96° centésimaux.   750

D'un autre côté, on introduit dans un flacon :

    Copal en poudre.   60

on verse dessus :

    Alcool à 96° centésimaux.   250

et on y ajoute :

Craie en poudre, première qualité. .   180 gram.

on fait digérer au bain de sable pendant quelques jours pour opérer la dissolution, on décante la solution saturée de copal dans l'alcool, on la verse dans celle de la laque, on laisse se combiner à une douce chaleur et on filtre enfin à travers une toile.

3.   *Vernis d'ébéniste de Vienne.*

On prépare une solution avec :

Laque en feuilles de première qualité. . . . .   180 gram.
Alcool à 96° centésimaux.   560

Pour vernir avec cette composition, on en prend deux parties qu'on mélange avec une partie d'huile d'olive fine. Lorsque la première couche est sèche, on en applique une seconde, et ainsi de suite.

4.   *Vernis d'ébéniste de couleur foncée.*

On fait dissoudre :

Laque en feuilles blonde.. . . . . . .   309 gram.
Térébenthine de Venise.   60

dans :

Alcool à 96° centésimaux. . . . . . .   2 kilog.

et on filtre au papier.

5.   *Vernis d'ébéniste pour l'acajou.*

Ce vernis consiste en une dissolution de :

Laque en feuilles qualité fine. . . . .   500 gram.

dans :

Alcool à 96° centésimaux. . . . . . .   1 kilog.

La préparation se fait au bain-marie.

6.   *Vernis d'ébéniste français.*

Il est composé de :

Laque en feuilles première qualité. .   125 gram.
Alcool à 96° centésimaux.. . . . . . .   1 kil.500
Sang-dragon.. . . . .   30 gram.
Curcuma. . . . .   33 centig.

La gomme-laque pulvérisée est dissoute dans un verre

au bain-marie avec la moitié de l'alcool, et le sang-dragon réduit en poudre dans l'autre moitié. Ces dissolutions opérées, on mélange les deux liqueurs et on y ajoute le curcuma. On agite bien, on laisse reposer 24 heures, et on filtre

Il peut être appliqué aussi sur cuivre, où il forme un vernis solide.

7. *Vernis d'ébéniste noir, vernis noir pour cuirs.*

On le prépare en dissolvant au bain-marie :

　　　Laque en feuilles pulvérisée........ 750 gram.

dans :

　　　Alcool à 96° centésimaux.. .... 2 kilog.

et ajoutant :

　　　Térébenthine de Venise liquéfiée à la
　　　　　chaleur.. .... 90 gram.
　　　Noir de fumée bien calciné.. 45

Ce vernis est très-souple et flexible, et d'une belle couleur noire.

8. *Vernis d'ébéniste à la laque, de* FREUDENVOLL.

C'est une dissolution préparée avec :

　　　Laque en feuilles.. .... 125 gram.
　　　Alcool à 96° centésimaux. 875

B.　VERNIS A LA GOMME-LAQUE.

1. *Vernis brun des relieurs.*

Suivant M. Freudenvoll, la meilleure formule pour le fabriquer est celle-ci : on fait dissoudre séparément :

　　　Laque en feuilles blonde pulvérisée.. 30 gram.

dans :

　　　Alcool à 88° centésimaux. 200

et :

　　　Laque en feuilles blanche. 125

dans :

　　　Alcool à 88° centésimaux. 800

On filtre ces dissolutions. Alors on distille la solution colorée jusqu'à la moitié de son volume, et celle incolore jusqu'au quart. Cela fait, on mélange ces dissolutions, et on y ajoute pour terminer :

　　　Essence de lavande vraie.. .... 4 gram.

2.   *Autre formule.*

Cette composition consiste en :

Laque en feuilles blonde. . . . .   60 gram.
Alcool à 92° centésimaux..   400
Laque en feuilles blanche.   60
Alcool à 92° centésimaux.   400

on fait dissoudre à part la laque blonde et la laque blanche, on filtre chaque dissolution à part, on les mélange, on les réduit à moitié par voie de distillation, et on y ajoute :

Essence de lavande la plus fine. . . .   4 gram.

3.   *Vernis brun ordinaire des relieurs.*

On fait dissoudre :

Laque en feuilles brune. . . . .   125 gram.

dans :

Alcool à 84° centésimaux.   860

on filtre la dissolution, on laisse évaporer, ou mieux on distille la moitié de l'alcool et on ajoute :

Essence de lavande.. . . . .   4 gram.

4.   *Vernis blancs des relieurs.*

On le prépare en dissolvant :

Laque en feuilles blanche. . . . . . .   125 gram.

dans :

Alcool à 92° centésimaux..   800

filtrant la solution, réduisant au quart par distillation et ajoutant :

Essence de lavande.. . . . .   8 gram.

Ce vernis est d'un excellent usage.

5.   *Vernis brun des relieurs, des frères* Söhne.

Ce vernis fabriqué à Paris est composé avec :

Laque en feuilles blanche. . . . . . .   250 gram.
Essence de lavande..   15
Gomme-gutte..   30
Sang-dragon.   4
Alcool à 98° centésimaux.. . . . . . .   1 kil.625

on le prépare comme le précédent et on y ajoute :

Vernis brun des relieurs (n° 1). . . .   8 gram.

6. *Vernis blanc à éclat vitreux.*

Ce vernis est composé avec :

    Gomme-laque en bâtons. . . . . 125 gram.
    Encens en larmes. 125
    Sandaraque purifiée. 60
    Mastic en larmes. 60
    Animé. 60
    Alcool à 96° centésimaux. 1 kil.500

pour le préparer on pulvérise les résines, et on mélange avec :

    Verre pilé. . . . . 250 gram.

et on opère la dissolution au bain-marie dans un matras en verre.

7. *Vernis anglais d'un très-grand éclat.*

On pulvérise :

    Laque en grains. . . . . 850 gram.
    Mastic en larmes. 180
    Sandaraque de choix. 125
    Copal d'Afrique translucide. 125
    Succin clair. 60

on introduit ces poudres dans un flacon en verre et on verse dessus :

    Alcool à 96° centésimaux. . . . . 2 kilog.

on place le mélange dans une étuve en agitant fréquemment, et en entourant le col du flacon avec une vessie humide qu'on perce d'un trou avec une aiguille; lorsque la majeure partie des substances est dissoute, on ajoute :

    Térébenthine de Venise. . . . . 90 gram.

on verse le tout dans un fort matras en verre et on introduit dans un bain-marie; on laisse jusqu'à ce que le tout soit complètement dissous, et, enfin, on filtre à travers une toile.

Le vernis qu'on obtient par ce mode de fabrication n'a pas besoin d'être poncé.

8. *Autre formule.*

On fait fondre à part chacun des ingrédients suivants :

    Laque en grains. . . . . 180 gram.

Copal d'Afrique fin..	300
Résine de pin..	125

on les mélange intimement ensemble pendant qu'ils sont encore chauds, on coule la masse, on la laisse refroidir et on la brise et la pulvérise, puis on dissout la poudre dans :

Alcool à 96° centésimaux..	2 kilog.

enfin, on filtre à travers une toile après refroidissement.

9. *Vernis brun à l'esprit-de-vin.*

On pulvérise :

Gomme-laque en écailles première
qualité.	250 gram.
Sandaraque de choix..	125

on dissout ces matières au bain-marie dans :

Alcool à 96° centésimaux.	1 kilog.

puis on ajoute :

Térébenthine de Venise chaude. . . .	125 gram.

on mélange par l'agitation et on filtre après refroidissement.

10. *Vernis brun anglais à la gomme laque.*

On fabrique ce vernis exactement de la même manière que le n° 9, mais on prend :

Gomme-laque en grains.	180 gram.
Mastic en larmes..	45
Sandaraque purifiée..	60

on pulvérise et on dissout dans :

Alcool à 96° centésimaux..	1 kilog.

11. *Vernis alcoolique à la gomme-laque à odeur suave.*

On dissout au bain-marie :

Gomme-laque en bâtons.	500 gram.
Benjoin première qualité.	125
Storax..	125
Sandaraque purifiée..	250
Alcool à 96° centésimaux..	2 kil.500

après avoir, toutefois, pulvérisé les résines.

12. *Vernis anglais à la laque à odeur agréable.*

On pulvérise :

Gomme-laque..	250 gram.
Mastic en larmes.	125
Benjoin première qualité.	60
Sandaraque.	125
Résine labdanum	15
Myrrhe premier choix.	15
Ambre.	15

on dissout au bain-marie dans :

Alcool à 96° centésimaux..	1 kil.500

puis on ajoute :

Baume de copahu..	15 gram.

on combine intimement par l'agitation et on filtre à travers une toile.

13. *Vernis des tourneurs.*

Ce vernis est composé avec :

Gomme-laque..	300 gram.
Elémi.	60
Térébenthine de Venise.	50 gram.
Alcool à 96° centésimaux.	1 kilog.

On pulvérise les résines, on les introduit dans un flacon,
on verse dessus l'alcool, on dissout à la chaleur du soleil, en agitant fréquemment, enfin on ajoute la térébenthine qu'on a fait d'abord chauffer, et on filtre.
Ce vernis sert principalement à recouvrir les objets en
bois de buis, et acquiert beaucoup de brillant en le frottant simplement avec un chiffon de laine.

14. *Vernis anglais à la laque, pour boîtes
et tabatières.*

On le prépare en pulvérisant finement :

Gomme-laque en grains.	300 gram.
Sandaraque purifiée.	125
Elémi.	90

mélangeant :

Verre pilé	250

dissolvant au bain-marie dans :

Alcool à 96° centésimaux.	1 kil.500

la dissolution opérée, ajoutant :

          Térébenthine de Venise chauffée. . .   125

mélangeant le tout par l'agitation et filtrant à la fin de l'opération.

15. *Vernis blanc à la laque pour métaux.*

On combine dans un matras en verre, au bain de sable et en faisant bouillir jusqu'à dissolution, les substances suivantes :

          Sandaraque en poudre . . . . 750 gram.
          Succin en poudre préalablement fondu 250
          Alcool à 96° centésimaux . . . .   3 kilog.

Lorsqu'on veut appliquer ce vernis, il est nécessaire de bien frotter le métal avec la pierre-ponce en poudre très-fine, de le chauffer doucement et de faire sécher à une chaleur modérée. Quand on le juge nécessaire, on peut appliquer une seconde couche.

16. *Vernis à la laque, pour verre, émaux et corne.*

Pour préparer ce vernis, on pulvérise :

          Laque en écailles première qualité. . 500 gram.
          Mastic en larmes.   60

on dissout au bain-marie dans :

          Alcool à 96° centésimaux. . . . . . .   3 kilog.

et on filtre.

17. *Vernis à la gomme-laque pour objets en papier.*

On obtient ce vernis en pulvérisant :

          Gomme-laque pure. . . . . 250 gram.
          Mastic en larmes. 125
          Sandaraque purifiée. 125

dissolvant par l'ébullition dans un matras en verre, au bain-marie ou au bain de sable, dans :

          Alcool à 96° centésimaux. . . . .   2 kilog.

et filtrant après le refroidissement.

18. *Vernis anglais à la résine.*

On le prépare au bain-marie, en faisant dissoudre :

          Résine de pin la plus fine. . . . . . . 375 gram.
          Elémi. 125
          Animé 125

mélangeant avec :

      Verre pilé 250

dans :

      Alcool à 96° centésimaux. . . . . . .   2 kilog.

et filtrant après que le vernis est refroidi.

19. *Vernis alcoolique à la laque pour peinture.*

On dissout, pour le préparer :

      Ambre. . . . . 125 gram.
      Camphre. . . . . 55 décig.

dans :

      Alcool à 96° centésimaux. . . . . . . 625 gram.

et on filtre après que le vernis est préparé.

20. *Vernis alcoolique rouge à la laque pour objets en bois.*

On pulvérise :

      Cire à cacheter rouge, qualité la plus
      fine. . . . . 250 gram.

et on dissout dans :

      Alcool à 96° centésimaux. . . . . . .   1 kilog.

On peut préparer de la même manière des vernis d'une autre couleur, en dissolvant dans l'alcool des cires à cacheter bleues, brunes, vertes, jaunes, etc.

21. *Vernis alcoolique à la laque pour cannes.*

On prépare ce vernis en pulvérisant :

      Gomme-laque en écailles, qualité la
      plus fine. . . . . 250 gram.
      Mastic en larmes, premier choix. . .   60

dissolvant au bain-marie dans :

      Alcool à 96° centésimaux. 1kil.125

et filtrant après le refroidissement.

22. *Vernis alcoolique à la laque simple, de* MILLER.

On pulvérise :

      Laque en écailles, qualité de choix . 375 gram.
      Sandaraque. 280
      Mastic en larmes. 180

on mélange ces substances avec :

    Verre pilé. . . . . 250 gram.

on verse dans un flacon de capacité convenable, avec :

    Alcool à 88° centésimaux. 1kil.685

On opère la dissolution au bain-marie, en agitant fré-quemment; quand la dissolution est opérée, on fait fon-dre sur un feu doux, dans un pot en terre :

    Térébenthine de Venise. . . . . 50 gram.

on introduit peu à peu dans la solution bouillante, des résines, et on filtre après le refroidissement.

23. *Vernis alcoolique à la laque, pour métaux polis.*

On opère comme au n° 22, en combinant les substances suivantes, après avoir pulvérisé les résines :

    Laque en écailles, première qualité. 500 gram.
    Sandaraque purifiée. 180
    Térébenthine de Venise. 125
    Alcool à 88° centésimaux. 2kil.375

en ayant soin d'y mélanger :

    Verre pilé . . . . 250 gram.

Quand on veut appliquer ce vernis, il faut le faire chauffer, ou bien on doit chauffer la pièce, et on le fait sécher à la chaleur.

24. *Vernis à la laque pour objets au tour,* de MILLER.

Ce vernis se prépare au bain de sable ou au bain-ma-rie, avec :

    Laque en écailles, qualité la plus
    fine. . . . . 375 gram.
    Mastic en larmes 125
    Alcool à 88° 1kil.500

Si c'est de la corne qu'on veut vernir, il faut la débar-rasser préalablement de la matière grasse adhérente, en la frottant avec de la craie ou de la pierre-ponce obte-nues en poudre très-fine par voie de lévigation.

25. *Autre formule.*

On fait fondre dans un pot en terre :

    Résine dammar . . . . 375 gram.
    Laque en écailles 160

et on mélange jusqu'à consistance voulue avec de l'essence de térébenthine rectifiée et chaude, après avoir retiré du feu les résines fondues.

26. *Vernis pour objets en corne.*

On le compose avec :

Résine dammar pure.	375 gram.
Laque en écailles	300
Alcool à 88° centésimaux.	1kil.500

La dissolution des résines s'opère au bain de sable ou au bain-marie, et après le refroidissement on filtre.

27. *Vernis de laque à polir.*

On pulvérise :

Laque en écailles.	250 gram.
Elémi de choix.	375

on mélange cette poudre avec :

Térébenthine de Venise.	125

et on dissout ces matières dans :

Alcool à 96° centésimaux.	2 kilog.

Ce vernis, après le refroidissement, est filtré à travers une toile.

28. *Autre formule.*

On pulvérise :

Laque en écailles.	500 gram.
Camphre.	15

on ajoute :

Térébenthine de Venise.	15

et on fait dissoudre au bain-marie ou au bain de sable, dans :

Alcool à 96° centésimaux.	1kil.500

La dissolution opérée, on filtre après le refroidissement.

29. *Vernis d'ébénistes, de* CHEVALLIER.

Ce vernis consiste en une dissolution de :

Laque en écailles de première qualité	90 gram.

qu'on fait dissoudre dans :

Alcool à 82° centésimaux.	2 kilog.

On favorise la dissolution par une agitation fréquente, sans application de chaleur. Les ébénistes ne filtrent pas cette dissolution, mais s'en servent telle qu'elle est.

30. *Vernis alcoolique à la dammar,* de FREUDENVOLL.

On fait chauffer sur un feu doux :

    Essence de térébenthine.........   180 gram.

d'un autre côté, on pulvérise :

    Résine dammar   320

et on introduit cette poudre dans l'essence chaude, en agitant jusqu'à dissolution. Celle-ci opérée, on laisse un peu refroidir, et on ajoute, pour terminer, un mélange de :

    Essence de térébenthine rectifiée. . .   180 gram.
    Alcool à 98° centésimaux.   180

on verse le vernis dans un flacon bien sec, où on le laisse éclaircir par le repos.

Ce vernis est excellent pour recouvrir les objets qui ont été chargés d'enduits à la céruse ou au blanc de zinc.

31. *Vernis à la résine, de* FREUDENVOLL.

On dissout :

    Colophane en poudre ....   500 gram.

dans :

    Alcool à 84° centésimaux. . . . . . .   2 kilog.

par voie d'agitation, et on laisse éclaircir ou on filtre le vernis à travers une toile.

32. *Autre formule.*

Ce vernis consiste en une dissolution de :

    Laque en écailles. . . . .   180 à 250 gram.
    Colophane en poudre.   500

dans :

    Alcool à 84° centésimaux. . . . . . .   2 kilog.

On dissout d'abord la gomme-laque, on ajoute la colophane réduite en poudre en hâtant la dissolution par l'agitation. Enfin, on filtre le vernis quand il est préparé, en y ajoutant encore un peu d'essence de térébenthine.

33. *Vernis hollandais à polir.*

On le prépare en pulvérisant :

    Laque en écailles. . . . . 300 gram.

qu'on fait dissoudre par l'agitation dans :

    Alcool à 96° centésimaux. . . . .   2 kilog.

ajoutant ensuite :

    Térébenthine de Venise préalablement
      liquéfiée. . . . . 60 gram.

et filtrant enfin.

34. *Vernis alcoolique universel,* de MILLER.

Ce vernis est une dissolution de :

    Sandaraque. . . . . 250 gram.
    Mastic en larmes. 250
    Camphre. 15

dans :

    Alcool à 96° centésimaux. 1 kil.500

on favorise la dissolution en chauffant au bain-marie. Ce vernis incolore et brillant se laisse très-bien polir.

35. *Autre formule.*

On pulvérise :

    Sandaraque purifiée. . . . . 250 gram.
    Mastic en larmes. 125
    Colophane blanche. 125

à cette poudre, on mélange :

    Verre pilé. . . . . 250 gram.

et on dissout au bain de sable et en agitant dans :

    Alcool à 96° centésimaux. 1 kil.500

ce vernis est filtré encore chaud dans un entonnoir sur de la ouate.

Le vernis où il n'entre que la moitié du mastic indiqué ne le cède en rien au premier, et donne aussi un enduit très-brillant.

36. *Vernis alcoolique dur à la laque.*

On compose ce vernis avec :

    Laque blanchie. . . . . 125 gram.
    Sandaraque purifiée. 250

        Colophane blanche. . . . . 125 gram.
        Camphre. 125
        Alcool à 96° centésimaux. . . . . . .   2 kilog.

on pulvérise les résines, on fait dissoudre au bain-marie dans l'alcool où l'on a dissous le camphre et on filtre.

37. *Vernis à la laque incolore, de* FIELD.

On le prépare en pulvérisant grossièrement :

        Gomme-laque. . . . . 560 gram.

et dissolvant à un feu modéré dans :

        Alcool à 90° centésimaux. 1 kil.125

Cela fait, on ajoute à la dissolution de gomme-laque :

        Eau de javelle.. . . . . 30 à 60 gram.

Il en résulte une effervescence qu'on modère en agitant avec soin. Dès que cette effervescence est calmée, on ajoute une nouvelle portion d'eau de javelle jusqu'à ce que la dissolution blanchisse. On prend alors de l'acide chlorhydrique qu'on étend de trois fois son poids d'eau de pluie et on y démêle du minium jusqu'à ce que les dernières portions cessent de devenir blanches. On verse alors dans la dissolution à moitié blanchie de la laque par petites portions, et de temps à autre de cette liqueur acide qui produit une nouvelle effervescence, en ayant soin de n'en ajouter de nouveau qu'après que cette effervescence a cessé. On poursuit cette opération jusqu'à ce que la laque devenue enfin blanche se précipite entièrement en flocons. La laque ainsi obtenue est recueillie sur un filtre en toile, lavée à plusieurs reprises avec l'eau, exprimée et séchée. Ainsi blanchie, purifiée et parfaitement sèche, cette résine est dissoute à une douce chaleur dans :

        Alcool à 96° centésimaux. 1 kil.125

puis on laisse en repos pour éclaircir.

Ce vernis sèche en quelques minutes et fournit un enduit excellent qui ne ternit en aucune façon l'éclat des couleurs, des bois, etc.

38. *Vernis hydrofuge pour murs humides.*

On prépare ce vernis en pulvérisant :

        Laque en écailles. 2 kil.250
        Colophane. . . . . 750 gram.

qu'on mélange à :

  Térébenthine de Venise. , ... 1 kil.750

et dissout à une douce chaleur dans :

  Alcool à 88° centésimaux. . . . . 18 kilog.

Ce vernis mélangé au plâtre et au sable constitue un très-bon agent pour lier ces matières.

39. *Vernis pour parquets, de* BERNATH.

On pulvérise :

  Laque en écailles. . . . . 500 gram.
  Colophane blanche. 125
  Camphre. 3

on dissout ces substances par la chaleur et l'agitation dans :

  Alcool à 96° centésimaux.. . . . . . . 3 kilog.

et on filtre à travers une toile.

Quand on veut appliquer ce vernis, il faut le chauffer légèrement.

40. *Nouveau vernis de laque pour les tourneurs.*

On pulvérise :

  Laque en écailles. . . . . 60 gram.
  Mastic en larmes. 375

on verse sur ces deux substances de l'alcool absolu en quantité suffisante pour qu'elles en soient recouvertes de 4 centimètres. On dissout le tout à une douce chaleur, et on fait cuire jusqu'à consistance de sirop.

On polit avec soin les objets en corne ou en bois, on les enduit de bonne huile de lin en tournant constamment et enfin on applique le vernis ci-dessus.

41. *Vernis russe pour relieurs.*

On pulvérise grossièrement :

  Laque en écailles. . . . . 375 gram.
  Benjoin le plus fin.. 180
  Mastic en larmes. 90

on dissout à une douce chaleur dans :

  Alcool à 96° centésimaux.. . . . . . . 2 kilog.

et enfin on filtre encore chaud.

42. *Autre formule.*

Ce vernis se compose avec :

      Benjoin qualité la plus fine. . . . . . 360 gram.
      Laque en écailles. 220
      Sandaraque purifiée. 30
      Mastic en larmes. 30
      Alcool à 96° centésimaux.. . . . . . . 2 kilog.

Il est nécessaire de faire remarquer qu'on dissout d'abord à froid la laque pulvérisée finement dans l'alcool et ensuite qu'on chauffe la dissolution. On ramollit les autres résines par une douce chaleur, on les combine avec la dissolution de la laque et on filtre dès que le vernis est rassis.

Ces deux vernis sont appliqués avec une éponge ou un tampon de coton, ils produisent une surface d'un bel éclat et sèchent très-vite.

43. *Vernis des relieurs, de* WIEGAND (*vernis de Paris*).

On pulvérise :

      Gomme-laque qualité très-fine. . . . 375 gram.
      Camphre. 2

et on dissout dans un flacon au bain-marie dans :

      Alcool à 86° centésimaux. . . . . 3 kilog.

on ajoute :

      Sucre raffiné. . . . . 2 gram.

et on filtre aussitôt que les matières sont dissoutes. On distille ensuite la moitié de l'alcool, et au résidu chaud on ajoute :

      Huile essentielle de cannelle de Chine. 4 gram.

et on combine par l'agitation.

En été, ce vernis sèche en deux minutes après avoir été appliqué.

44. *Cire à polir, de* MILLER.

On fait fondre sur un feu doux dans un pot en terre :

      Cire blanche. . . . . 500 gram.

et on y mélange :

      Essence de térébenthine rectifiée. . . 500 gram.

on chauffe ce mélange chaque fois qu'on veut s'en servir,

et avec un chiffon de laine, on en frotte les bois qui acquièrent ainsi un assez beau poli. On applique aussi cette cire sur les vernis à la laque qui doivent être préalablement polis.

45. *Vernis pour chaises et meubles.*

On prend :

Alcool rectifié.	2 kilog.
Térébenthine de Venise.	45 gram.
Essence de lavande.	4
Gomme-laque.	120
Noir de fumée.	8

La gomme-laque est concassée grossièrement, et versée dans un flacon ou un matras en verre avec l'alcool; on ferme le flacon ou le matras avec une vessie percée d'un trou d'aiguille, on introduit dans un bain-marie ou dans une étuve, en agitant fréquemment pour provoquer la dissolution. A celle-ci, on ajoute :

Térébenthine de Venise liquéfiée. . .	45 gram.

Pendant ce temps, on broie avec soin dans un mortier pour en faire un mélange bien homogène, le noir de fumée avec l'essence de lavande et un peu de la solution de la laque, et cela fait, on verse, en agitant toujours, dans cette solution, et le tout est filtré sur coton.

46. *Composition pour le bois, de* MOLTER.

Cette composition se prépare avec :

Esprit-de-vin de bonne qualité. . .	1/2 litre.
Gomme-laque.	15 gram.
Sandaraque.	15

on place le tout sur un feu modéré, en remuant continuellement, jusqu'à ce que les résines soient dissoutes, puis on prend un tampon de drap, sur lequel on met un peu de composition qu'on recouvre d'une toile douce mouillée d'huile de lin froide, et on en frotte le bois en tournant toujours en rond. On renouvelle l'application et on frotte jusqu'à ce que les pores du bois soient suffisamment imprégnés. Enfin, on prend encore un peu d'alcool et de composition, on frotte comme ci-dessus et on obtient un poli magnifique.

1. *Vernis à l'esprit de bois pour relieurs,*
de WINCKLER.

On fait dissoudre à la température ordinaire et en agitant, dans un flacon en verre :

    Gomme-laque blonde. . . . .   125 gram.

dan s:

    Esprit de bois (alcool méthylique).   500 gram.
    Essence de lavande   4

et on filtre à travers le papier. On obtient de cette manière un vernis brun-rouge assez consistant, qui, lorsqu'on en revêt les objets en cuir, a un bel éclat et est très-solide.

2. *Vernis blanc à l'esprit de bois pour relieurs.*

On dissout dans un flacon en verre, à la température ordinaire, et en agitant :

    Gomme-laque pâle blanchie. . . . .   160 gram.

dans :

    Esprit de bois. . . . .   500 gram.
    Essence de lavande.   4

et on filtre à travers le papier.

La gomme-laque se dissout avec la plus grande facilité dans l'esprit de bois, de façon qu'il n'est pas nécessaire de la pulvériser et qu'il suffit de l'introduire dans le flacon et de verser l'esprit de bois dessus ; la gomme se dissout par l'agitation seule.

Ou peut aussi employer l'alcool méthylique avec avantage pour fabriquer d'autres vernis qu'on peut appliquer sur les jouets, les boîtes, etc.

VERNIS D'OR A L'ALCOOL.

Sous le nom de vernis d'or on entend un vernis à l'alcool coloré, soit en rouge, soit en jaune, dont on fait usage fréquemment pour économiser l'or. On se sert de teintures rouges et jaunes pour colorer ces vernis, et on fera bien de préparer ces deux teintures à part. D'un autre côté, on n'ajoute les matières colorantes au vernis qu'après que celui-ci a été préparé.

a. *Teintures en jaune pour les vernis d'or.*

1º On le prépare de la manière la plus simple en faisant dissoudre :

Gomme-gutte. . . . .   90 gram.

dans :

Alcool à 96º centésimaux. . . . . . .   250 gram.

et filtrant ;

2º Ou bien dissolvant :

Aloès succotrin. . . . .   90 gram.

dans :

Alcool à 96º centésimaux. . . . . .   250 gram.

3º Ou bien faisant digérer :

Racine de curcuma pulvérisée. . .   90 gram.

dans :

Alcool à 96º centésimaux. . . . . .   250 gram.

et filtrant ;

4º Ou bien faisant digérer :

Safran des Indes. . . . .   75 gram.

dans :

Alcool à 96º centésimaux. . . . . . .   250 gram.

pressant et filtrant ;

5º Ou bien dissolvant :

Acide picrique pur. . . . .   24 gram.

dans :

Alcool à 96º centésimaux. . . . . .   250 gram.

et filtrant la dissolution.

b. *Teintures rouges pour vernis d'or.*

1º On pulvérise :

Sang-dragon. . . . .   90 gram.

et on dissout au bain de sable, dans :

Alcool à 96º centésimaux. . . . . .   250 gram.

et on filtre encore à chaud.

2º Ou bien on dissout.

Rocou. . . . .   90 gram.

dans :

Alcool à 96º centésimaux. . . . . .   250 gram.

et on filtre la dissolution.

On conserve chacune de ces teintures à part dans des bouteilles bien bouchées, et quand on veut transformer un vernis à la gomme-laque en un vernis d'or, on y verse des teintures ci-dessus en quantité variable, suivant qu'on veut obtenir un vernis plus clair ou plus foncé. Le mélange s'opère à chaud; c'est la gomme-gutte dont on se sert le plus communément pour cette coloration, mais dans ces derniers temps on a proposé une solution d'acide picrique qui a donné de bons résultats.

1. *Vernis d'or anglais durable.*

On broie en poudre grossière dans un pot :

    Gomme-laque. . . . . 500 gram.

et on verse dessus :

    Alcool à 96° centésimaux. . . . . . . 1 kilog.

La dissolution s'opère au bain-marie et on filtre au papier.

2. *Vernis d'or de* THOMSON.

Ce vernis se prépare en pulvérisant :

    Gomme-gutte. . . . . 125 gram.
    Gomme-laque. 125
    Rocou. 125
    Sang-dragon. 125
    Safran des Indes. 30

chacune de ces poudres est introduite séparément dans une fiole en verre et on verse sur chacune :

    Alcool à 96° centésimaux. . . . . . . 1 kilog.

on expose pendant 15 jours au soleil ou dans un local chauffé, en agitant fréquemment jusqu'à ce que le tout soit dissous; on filtre à travers un linge et on verse toutes ces matières ensemble à la fois ou par parties, suivant le vernis qu'on veut préparer.

3. *Autre formule.*

On pulvérise :

    Gomme-laque. . . . . 125 gram.
    Gomme-gutte. 125
    Sang-dragon. 125
    Sandaraque. 125
    Mastic en larmes. 60
    Encens. 60
    Colophane claire. 30

on mélange ces substances avec :

Verre pilé. . . . . 250 gram.

on dissout au bain-marie dans :

Alcool à 96° centésimaux. . . . . . 1 kilog.

en agitant fréquemment, et on ajoute :

Térébenthine de Venise chauffée. . . 90 gram.

on combine par l'agitation, et après que tout est dissous, on filtre le vernis à travers une toile.

4. *Vernis d'or mixte.*

Ce vernis est composé avec :

Sandaraque purifiée.	275 gram.
Copal clair et pur.	90
Gomme-laque en grains.	180
Alcool à 96° centésimaux.	1 kil.875
Curcuma.	15 gram.
Gomme-gutte.	30
Alcool à 96° centésimaux.	180

La sandaraque, le copal et la gomme-laque sont pulvérisés et dissous dans l'alcool au moyen du bain-marie. Les matières colorantes sont également pulvérisées séparément et dissoutes chacune dans 90 grammes d'alcool; on filtre et on ajoute au vernis.

5. *Vernis d'or au succin.*

On réduit en poudre :

Gomme-laque en grains.	125 gram.
Succin jaune translucide.	30
Sandaraque purifiée.	45
Mastic en grains.	30
Colophane jaune, claire et pure. . .	90
Sang-dragon.	30
Racine de curcuma.	30
Gomme-gutte.	30

on verse le tout dans un matras avec :

Alcool à 96° centésimaux. . . . . . 2 kilog.

on opère la dissolution des matières au bain-marie, et quand elle est opérée, on filtre le vernis à travers une toile.

Quand on applique ce vernis, il faut chauffer celui-ci aussi bien que l'objet qu'on veut vernir.

6. *Vernis d'or au copal.*

On prépare ce vernis en pulvérisant :

Sandaraque purifiée.	125 gram.
Mastic en larmes.	60
Sang-dragon.	30

qu'on fait dissoudre au bain-marie dans :

Alcool à 96° centésimaux.	375

Lorsque la dissolution est opérée, on ajoute :

Aloès succotrin en poudre.	15
Rocou pulvérulent.	30
Gomme-gutte pulvérisée.	60

et on continue à faire dissoudre. D'un autre côté, on pulvérise :

Copal translucide.	125 gram.
Camphre.	15

on ajoute :

Térébenthine de Venise.	60

on introduit dans un matras et on verse dessus :

Alcool à 96° centésimaux.	250

on opère la dissolution par l'agitation et la chaleur du bain-marie, on réunit les deux vernis, encore chauds, dans l'un des matras, on les incorpore par l'agitation et on filtre enfin à travers une toile.

7. *Vernis d'or hollandais.*

Ce vernis se compose des ingrédients suivants :

Gomme-laque en bâtons pure. . . .	500 gram.
Sang-dragon.	60
Cachou.	4
Alcool à 96° centésimaux.	1 kilog.

On dissout, dans la moitié de l'alcool, le sang-dragon en poudre, et dans l'autre moitié, la gomme-laque à laquelle on ajoute le cachou. L'opération se fait à l'aide du bain-marie. On mélange les deux solutions encore chaudes, et on filtre sur le coton.

8. *Vernis d'or clair.*

Ce vernis se compose de :

Succin blanc.	60 gram.

Sandaraque purifiée.	60 gram.
Mastic en larmes.	60
Encens blanc.	60
Animé.	60
Élémi	60
Sang-dragon.	15
Sucre candi blanc.	30
Alcool à 96° centésimaux.	1kil.500

Pour préparer ce vernis, on fait bouillir les six premières résines dans un pot avec du vinaigre pendant 2 à 3 heures, on décante ce vinaigre et on lave à plusieurs reprises avec de l'eau pure et tiède ; on fait sécher complètement dans un lieu aéré, et enfin on réduit en poudre extrêmement fine. On mélange cette poudre avec :

Verre pilé.	180 gram.

dans un vase en verre convenable dans lequel on verse l'alcool et qu'on abandonne dans un lieu chauffé pour opérer la dissolution, en agitant fréquemment pour la faciliter. Alors, on verse la masse dans un matras, on ajoute le sang-dragon et le sucre, on pose sur un bain-marie jusqu'à ce que le tout soit dissous, et on filtre sur coton.

9. *Vernis d'or jaune.*

On brise :

Gomme-laque.	250 gram.
Sandaraque.	125
Racine de curcuma.	125
Mastic en larmes.	60
Aloès.	15

Les résines dures sont fondues sur un feu doux, et quand elles sont refroidies, on les réduit en poudre fine et on les dissout au bain-marie et en agitant dans un matras en verre dans :

Alcool à 96° centésimaux.	1kil.500

on abandonne le vernis pendant quelques jours dans un lieu chauffé jusqu'à ce que le vernis soit rassis, et on filtre à travers une toile.

10. *Vernis d'or rouge.*

On le prépare exactement de la même manière que le précédent avec les ingrédients suivants :

Gomme-laque.	250 gram.
Sang-dragon.	250

                    Sandaraque. . . . .   60 gram.
                    Alcool à 96° centésimaux. 1kil.500
Après le repos, on filtre sur coton.

11. *Vernis d'or pour instruments de physique.*

On pulvérise :

                    Racine de curcuma, première qualité, 150 gram.
                    Safran des Indes.   2

et on verse dessus :

                    Alcool à 96° centésimaux. 1kil.560

on fait digérer à chaud pendant 24 heures et on filtre.
D'un autre côté, on réduit en poudre :

                    Sang-dragon. . . . .   75 gram.
                    Sandaraque la plus fine.   150
                    Élémi.   150
                    Gomme-gutte. 1 kil.825
                    Laque en grains. . . . .   75 gram.

et on mélange ces substances avec :

                    Verre pilé. 250

on introduit dans un matras, on mélange avec l'alcool
coloré précédent, on hâte la dissolution en plaçant sur un
bain-marie ou un bain de sable, et on filtre pour terminer l'opération.

12. *Vernis pour métaux.*

Ce vernis est composé avec :

                    Gomme-laque . . . .   250 gram.
                    Mastic en larmes.   250
                    Gomme-gutte.   125
                    Alcool à 96° centésimaux. 1 kil.560

On pulvérise ces matières; on les dissout au bain-marie
dans l'alcool, et on filtre après dissolution.

Pour appliquer ce vernis sur les objets en laiton, on le
fait chauffer sur un réchaud, ainsi que les objets qui ont
besoin, en outre, d'être bien écurés et doucis. On les recouvre alors d'une couche mince, on chauffe jusqu'à dessiccation complète, puis on donne une seconde couche.

13. *Vernis d'or français.*

On prépare ce vernis en faisant fondre :

                    Succin. . . . .   125 gram.

versant dans l'eau froide, séchant comme il faut, puis pulvérisant. D'un autre côté, on pulvérise aussi :

> Gomme-laque. . . . . 375 gram.
> Sang-dragon, premier choix. 6
> Extrait de bois de santal. 4
> Safran des Indes. 4

on mélange ces substances avec :

> Verre pilé. 250

et on dissout le tout au bain-marie ou au bain de sable dans :

> Alcool à 96°. 2kil.500

Dès que la dissolution a eu lieu, on laisse le vernis éclaircir et on filtre à travers une toile.

14. *Vernis d'or très-siccatif.*

On fait digérer au bain de sable pendant 24 heures :

> Safran des Indes. . . . . 4 gram.
> Alcool à 96° centésimaux. 2 kil.500

et on filtre l'alcool. D'un autre côté, on pulvérise :

> Succin fondu. . . . . 125 gram.
> Gomme-laque en grains. 375
> Gomme-gutte. 125
> Sang-dragon. 8
> Extrait de bois de santal. 4

et on mélange cette poudre avec :

> Verre pilé. 250

on introduit le tout dans un matras en verre, on verse dessus l'alcool coloré, on hâte la dissolution en plaçant dans un bain-marie, et enfin on filtre sur coton.

15. *Vernis jaune anglais.*

Prenez :

> Succin jaune translucide. . . . . . 125 gram.
> Gomme-laque. 125
> Safran des Indes. 2
> Sang-dragon, premier choix. 2
> Alcool à 96° centésimaux. 750

Faites fondre le succin, puis pulvérisez-le. On réduit aussi en poudre les autres substances, on dissout au bain-marie et on filtre.

Ce vernis, ainsi que les objets sur lesquels on veut

l'appliquer, ont besoin d'être chauffés sur un réchaud, et il ne faut pas donner une seconde couche avant que la première ne soit parfaitement sèche.

16. *Vernis d'or très-solide.*

On dissout au bain-marie :

Gomme-laque en écailles.. . . . . . . 125 gram.
Safran des Indes. 4
Alcool à 96° centésimaux. . . . . . . 2 kilog.

et on filtre au terme de l'opération.

17. *Autre formule.*

On compose ce vernis avec :

Copal d'Afrique.. . . . . 125 gram.
Gomme-laque.. 250
Gomme-gutte.. 125
Bois de santal. 16
Bois jaune de Cuba. 30
Alcool à 9?° centésimaux. 1kil.500

On forme des extraits séparés avec les matières colorantes, telles que le bois de santal, le bois jaune, et un peu d'alcool, et on filtre. Le copal est d'abord fondu, puis pulvérisé; on pulvérise de même la gomme-laque, la gomme-gutte, on verse dessus l'alcool et on dissout au bain de sable, en agitant de temps en temps. La dissolution opérée, on introduit dans le vernis l'extrait alcoolique des matières colorantes, on mélange avec soin et on filtre sur coton.

18. *Vernis d'or pour métaux blancs.*

On pulvérise :

Gomme-laque en grains, première
　qualité.. . . . . 250 gram.
Sandaraque purifiée. 125
Racine de curcuma. 60
Colophane blonde.. 30
Bois de santal rouge. 30

On introduit les poudres dans un matras en verre, on verse dessus :

Alcool à 92° centésimaux. 1kil.500

On fait digérer au bain de sable, jusqu'à ce que tout soit bien dissous, et on filtre sur coton.

19. *Autre formule.*

On compose ce vernis avec :

Gomme-laque en grains. . . . . 250 gram.
Gomme-gutte.. 125
Safran des Indes. 8
Alcool à 96° centésimaux. . . . . . 1 kilog.

Après que les matières solides ont été bien pulvérisées, on les introduit dans un matras, on verse dessus l'alcool, et on abandonne au bain-marie jusqu'à ce que le tout soit dissous. Cette dissolution étant complète, on filtre sur coton.

20. *Vernis d'or mixte.*

Pour le composer, on prend :

Elémi. . . . . 125 gram.
Sandaraque purifiée.. 125
Gomme-laque.. 60
Sang-dragon. 125
Safran des Indes. 2
Alcool à 96° centésimaux. 1kil.125

Les matières colorantes, qui doivent être en poudre fine, sont épuisées dans une partie de l'alcool, chacune à part, et on filtre. Les autres substances sont également pulvérisées, dissoutes au bain-marie dans le reste de l'alcool, puis le tout est mélangé et filtré.

21. *Autre formule.*

On combine exactement de la même manière, au bain-marie, pour en faire un vernis d'or, les substances suivantes :

Gomme-laque en écailles. . . . . . 125 gram.
Racine de curcuma, premier choix.. 60
Alcool à 96° centésimaux. 500

et lorsque la dissolution est opérée, on filtre à travers un linge ou sur du coton.

22. *Troisième formule.*

On compose ce vernis d'or avec :

Gomme-laque en grains.. . . . . . . 250 gram.
Sandaraque 250
Sang-dragon.. 30

Racine de curcuma.	5 gram.
Térébenthine de Venise.	125
Alcool à 96° centésimaux..	2 kilog.

On opère comme dans le cas précédent, et il est à propos de mélanger aux résines pulvérisées 300 grammes de verre pilé, pour les empêcher de s'agglomérer.

23. *Vernis d'or, de* HELD.

Pour composer ce vernis, on prend :

Gomme-laque en écailles, première qualité.	250 gram.
Sang-dragon.	60
Curcuma	1
Térébenthine de Venise.	15
Alcool à 96° centésimaux.	1kil.500

On dissout au bain-marie, et quand la dissolution est complète, on filtre le vernis.

24. VERNIS ALCOOLIQUES COLORÉS, DE HELD.

a. *Vernis rouge.*

On prépare ce vernis avec :

Gomme-laque en écailles.	180 gram.
Sang-dragon.	180
Sandaraque de choix.	45
Térébenthine de Venise.	24
Alcool à 96° centésimaux.	1kil.500

b. *Vernis jaune.*

On manipule avec :

Gomme-laque.	250 gram.
Sandaraque purifiée.	125
Gomme-gutte.	60
Aloès succotrin.	15
Mastic en larmes.	60
Térébenthine de Venise.	60
Alcool à 96° centésimaux.	1kil.500

c. *Vernis jaune d'or.*

On compose avec :

Gomme-laque en écailles..	125 gram.
Gomme-laque.	60
Sang-dragon.	60

Térébenthine de Venise. . . . .   90 gram.
Mastic en larmes.   90
Encens le plus fin..   90
Alcool à 96° centésimaux. 1kil.875

La préparation de ce vernis se fait au bain-marie, de la manière connue, et on fera bien de mélanger ces résines pulvérisées avec 250 ou 375 grammes de verre pilé. Après le refroidissement, on filtre soit sur le coton, soit à travers une toile.

25. *Vernis pour dorures, de* CHEVALLIER.

On dissout chacune des résines suivantes dans une partie de la quantité d'alcool indiquée :

Laque en grains, qualité la plus fine   125 gram.
Gomme-gutte.   125
Sang-dragon, premier choix. . . .   125
Rocou.   125
Safran des Indes   15
Alcool à 96° centésimaux. 1kil.250

On filtre, on mélange ensemble, ou bien on conserve séparément, pour n'opérer le mélange qu'au moment où le vernis doit être appliqué.

26. *Vernis d'or, de* CHEVALLIER.

Pour préparer ce vernis, on prend :

Laque en grains. . . . .   750 gram.
Succin fondu..   500
Sang-dragon..   4
Extrait de bois de santal.   8
Safran des Indes.   8
Alcool à 96° centésimaux.   500

La dissolution s'opère au bain de sable ou au bain-marie, et on filtre sur coton.

27. *Vernis d'or divers, de* FREUDENVOLL.

a. On pulvérise :

Laque en bâtons. . . . .   250 gram.
Sandaraque purifiée.   180
Gomme-gutte.   125
Sang-dragon, de.. . . . . 30 à 120
Verre pilé.   375

et on opère ainsi qu'il suit :

La laque en bâtons est d'abord dissoute dans :

Alcool à 96° centésimaux. . . . . . .   2 kilog.

on filtre la dissolution et on mélange les autres substances avec le verre pilé et avec :

Térébenthine de Venise.. . . . . . . 125 gram.

on hâte la dissolution en chauffant toutes les substances au bain-marie ou au bain de sable, et on filtre.

b. On combine au bain-marie les substances suivantes :

Laque blonde en écailles ou en bâtons . . . . 125 gram.
Gomme-gutte.. 180
Rocou.. 180
Safran des Indes. 30

qu'on mélange à :

Verre pilé. 250

avec :

Alcool à 88° centésimaux. 1kil.625

pour en faire un vernis qu'on ne filtre qu'avant de s'en servir.

c. Ce vernis se compose de :

Laque blonde en écailles ou en bâtons.. . . . . 750 gram.
Gomme-gutte. 30
Safran des Indes. 30
Sang-dragon.. 30
Alcool à 88° centésimaux. . . . . .   2 kilog.

Lorsque la dissolution a été opérée au bain-marie ou au bain de sable, on filtre le vernis. On peut y ajouter auparavant :

Térébenthine de Venise. . . .   60 à 125 gram.

28. *Nouveau vernis d'or qui ne pâlit ni à l'air,*
ni à la lumière.

Ce vernis se prépare avec la garancine, et voici la meilleure formule pour le composer :

Garancine. . . . . 250 gram.

sur laquelle on verse dans un verre :

Alcool à 90° centésimaux. 750

On laisse digérer 12 heures, on exprime et on filtre. Avec cette teinture, on colore une dissolution de gomme-laque dans de l'alcool à 90° centésimaux, qu'on a amené à la consistance de sirop. En ajoutant à la teinture un peu de teinture de safran, on en relève notablement la teinte.

III. VERNIS ALCOOLIQUES AU COPAL.

Pour préparer les vernis alcooliques au copal, il faut faire choix des morceaux les plus translucides et qui se ramollissent quand on les mouille avec l'essence de romarin. Les morceaux qui ne présentent pas cette propriété sont employés à la fabrication des vernis gras au copal. A ces vernis alcooliques au copal se rattachent ceux qu'on fabrique aussi avec l'alcool et le succin. Nous les ferons connaître ici successivement.

1. *Vernis au copal incolore.*

On dissout le copal au moyen de la vapeur. On renferme dans un sac de gaze de laine :

    Copal fin pulvérisé. . . . . 166 gram.

qu'on suspend dans le col d'un matras en verre dans lequel on a versé :

    Alcool à 96° centésimaux. . . . . . 500 gram.

sac qu'on arrête à quelques centimètres au-dessus de la surface du liquide. On entoure le col du matras avec une vessie humide, où l'on a percé un trou avec une aiguille, puis on l'introduit dans un bain-marie ou un bain de sable, pour que l'alcool acquière une certaine température, mais sans être porté à l'ébullition. Les vapeurs qui s'élèvent dissolvent le copal, qui distille goutte à goutte dans l'alcool et se combine avec lui. Lorsque ce liquide est suffisamment saturé de copal et qu'il ne peut plus en dissoudre, on éteint le feu, on laisse le matras refroidir, et dès qu'il est complètement froid, on verse le vernis de copal limpide comme de l'eau dans un flacon en verre propre et sec, qu'on bouche avec un bouchon. Le copal qui reste comme résidu dans le sac sert à fabriquer des vernis gras au copal.

Le vernis copal ainsi préparé fournit des enduits très-solides et très-durables.

2. *Autre formule.*

On fait dissoudre :

    Camphre. . . . . 60 gram.

dans :

    Alcool à 95° centésimaux. . . . . . 2 kilog.

et on ajoute :

    Copal d'Afrique pulvérisé. . . . . . 500 gram.

On secoue le tout dans un flacon et on porte rapidement au bain-marie à l'ébullition, qu'on maintient jusqu'à ce que le copal soit complètement dissous et que le vernis soit devenu limpide. Après le refroidissement, on filtre sur coton.

3. *Vernis au copal, à l'alcool et à l'essence de lavande.*

On ramollit dans l'essence de romarin :

    Copal de premier choix. . . . . . . 250 gram.

on le fait sécher et on le broie avec :

    Essence de lavande ou d'huile d'aspic 125

on introduit dans un matras, où l'on verse :

    Alcool à 96° centésimaux. . . . . . 500 gram.

en favorisant la dissolution par la chaleur du bain de sable, où on laisse en agitant fréquemment, jusqu'à ce que tout le copal soit entièrement dissous. Le vernis s'éclaircit par le repos, mais on peut aussi le filtrer sur le coton.

4. *Vernis anglais à l'alcool et au copal.*

On réduit en poudre :

    Copal de premier choix. . . . . . . 125 gram.

et on le fait fondre au bain de sable dans un matras en verre. Quand il est bien fondu, on y ajoute peu à peu, et toujours en remuant avec une baguette en verre :

    Essence de lavande préalablement chauffée. . . . . 250 gram.

et dans laquelle on a fait dissoudre :

    Camphre . . . . 8 gram.

Quand la dissolution des ingrédients est complète, on laisse refroidir et on filtre sur le coton. On chauffe alors le vernis de nouveau au bain-marie, et on y ajoute encore :

Alcool à 96° centésimaux. . . . . . . 750 gram.

qu'on a la précaution de faire chauffer d'abord.

5.　*Autre formule.*

On fait fondre dans un pot de terre neuf et sur un feu doux :

Copal de premier choix. . . . . . . 250 gram.

on y ajoute :

Térébenthine purifiée.. 115

et dès que le tout est fondu, on verse la masse et on la laisse refroidir. Après le refroidissement, on la pulvérise, on introduit dans un matras dans lequel on verse :

Alcool à 96° centésimaux. . . . . . 1 kilog.

On accélère la dissolution à l'aide du bain-marie, on laisse éclaircir ou on filtre sur coton.

6.　*Vernis au copal brillant et solide.*

On fait fondre :

Copal pâle translucide. . . . . . . 375 gram.

et on le verse par petites portions à la fois dans l'eau froide. Quand le tout est refroidi, on enlève le copal, et on le fait sécher sur du papier. Quand il est parfaitement sec, on le transforme en une poudre fine ; on pulvérise de même :

Sandaraque purifiée. . . . . 750 gram.
Mastic en larmes. 375

on mélange le tout avec :

Verre pilé. 500
Térébenthine de Venise.. 300

on verse dans un matras en verre avec :

Alcool à 88° centésimaux. . . . . . 2 kilog.

et on place dans un bain de sable, jusqu'à ce que les résines soient entièrement fondues, ce qui exige qu'on agite fréquemment. Enfin on filtre à travers une toile.

7.　*Vernis au copal, de* THON.

On pulvérise :

Copal le plus beau. . . . . 125 gram.

On fait bien sécher cette poudre dans un lieu chaud; on broie dans un mortier :

Camphre.. . . . .   15 gram.

on mélange ces deux substances ensemble, et on y ajoute peu à peu, et en broyant toujours :

Alcool absolu.. . . . .   500 gram.

On introduit le tout dans un matras en verre, et on abandonne sur un bain de sable, jusqu'à ce que le copal soit complètement dissous, et enfin on filtre le vernis préparé au coton.

8. *Vernis brun au copal.*

On amène à l'état de poudre fine :

Copal. . . . .   500 gram.

on y mélange :

Térébenthine purifiée..   125

et on fait fondre ces deux substances sur un feu doux. Aussitôt qu'on a atteint le point de fusion, on verse la masse sur un marbre ou une planche de cuivre; on la laisse refroidir et on la pulvérise de nouveau. On prend ensuite de cette

Poudre. . . . .   180 gram.

qu'on fait dissoudre au bain marie dans :

Alcool absolu..   500

et enfin on filtre.

Le vernis qu'on obtient ainsi est coloré en brun.

9. *Vernis au copal plus clair.*

On pulvérise :

Copal prèmier choix. . . . .   375 gram.

qu'on dissout au bain-marie dans un matras avec:

Alcool à 96° centésimaux. 1 kil.125

Aussitôt que la dissolution est complète, on laisse un peu refroidir et on verse dans un autre vase dans lequel il y a :

Térébenthine de Venise de. .   100 à 150 gram.

on agite, on expose à la chaleur jusqu'à ce que le tout soit dissous et on filtre après le refroidissement.

10. *Vernis au copal et à l'alcool, de* BERZELIUS.

Si dans un flacon bien bouché on humecte:

Copal translucide grossièrement pulvérisé, de. . . . . 250 à 375 gram.

avec de l'ammoniaque caustique et qu'on expose dans un lieu chauffé, le copal se gonfle et se transforme en une gelée translucide qui donne avec un peu d'eau une bouillie molle et trouble et avec beaucoup d'eau une liqueur laiteuse qui n'éclaircit pas.

Si on mélange la gelée obtenue avec le copal et l'ammoniaque avec:

Alcool à 96° centésimaux. . . . . . 1 kilog.

elle se dissout immédiatement en formant une liqueur limpide comme l'eau, qui n'a plus besoin que d'être filtrée.

La portion du copal qui n'a pas été attaquée par l'ammoniaque caustique reste sans se dissoudre, même dans un excès d'ammoniaque.

Le vernis qu'on obtient ainsi, appliqué à froid sur les objets, produit un enduit qui ressemble à la craie qui se transforme à $+ 40°$ en une membrane incolore translucide que la chaleur ramollit, mais qui, à une basse température, est assez ferme et tenace.

11. *Vernis alcoolique au copal et à la gomme-laque.*

On réduit en poudre:

Copal premier choix. . . . . 60 gram.
Gomme-laque blanche. 30

On mélange à:

Verre pilé. 90

ou verse la masse dans un flacon avec:

Alcool absolu. 1 kil.500

on fait digérer à une douce chaleur en agitant fréquemment jusqu'à ce que la dissolution des résines soit complète. On filtre enfin le vernis préparé à travers une toile ou sur coton.

12. *Vernis alcoolique au copal, de* HELD.

On compose ce vernis avec:

Copal. . . . . 250 gram.

Camphre. . . . . 250 gram.
Alcool à 90° centésimaux. . . . . .   1 kilog.

On pulvérise le copal et on laisse séjourner pendant quelque temps dans un lieu sec. On broie le camphre avec un peu d'alcool, on mélange avec le copal en poudre, on introduit dans un matras où l'on verse l'alcool et on dissout au bain-marie.

13. *Vernis alcoolique au copal, de* l'AMIE.

On pulvérise :

Copal premier choix. . . . . 145 gram.

et on mélange dans un flacon avec :

Essence récente de romarin. . . . . 145 gram.

à laquelle on a ajouté préalablement :

Camphre. . . . . 60 gram.

le tout s'opère à froid, et quand le mélange est fait on ajoute :

Alcool à 90° centésimaux. . . . . . 750 gram.

et on agite jusqu'à ce qu'il y ait dissolution. D'un autre coté on fait dissoudre :

Sandaraque purifiée et pulvérisée. . 145 gram.
Térébenthine de Venise.   62

dans :

Alcool à 90° centésimaux. . . . . . 965 gram.

en agitant dans un flacon. La dissolution opérée, on verse dans la dissolution de copal ci-dessus et le tout est chauffé au bain-marie jusqu'à ce que les ingrédients soient parfaitement combinés. Après le refroidissement, il faut avoir soin de filtrer le vernis.

14. *Vernis au copal, limpides et très-siccatifs,*
de FREUDENVOLL.

a. On compose ce vernis avec :

Copal limpide des Indes orientales. 500 gram.
Essence de térébenthine rectifiée. . 500
Alcool à 98° centésimaux. 250

on mélange bien d'abord l'essence avec l'alcool, puis on ajoute peu à peu et par petites portions à la fois le copal réduit en poudre en ayant soin d'agiter comme il convient chaque fois. La dissolution du copal dans le mélange d'alcool et d'essence s'opère assez rapidement, et lorsqu'elle est complète, on abandonne le vernis au repos jusqu'à ce qu'il soit devenu limpide et paraisse translucide.

La préparation de ce vernis doit toujours avoir lieu à chaud et jamais à basse température.

Le vernis ainsi préparé sèche très-promptement, et par conséquent il s'applique avec avantage sur les objets blancs, les meubles et autres pièces.

b. On opère avec :

Copal des Indes orientales, premier
choix . . . . 500 gram.
Essence de térébenthine rectifiée. .   1 kilog.
Baume de copahu.   60
Alcool à 98° centésimaux.   375

Les manipulations sont les mêmes que pour le vernis *a*. Ce vernis sèche plus lentement.

15. *Vernis au copal pour cartonnages et petits objets en bois.*

On fait fondre dans un pot bien vernissé et sur un feu doux :

Copal clair. . . . . 250 gram.

et lorsqu'il est en fusion, on y ajoute :

Sandaraque blanche en poudre gros-
sière . . . . 250 gram.
Mastic en larmes 125
Verre pilé. 62

on enlève la masse fondue du feu, on la laisse un peu re-froidir et on y ajoute :

Alcool à 96° centésimaux qu'on a fait
chauffer. . . . . 650 gram.

et enfin :

Térébenthine de Venise liquéfiée à la
chaleur. 125

on chauffe le tout au bain-marie jusqu'à ce que les ré-sines soient entièrement dissoutes, et enfin on filtre le vernis.

VERNIS ALCOOLIQUES MIXTES AU COPAL.

1. *Vernis mixte au copal, de* MILLER.

On réduit en poudre :

Copal fondu. . . . . 180 gram.
Sandaraque purifiée. 300
Mastic en larmes. 180
Camphre.   8

et on y ajoute :

Alcool à 96° centésimaux. . . . . . .   2 kilog.

on dissout le mélange au bain-marie et on y verse :

Térébenthine de Venise liquéfiée à la
    chaleur. . . . . 125 gram.

on filtre dès que la dissolution est complète. Une addition de verre pilé est absolument nécessaire.

2. *Vernis à polir, de* MILLER.

Ce vernis est composé avec :

Copal. . . . . 120 gram.
Sandaraque. 120
Essence de lavande. 180
Laque en écailles, premier choix.. . 375
Térébenthine de Venise.   60
Alcool à 96° centésimaux. 1kil.500

Le copal et la sandaraque sont fondus sur un feu doux, coulés et pulvérisés après le refroidissement. Cette poudre est dissoute dans l'essence de lavande, on y ajoute la térébenthine de Venise, tandis qu'on dissout la gomme-laque pulvérisée dans l'alcool; on réunit ces deux dissolutions et on les laisse dans le bain-marie jusqu'à ce que le tout soit bien incorporé, et on filtre.

3. *Vernis au copal pour meubles.*

On prend :

Copal fondu. . . . . 180 gram.
Sandaraque. 370
Mastic en larmes. 180

on mélange avec :

Térébenthine de Venise. 150

on dissout la masse dans un matras au bain-marie dans :

Alcool à 96° centésimaux. . . . . . .   2 kilog.

et on filtre après le refroidissement.

4.   *Vernis brillant au copal, de* HELD.

On prend, pour composer ce vernis :

Gomme-laque en écailles en poudre
fine. . . . .   250 gram.
Copal pulvérisé.   30
Essence de lavande.   8
Térébenthine de Venise.   60

on dissout ces substances au bain-marie dans :

Alcool à 96° centésimaux. 1kil.125

on filtre après dissolution, et enfin on ajoute, dans une capsule à broyer, peu à peu, et par petites portions à la fois :

Noir de fumée fin et calciné. . . . .   45 gram.

VERNIS ALCOOLIQUES AU SUCCIN.

1.   *Vernis au succin, de* HELLER.

On pulvérise :

Succin translucide. . . . .   125 gram.
Sandaraque purifiée.   125
Mastic en larmes.   60

on mélange ces résines avec :

Verre pilé.   125
Térébenthine de Venise.   30

on dissout dans un matras au bain-marie et en agitant fréquemment dans :

Alcool absolu. . . . .   2 kilog.

en enfin on filtre à travers une toile après le refroidissement.

2.   *Vernis mixte au succin, de* MILLER.

On fait fondre sur un feu doux :

Succin translucide. . . . .   250 gram.

et on coule sur une planche de cuivre. Après le refroidissement, on le pulvérise ainsi que les substances suivantes :

Sandaraque purifiée. . . . .   375 gram.

                    Élémi. . . . .   90 gram.
                    Animé.   125
                    Camphre.   24

en dissout au bain-marie dans un matras avec :

                    Alcool à 96°. 2kil.185

et on filtre après dissolution complète.

3. *Vernis au succin pour objets sculptés.*

Ce vernis se fabrique avec :

                    Succin fondu. . . . .   250 gram.
                    Sandaraque purifiée.   250
                    Mastic en larmes.   60
                    Térébenthine de Venise.   60
                    Alcool à 88° centésimaux. 1kil.500

On mélange ces substances avec :

                    Verre pilé. . . . .   125 gram.

on dissout au bain-marie dans un matras, et après le refroidissement, on filtre sur coton.

4. *Vernis dits anglais pour les métaux.*

Voici deux formules pour ces vernis dits anglais qui
s'appliquent principalement sur les métaux et servent à
donner en particulier la couleur de l'or au laiton, au
bronze, au cuivre, à l'argent, à l'étain, etc.

1° On broie finement, et chaque ingrédient séparément :

                    Succin fondu. . . . .   15 gram.
                    Laque en écailles.   15
                    Safran fin.   5

et on passe à travers un tamis fin. D'un autre côté, on
broie aussi :

                    Sang-dragon. . . . .   300 gram.(1)

On introduit alors le succin dans un flacon en verre d'une
capacité quadruple de celle du vernis avec :

                    Alcool très-concentré. . . . . . .   300 gram.

on ferme l'ouverture avec une vessie humide percée d'un
trou dans lequel on laisse l'aiguille, on chauffe le flacon
dans une eau en pleine ébullition, en levant l'aiguille de

---

(1) Ces rapports ne s'appliquent qu'au cuivre ; pour les métaux
blancs, il faut doubler la dose du safran et du sang-dragon, et même
la tripler au besoin.

temps à autre et en retirant le flacon de l'eau toutes les demi-heures pour l'agiter. Au bout de 4 à 5 heures, on laisse refroidir, on ouvre le flacon et on y verse les autres substances, on le referme et on chauffe de nouveau en opérant comme auparavant. Après 4 à 5 heures de chauffage, on laisse de nouveau refroidir et on abandonne le flacon pendant 4 à 5 jours au repos ; on décante avec précaution le vernis clair dans un autre flacon chaud fermant bien, et on presse le résidu à travers une toile.

Pour employer ce vernis, il faut opérer ainsi qu'il suit : le cuivre ou l'argent doivent avoir reçu un beau poli, plus fin même qu'on ne le donne ordinairement. On chauffe aussi également qu'il est possible sur une tôle placée sur un fourneau jusqu'à ce que la main ne puisse le supporter, puis on enduit avec un pinceau trempé dans ce vernis. Si on veut relever la couleur de la pièce jusqu'au jaune d'or, on applique trois à quatre couches de ce vernis, après avoir toutefois chauffé un peu fortement. Si la pièce, à raison de sa forme, ne peut être chauffée bien uniformément, on applique le vernis sur cette pièce froide et on l'approche immédiatement du feu.

2° *Formule suivant* MORARD.

On fait dissoudre à une chaleur modérée dans :

Alcool très-concentré. . . . . . . 1/2 litre.
Gomme — laque en petits morceaux,
    lavée à l'eau chaude, puis séchée.   90 gram.

avec une poignée de verre pilé fin ; on fait couler ce vernis à travers un tamis fin et on le colore (pour le laiton et le bronze) avec :

Rocou et gomme-gutte,

pour lui faire prendre une couleur citron, puis on le conserve dans des bouteilles en verre ou mieux en grès.

Pour préparer le laiton ou le bronze à recevoir ce vernis, il faut porter peu à peu le métal au rouge, l'enlever du feu, le laisser un peu refroidir, puis le plonger dans un mélange de :

Acide nitrique concentré . . . . . . 125 gram.
Eau. . . . . 1 kilog.

jusqu'à ce que le métal soit devenu noir, l'en retirer, le sécher et le frotter avec une brosse dure, puis, avec une pince en cuivre, le plonger dans l'acide concentré, le laver à l'eau tiède, et le sécher dans la sciure de bois. La plus légère particule de fer qu'il y aurait dans la pièce, la détériore en y produisant des bandes ou taches noires, Ainsi préparée, la pièce est chauffée sur une tôle jusqu'à ce qu'on ne puisse plus y tenir la main, et enfin on y applique le vernis avec un pinceau, en répétant l'opération si on le juge nécessaire.

Bien entendu que la pièce ne doit toucher la tôle que dans les parties où elle ne doit pas recevoir de vernis.

5. *Nouveau vernis pour le bois.*

Faites dissoudre, par l'agitation et à la température ordinaire :

  Gomme-laque blonde. . . . . 125 gram.
  Sandaraque en poudre. 30
dans :
  Esprit de bois (alcool méthylique). 1kil.500
La dissolution opérée, filtrez à travers le papier.

POLISSAGES AU COPAL.

1. *Polissage anglais.*

Ce frottis consiste en :

  Gomme-laque en écailles, la plus fine. 125 gram.
  Copal clair. 30
  Sang-dragon, premier choix. . . . 30
  Alcool absolu. 500
Pour fabriquer, on pulvérise finement le copal et on y mélange :

  Craie lavée fine. . . . . 375 gram.
on verse dessus la moitié de l'alcool absolu en agitant dans un flacon et favorisant la solution du copal par la chaleur du bain-marie. Dans l'autre moitié de l'alcool, on dissout le sang-dragon et la gomme-laque, on mélange les deux liqueurs au moyen du bain-marie et de l'agitation, et quand la dissolution est complète, on laisse éclaircir et on coule la matière.

2. *Polissage brun au copal.*

On prend, pour préparer ce glaçage :

  Gomme-laque en écailles, qualité la
   plus fine. . . . . 125 gram.
  Copal d'Afrique, premier choix. . . 60
  Alcool absolu. 750

Le copal qui doit être réduit en poudre fine est d'abord dissous dans l'alcool, puis on dissout la gomme-laque au bain-marie et on filtre le glaçage dans un entonnoir fermé à travers le papier.

3. *Polissage blanc au copal.*

On pulvérise :

Copal d'Afrique clair. . . . . 250 gram.

et on le mélange avec :

Asbeste. . . . . 60 gram.

on verse dans un matras avec :

Alcool absolu. 1 kil.500

on fait bouillir au bain-marie jusqu'à ce que tout le copal ait été dissous par l'alcool. On laisse la dissolution reposer et on filtre à travers le papier. Dans la liqueur filtrée, on dissout encore au bain-marie :

Gomme-laque blanchie. . . . . 125 gram.

et au besoin, on filtre encore une fois.

Dans ces derniers temps, on a remplacé l'alcool dans beaucoup de vernis et, entre autres, pour ceux pour jouets d'enfants, objets de fantaisie, par l'esprit de bois ou alcool méthylique, l'acétone, le chloroforme, ce dernier comme un excellent dissolvant du caoutchouc et du gutta-percha.

---

a. *Vernis à l'alcool pour chaussures.*

On fait dissoudre à la chaleur :

Gomme de cerisier. . . . . 250 gram.
Gomme arabique. 250
Alcool à 88° centésimaux. 250

et on filtre encore chaud. Pour appliquer le vernis ainsi fabriqué, il faut mettre le vase qui le contient dans l'eau chaude.

b. *Vernis à tableaux.*

On fait dissoudre :

Baume du Pérou. . . . . 30 gram.
Alcool absolu. 500

et on filtre la dissolution.

c. *Vernis vert.*

On démêle dans une chaudière en fonte :

    Colophane en poudre. 7 kil.500

dans

    Eau. 8 kil.500

et on porte à l'ébullition. Cela fait, on ajoute peu à peu, et en tournant toujours, une dissolution de

    Soude cristallisée. . . . .   1 kilog.

dans

    Eau. 2 kil.500

et on porte encore une fois à l'ébullition.

On répète encore une fois cette opération et on fait bouillir jusqu'à ce que toute la résine ait disparu, après quoi on laisse refroidir et éclaircir par le repos. À la solution claire, on ajoute alors une solution aqueuse de sulfate de cuivre tant qu'il se forme un précipité, et on filtre à travers une toile. Lorsque le précipité est entièrement sec, on le dissout dans l'essence de térébenthine, et c'est la liqueur filtrée qui constitue un vernis vert brillant.

d. *Vernis de la Chine.*

Ce vernis est un baume qui découle naturellement de l'*angua sinensis*, arbre au vernis qui végète à la Chine, à la Cochinchine et à Siam, et qu'on connaît sous le nom de *tsi-chu* de la Chine. On pratique à cet arbre des incisions d'où le baume s'écoule. Macaire Prinsep, qui a examiné cette substance, a trouvé qu'elle a une couleur jaune-brun, une odeur aromatique, une saveur astringente et la consistance de la térébenthine. Elle a, sous le rapport de ses propriétés, beaucoup d'analogie avec le baume de la Mecque et le baume de copahu. Quand on l'étend sur une surface, elle forme, après la dessiccation, un enduit uniforme et brillant. Elle se combine très-bien aux couleurs, se dissout difficilement à froid dans l'alcool, mais aisément à chaud. L'essence de térébenthine la dissout même à froid. Les Chinois s'en servent pour vernir les objets d'art.

e. *Vernis du Japon.*

Ce vernis est également un baume qui découle d'un arbre indigène au Japon, le *rhus vernix*, et qu'on recueille à la manière ordinaire.

*f.　Couleur à la cire pour la conservation des pierres
lithographiques.*

On prend :

    Cire jaune. . . . . 125 gram.
    Savon ordinaire. 125
    Suif. 125
    Résine blanche. 125

on fait fondre ces substances, dans un vase en fer, sur un
feu de charbon, on enflamme à plusieurs reprises pendant peu de temps, puis on ajoute :

    Vernis pour dessins à la plume
      (page 170). . . . . 125 gram.

et après avoir agité convenablement :

    Noir de lampe calciné. . . . . 250 gram.

qu'on a broyé préalablement avec vernis d'huile de lin.

g.　Couleur pour impressions en relief.

Cette couleur consiste en :

    Vernis pour dessins à la plume.. . . 280 gram.
    Cire. 215

après avoir fait fondre la cire, dans un creuset, sur un
feu doux, on y ajoute le vernis.

*h.　Couleur pour conserver les dessins au crayon
sur pierre.*

Cette couleur est composée avec :

    Vernis pour dessins à la plume.. . . 300 gram.
    Cire. 180

on prépare comme pour la couleur d'impression ci-
dessus.

*i.　Couleur pour conserver les pierres gravées
en relief.*

On fait fondre suivant les prescriptions ci-dessus :

    Vernis pour dessins à la plume.. . . 330 gram.
    Cire. 150

*j.　Couleur pour conserver les pierres gravées
en creux.*

On mélange :

    Vernis pour gravure en creux (p. 170). 375 gram.
    Couleur à la cire (f). 120

SECTION V.

VERNIS DIVERS.

On a proposé encore, dans ces derniers temps, diverses formules de vernis ou de matières liquides ou pâteuses pouvant servir de vernis, dans lesquelles c'est tantôt la matière solide dissoute qui varie, tantôt l'excipient, tantôt enfin, ces deux substances à la fois. Nous donnerons ici quelques-unes des formules les plus récentes de ce genre.

1. *Vernis imperméable pour la chapellerie, de* RICHARD *et* FRANCS.

Les chapeaux sont préparés, formés et teints à la manière ordinaire ; quand ils sont bien secs, on les enduit à l'intérieur avec le vernis suivant :

Gomme kino.	500 gram.
Elémi.	250
Encens.	1 kil.500
Copal.	1.500
Sandaraque.	1 kilog.
Labdanum.	31 gram.
Mastic.	31
Gomme-laque.	310
Résine blanche de pin.	250

on broie le tout ensemble et on verse dans un vase en grès avec :

Alcool à 33° centésimaux. . . . . 5 à 6 litres.

et on agite fortement et fréquemment. Lorsque la solution est complète, on y ajoute :

Ammoniaque liquide. . . . . 1 litre.

puis ensuite :

Essence de lavande. . . . . 31 gram.

et enfin une dissolution de :

Opoponax ou myrrhe. . . . . 500 gram.

dans :

Alcool. . . . . 3 litres.

on emploie ce vernis de la manière suivante :
On en applique une couche sur la surface intérieure

du chapeau et sur son bord interne au moyen d'une brosse, on laisse sécher et on répète cette opération à plusieurs reprises, mais de manière que le vernis ne pénètre pas la matière et qu'il ne ressorte pas et ne se voie pas à l'extérieur.

2. *Vernis de* PELLEN, *pour rendre imperméables les ballons en caoutchouc.*

Ce vernis se prépare avec des substances féculentes, la gomme adragante et autres gommes, la dextrine, le sucre, l'albumine d'œuf, le collodion préparé sans éther, la gélatine, la colle de poisson, la colle-forte, etc. Les dissolutions sont passées au tamis pour les débarrasser de toutes les parties qui ne sont pas dissoutes, et le vernis, quand il est parfaitement clair, est appliqué sur le ballon ou autre objet en couche opaque, mais aussi mince qu'il est possible. Cette application se fait aussitôt que le ballon est suffisamment gonflé avec du gaz, pour obstruer les pores du caoutchouc et le recouvrir d'une pellicule que l'hydrogène ne peut ni attaquer, ni traverser. Comme agent de solutions pour les matières indiquées, on se sert d'eau ou d'alcool étendu. On ne se sert pas de matières grasses qui sont des dissolvants du caoutchouc, seulement le collodion est mélangé à une très-petite quantité d'huile de ricin, parce que autrement, il formerait sur le ballon un enduit cassant.

Première formule.

Quand on prépare le vernis avec les gommes et le sucre, on prend :

Gommes.	32 parties.
Sucre..	8
Eau.	60

ces rapports peuvent être modifiés suivant qu'on veut avoir un vernis plus ou moins ferme. Plus on prend de sucre, plus le vernis a de dureté.

Deuxième formule.

Si on fait usage de la dextrine, on prend :

Dextrine.	128 parties.
Gélatine, première qualité.	12
Eau.	60

Plus on introduit de dextrine, plus le vernis est pur. Si on veut un vernis très-mou, mais peu durable, on peut n'employer que de la gélatine et, pour 100 parties de vernis, employer de 60 à 70 parties d'eau. Quant au vernis au collodion, il doit renfermer 5 à 6 pour 100 d'huile de ricin, et le collodion ne doit pas avoir été préparé à l'éther.

Troisième formule.

On peut encore faire usage du mélange suivant :

Vin blanc. . . . . 700 gram.
Gomme Sénégal. 200
Mélasse. 150

on fait bouillir ce mélange pendant 30 minutes, on le laisse refroidir et on y ajoute :

Alcool. . . . . 300 gram.

on passe au tamis et on conserve dans des bouteilles.

3. *Vernis pour papiers de tenture.*

Pour permettre de laver à l'eau de savon les papiers de tenture, on les enduit avec le vernis suivant. On fait dissoudre :

Borax. . . . . 30 gram.
Gomme-laque en bâtons, en écailles ou
   en grains ou toute autre laque. . . 30

dans :

Eau chaude. . . . . 180 gram.

On presse cette dissolution à travers un linge fin et on en enduit les papiers avant de les coller ou après qu'ils sont collés sur les murs, puis, quand ils sont tout-à-fait secs, on les frotte avec une brosse douce, ce qui leur donne un grand éclat. On applique deux couches, et la seconde seulement après que la première est bien sèche.

4. *Vernis pour les harnais et les courroies.*

On prend :

Colle-forte de bonne qualité. . . . . 30 gram.

qu'on ramollit dans l'eau de rivière et fait dissoudre sur le feu, puis on fait dissoudre également dans l'eau et sur le feu :

Savon ordinaire. . . . . 30 gram.

et on verse encore chaud dans la dissolution de gélatine. Pour opérer ces deux solutions, on emploie environ :

Eau. . . . . 2 litres.

ou bien lorsqu'on veut dissoudre la colle dans l'alcool et faire bouillir dans l'eau :

> Eau. 1 lit.50
> Alcool. . . . . 50 centil.

on mélange les deux dissolutions et on ajoute à la masse :

> Vernis évaporé dans l'alcool ou le vi-
> naigre. . . . . 45 à 60 gram.

puis,

> Amidon de froment bonne qualité.. . 30 gram.

qu'on a mouillé avec un peu de l'eau ci-dessus et broyé à froid, afin de bien mélanger ensemble. On met le tout dans un pot qu'on place sur un feu doux et on laisse évaporer. On peut employer cette masse avant d'évaporer ou bien la faire sécher au soleil ou à l'étuve pour en former des tablettes. L'action de ce vernis est d'autant plus satisfaisante qu'on l'applique en couche plus mince après l'avoir redissous dans la bière ou l'eau. On s'en sert beaucoup pour les harnais et les courroies, il entretient bien le cuir et lui donne l'aspect d'un cuir neuf.

5.　*Vernis de la Chine pour objets en bois.*

On prépare une espèce de ciment ou mastic avec du gypse, de l'argile, du feldspath décomposé et de la géla-tine, avec lequel on enduit les meubles. Lorsque cet en-duit est sec, on le ponce et on le recouvre d'une première couche de couleur noire dissoute dans un vernis, puis, lorsque cette couche est sèche, on en applique une se-conde. Ce vernis est extrait d'un arbre connu dans le pays sous le nom de *tsie-chou*, espèce de sumac dont la sève coule comme une gomme et dont on a parlé à la page 317. A l'état liquide, ce vernis est vénéneux et fait enfler et endolorit les mains des ouvriers. On fait sécher ce vernis à l'air, puis avec un burin on y grave des des-sins qu'on remplit avec des couleurs ou de l'or préparés à l'huile siccative, et enfin c'est sur le tout qu'on applique une dernière couche de vernis.

6.　*Vernis pour les vases en cuivre, laiton et fer,*
de E. Grimaud *et* Chevallier.

Le procédé a pour but de vernir les vases en cuivre, laiton et fer, de manière à pouvoir les faire servir aux usages domestiques et à rendre inutile leur étamage.
Pour cela, on fait fondre d'abord à une douce chaleur,

dans un pot en terre bien vernissé, environ 125 grammes de copal, en ayant soin de bien couvrir le pot. Lorsque le copal est arrivé à un état de fusion tel, qu'il coule comme de l'eau d'une spatule en bois qu'on y a plongée et retirée, on enlève le pot du feu et on y ajoute, après son refroidissement, 250 grammes d'essence de térébenthine ; on couvre de nouveau le pot, on le remet sur un feu doux de charbon et on chauffe la composition pour opérer une union intime entre l'essence et le copal. Il est nécessaire, dans cette opération, que l'ouvrier prête la plus grande attention ; car si le pot est plongé trop avant dans le charbon, les vapeurs qui s'échappent de la térébenthine s'enflamment.

Pendant que la masse est encore chaude, on y ajoute parties égales de vernis à l'huile de lin, qui doit avoir été cuit aussi épais que possible. Après avoir agité à plusieurs reprises, on laisse encore la masse bouillir, et on filtre enfin ce vernis à travers un linge propre.

Quand il s'agit de faire l'application de cette composition, préparée ainsi qu'il vient d'être dit, on chauffe doucement la pièce en métal et on y applique une couche aussi uniforme que possible de ce vernis laque.

Quand cette couche est sèche, on en applique une seconde et au besoin une troisième et une quatrième ; seulement il faut remarquer qu'avant de donner une nouvelle couche, il faut que la précédente soit parfaitement sèche.

La dernière couche ayant été appliquée, on chauffe l'objet enduit jusqu'à ce que le vernis commence à fumer, qu'il ne colle plus et soit devenu brun, après quoi ce vernis a acquis une telle solidité et une telle durée, qu'il résiste à tous les frottements et à toutes les autres influences.

Ce procédé d'application, suivant que le vernis doit avoir une durée plus ou moins prolongée, peut être répété ; toutefois il est inutile de faire remarquer que, dans le commencement, il ne faut pas appliquer une trop grande chaleur, car autrement, on produirait des boursoufflements qui diminueraient la durée du vernis.

Dans les vases ainsi laqués, on peut conserver de l'acide azotique, du vinaigre, de l'alcool, etc., même à l'état bouillant, sans que ces liquides attaquent le moins du monde le vernis.

Quand, par suite d'un usage prolongé, il se trouve des endroits où le vernis a été détruit ou enlevé, on les enduit avec la même composition, et on procède absolument de la même manière à leur réparation.

7. *Vernis à l'esprit de bois.*

Depuis qu'on a introduit l'esprit de bois dans le commerce, la fabrication des vernis semble avoir reçu une nouvelle impulsion. Voici, suivant M. T. Cattell, quel est le résultat des recherches les plus récentes sur ce sujet.

On dissout les gommes ou les résines employées communément, ou celles propres à la préparation des vernis qu'on se propose de fabriquer, dans des dissolvants préparés en mélangeant l'alcool, l'esprit de bois ou l'alcool méthylique avec le naphte de goudron de houille, ou les hydrocarbures volatils qu'on sépare par la distillation, ou ceux qu'on obtient par la distillation à destruction de la tourbe, des schistes et autres matières bitumineuses, mais, dans tous les cas, il est préférable de préparer les excipients en distillant les alcools avec les hydrocarbures volatils dont on se sert. Du reste, la fabrication comporte deux opérations.

A. *Préparation des dissolvants.* Si on a égard à la constitution chimique des agents employés et à leur influence, on peut les ranger en deux classes : 1° La classe des dissolvants d'hydrocarbures éthylés ; 2° la classe des dissolvants d'hydrocarbures méthylés.

Dans la préparation des dissolvants hydrocarburés d'éthyle, on fait usage, à raison d'économie, de l'alcool pur, et dans celle des dissolvants hydrocarburés de méthyle, on se sert de l'esprit de bois. Il est essentiel pour qu'il y ait mélange intime de l'alcool ordinaire, de l'alcool méthylique et de l'esprit de bois avec les hydrocarbures volatils indiqués, de les deshydrater autant qu'il est possible avant de s'en servir. A cet effet, les alcools et cet esprit du commerce sont exposés à l'action du carbonate sec de potasse et du chlorure de calcium, dans le rapport de 125 grammes de chacun de ces sels par 10 litres d'alcool, pendant deux à trois jours, après quoi on soumet à la distillation. L'alcool ordinaire ou l'alcool méthylique et l'esprit de bois ainsi préparés sont mélangés aux hydrocarbures indiqués et ne produisent plus qu'une très-légère opalescence.

L'hydrocarbure auquel on donne la préférence est le benzole qui doit être parfaitement limpide et brillant. On le mélange en égales proportions avec les alcools indiqués ou l'esprit de bois, mais à raison d'économie on

peut employer le naphte de goudron de houille rectifié, ainsi que les hydrocarbures que fournissent la
tourbe, les schistes et autres matières bitumineuses, et
afin de déterminer une combinaison plus stable entre les
deux liquides, on les distille ensemble en ajoutant, avant
la distillation, 500 grammes de chaux caustique et 70 gr.
de carbonate de potasse par chaque 10 litres de dissolvant. Lorsque la distillation est terminée, le dissolvant
est prêt à être employé.

B. Voici maintenant la composition de différents vernis
préparés avec ces dissolvants.

a. *Vernis à voitures.*

Copal	1 kil.750
Ambre..	500 gram.
Camphre.	32
Dissolvant d'hydrocarbure éthylé. .	10 litres

b. *Vernis pour employer à l'extérieur.*

Copal.	1 kil.750
Ambre.	250 gram.
Animé.	250
Camphre.	32
Dissolvant hydrocarbure éthylé. . .	10 litres.

c. *Vernis pour meubles.*

Copal.	1 kil.500
Gomme-laque (blanchie).	500 gram.
Oliban.	250
Camphre.	32
Dissolvant hydrocarbure éthylé. .	10 litres.

d. *Vernis pour tableaux.*

Copal	1 kil.250
Résine dammar..	750 gram.
Mastic.	500
Dissolvant hydrocarbure éthylé. .	10 litres.

e. *Vernis blanc dur.*

Copal.	500 gram.
Mastic.	1 kilog.
Sandaraque.	250 gram.
Camphre.	32
Dissolvant hydrocarbure éthylé. .	10 litres.

f. *Vernis français.*

Gomme-laque	2 kilog.
Dissolvant hydrocarbure éthylé. . .	10 litres.

g. *Autre vernis français.*

Gomme-laque.	2 kilog.
Oliban.	250 gram.
Dissolvant hydrocarbure éthylé . . .	10 litres.

h. *Vernis pour cartes et impressions.*

Mastic.	1 kilog.
Sandaraque.	1
Baume de Canada.	250
Dissolvant hydrocarbure éthylé. . .	10 litres.

i. *Vernis pour le fer (qu'on applique à chaud).*

Résine.	750 gram.
Sandaraque.	1 kilog.
Laque en grains.	375 gram.
Dissolvant hydrocarbure éthylé. .	10 litres.

j. *Préparation pour laques.*

a.

Sandaraque.	1 kil.625
Gomme-laque.	375 gram.
Curcuma.	365
Gomme-gutte	65
Dissolvant hydrocarbure éthylé. . .	10 litres.

b.

Gomme-laque.	1 kil.125
Ambre (fondu).	375 gram.
Gomme-gutte.	32
Sang-dragon.	65
Safran.	30
Dissolvant hydrocarbure éthylé. .	10 litres.

c.

Laque en grains.	500 gram.
Copal.	250
Sandaraque.	375
Curcuma.	125
Aloès.	65
Gomme-gutte.	65
Sang-dragon.	32
Dissolvant hydrocarbure éthylé. . .	10 litres

8. *Vernis alcoolique au succin et à l'antimoine,*
de CHEVALLIER.

On prend, pour 1/2 litre de vernis :

Éther pur.	125 gram.
Succin pur en poudre très-fine. . .	64
Antimoine blanc en poudre.	32
Alcool à 90° centésimaux.	1/2 litre.

on introduit le succin dans le matras, on verse l'éther sur le succin, on ferme le vase à l'aide d'un bouchon de liège bouchant bien, et on fixe le bouchon à l'aide d'un linge ou d'un parchemin ; on porte ce matras dans un lieu où la température ne dépasse pas 10° à 12° C., et on laisse macérer pendant un à deux mois.

Au bout de ce temps, on débouche ce matras, on le pose sur un bain de sable légèrement chauffé, le maintenant sur ce bain de façon à vaporiser l'éther. Lorsque l'éther est presque évaporé et que le produit a une consistance pâteuse, on retire du feu et on ajoute l'antimoine et l'alcool ; on couvre le col du matras avec un parchemin que l'on perce avec une épingle pour donner issue aux vapeurs, on expose ensuite le matras au bain de sable, le maintenant sur le feu à une douce température pendant six heures, ayant soin que la chaleur ne soit pas trop forte et qu'il n'y ait qu'un frémissement dans la liqueur et non une ébullition. Au bout de ce temps, on passe le vernis à travers un filtre et on conserve pour l'usage. Ce vernis s'emploie sur toute espèce de bois. Il a, dit-on, cet avantage sur les autres vernis, qu'il ne pousse pas au gras et résiste à l'humidité.

9. *Vernis de gomme-laque et au gluten,*
de PERDRIX.

Ce vernis s'emploie particulièrement au tampon pour ébénisterie.

On prend, pour ce vernis :

Alcool.	860 gram.
Gomme-laque.	18
Gluten.	65

En employant de la gomme-laque très-pure, il suffit de mettre dans l'alcool la quantité qui doit être absorbée.

Mais il n'en est pas de même du gluten qui renferme toujours, dans une certaine proportion, des parties insolubles dans l'alcool. Ainsi, pour que la quantité de gluten ci-dessus déterminée soit réellement absorbée, il est nécessaire de faire le mélange primitif dans la proportion de 125 grammes de gluten pour chaque litre d'alcool.

Cette composition, suivant l'inventeur, donne un vernis plus brillant et plus économique que celui qu'on emploie habituellement. En effet, tandis que, avec le vernis ordinaire, on ne peut, avec 1 litre, couvrir qu'une surface de 11 mètres, avec le vernis nouveau, on recouvre, en moins de temps, une surface double et l'on parvient à donner au bois un aspect qui en rend les veines plus visibles.

10. *Vernis blanc pour bois et métaux.*

M. Elsner a conseillé de préparer ainsi qu'il suit des dissolutions de gomme-laque pour vernir les bois et les métaux.

On verse sur la gomme-laque réduite en petits morceaux, de l'alcool à 90° centésimaux qui la dissout à une douce chaleur. Dans cette solution, on démêle du charbon d'os en poudre jusqu'à former une bouillie claire, puis on laisse exposé pendant quinze jours à la lumière. Un échantillon qu'on filtre fait voir si la solution est décolorée ; ordinairement, elle est encore un peu jaunâtre, mais parfaitement limpide et peut, sous cet état, être employée à faire des vernis qui paraissent complètement incolores. La gomme-laque, blanchie au chlore et à l'acide sulfureux, attaque les métaux et revient plus cher.

11. *Vernis au collodion concentré, de* BERARD.

On prend, pour préparer 1000 parties en poids de vernis au collodion concentré de Berard :

	Parties.
Alcool.	100
Ether.	630
Coton azotique, pyroxyline, coton-poudre, fulmi-coton, pyroxyle, etc. (1).	250
Huile de ricin.	20

(1) La pyroxyline, coton-poudre, poudre-coton, fulmi-coton ou pyroxyle, qu'on prépare en traitant de la cellulose, du papier ou du coton cardé, par exemple, par l'acide azotique fumant, traitée elle-même par l'éther alcoolisé, donne un certain produit auquel on a donné le nom de *collodion*, et qui est un liquide sirupeux qu'on doit conserver dans des flacons parfaitement bouchés.

En s'évaporant, le collodion laisse une couche de ce composé qui

Suivant que le vernis doit être onctueux ou sec, on peut modifier la proportion des divers ingrédients employés; ainsi, pour substituer à la peinture à l'huile, on peut ajouter de 10 à 15 pour 100, soit d'huile de ricin, soit d'une autre matière oléagineuse, au collodion qu'on a préalablement mélangé avec une quantité convenable de couleur végétale, animale ou minérale. Avec le collodion, on peut employer toute espèce de brosse ou de pinceau, et le mode d'application est le même que pour la peinture à l'huile ordinaire.

12. *Vernis à la glutine.*

Quand on épuise la farine de seigle par l'alcool bouillant, et qu'à la dissolution on ajoute de l'eau, on obtient une matière brunâtre, gluante, qui, à l'état sec, possède la consistance de la corne, à laquelle on a donné le nom de glutine et dont on a, depuis peu, conseillé l'emploi comme vernis pour enduire le bois, les métaux, le papier, etc.

On peut obtenir plus économiquement la glutine en traitant les eaux des amidonneries, les résidus liquides des fabriques de gluten, les farines délayées dans l'eau par des acides faibles qui produisent un précipité, filtrant les solutions, et ajoutant à la liqueur un alcali ou un sel alcalin qui précipite la glutine.

constitue un vernis qui a une force adhésive considérable, est imperméable et résiste aussi bien à l'eau qu'à l'alcool.

Pour préparer la pyroxyline propre à donner la plus grande proportion de collodion, on fait un mélange de :

    Azotate de potasse sec et en poudre.. . . . . 2 parties.
    Acide sulfurique concentré. 3

On y introduit le coton qu'on foule avec une spatule en verre. On l'y laisse un quart-d'heure, on lave et on fait sécher.

Ou bien on mélange :

    Azotate de potasse. . . . . 1 partie.
    Acide sulfurique concentré. 3

On prolonge l'immersion pendant 2 heures, on lave et on fait sécher à l'étuve à 45° C.

Dans tous les cas, on traite encore chaud :

    Pyroxyline. . . . . 2 à 3 gram.
par
    Ether.. . . . . 100 gram.
    Alcool. 8

13. *Vernis cuprammonique, de* SCOFFERN.

On prend de l'ammoniaque liquide et on y ajoute du cuivre en léger excès, de manière à se procurer une solution saturée de cuprammonium qui dissout les matières fibreuses, animales ou végétales. Si, dans cette liqueur cuprammonique, on fait dissoudre de la soie, on obtient un liquide d'une couleur noire brillante qui peut servir de vernis quand on l'applique sur les tissus, les papiers, les cuirs, etc.

14. *Vernis au sulfure de carbone (bensalphate ou benzile).*

Ce produit dont on peut enduire le bois, le fer et autres objets pour les conserver, est composé avec :

Soufre. . . . . 2 parties.
Goudron de houille. 3

Le goudron s'emploie à la consistance de sirop à l'état purifié ou non.

Pour se servir du bensalphate, on le fait fondre sur un feu doux, ou on l'applique à froid après l'avoir fait dissoudre dans le sulfure de carbone.

15. *Vernis préservateur à la cire, de* GUIARD.

Ce vernis se compose de :

Cire blanche ou jaune, suivant que le fond est de couleur pâle ou foncée. . . . . . 500 gram.
Essence de térébenthine. 700
Sous-acétate de plomb broyé à l'essence. 5

On mélange, on fait fondre au bain-marie, on applique à chaud à la brosse, et lorsque la couche est sèche, on brillante en frottant avec de la laine.

Ce vernis, suivant l'inventeur, préserve les peintures en bâtiment des effets de l'hydrogène sulfuré ; mais pour cela, il faut que les fonds soient peints à l'huile, sans addition d'essence, et quand ils sont secs, on les dégraisse à l'aide d'une seule couche d'essence de térébenthine qu'on étend à la surface qu'on laisse sécher avant d'y poser l'enduit.

16. *Huiles vulcanisées et vernis au chlorure de soufre, de* PERRA.

Voici ce que M. Perra a communiqué il y a peu de temps à l'Académie des sciences :

« Le chlorure de soufre à la température ordinaire est susceptible de se combiner avec l'huile de lin, ainsi qu'avec les autres huiles.

» Si on prend 100 parties d'huile de lin et 25 parties environ de chlorure de soufre, on obtient une combinaison qui jouit de son maximum de dureté.

» 100 parties d'huile de lin et environ 15 à 20 pour 100 de chlorure de soufre donnent un produit souple, et 100 parties d'huile de lin et 5 pour 100 de chlorure de soufre épaississent fortement l'huile sans la durcir. Dans cet état, elle est soluble dans tous les dissolvants qui dissolvent les huiles ordinaires, ce qui n'a pas lieu pour les autres combinaisons qui ne font que se gonfler et perdre un peu de soufre sans se dissoudre dans les dissolvants.

» Si l'on étend un poids donné d'huile de lin de trente à quarante fois son poids de sulfure de carbone, et qu'on introduise le quart du poids de l'huile de lin en chlorure de soufre, on a un produit qui reste liquide quelques jours. Si, dans cet état, on applique cette combinaison dissoute dans le sulfure de carbone sur du verre, du bois, etc., le sulfure de carbone s'évapore immédiatement, et instantanément on a un vernis.

» Le chlorure de soufre saturé de soufre est préférable pour ces combinaisons à celui qui ne l'est pas.

» Pour faire ces mélanges et ces combinaisons, il faut opérer comme suit : introduire *vivement* le chlorure de soufre dans l'huile qu'on agite pour en opérer un mélange uniforme. Peu à peu la masse s'échauffe, la combinaison s'opère, l'huile se durcit ou forme une combinaison molle, suivant les proportions de chlorure de soufre. Il faut n'opérer que sur de petites quantités à la fois et éviter l'élévation de température qui volatilise le chlorure de soufre et forme des bulles dans la masse, ou noircit et charbonne l'huile. Aussitôt ces deux substances mélangées intimement, on jette ce mélange sur une plaque de verre ou autre corps poli, on l'égalise, et, au bout de cinq à six minutes environ, suivant la température ambiante, on obtient la combinaison de l'huile. On détache avec la pointe d'un couteau un des coins de cette pellicule qu'il est aisé de soulever en entier sans la casser. On peut faire plusieurs superpositions de couches qui se soudent si l'on a soin de les appliquer lorsque la température de la précédente couche d'huile durcie s'est abaissée. Il faut aussi, pour assurer la soudure de ces couches, éviter l'humidité qui décompose le chlorure de soufre, ce qui empêche l'adhérence.

» En suivant ce mode d'opérer, j'ai pu faire des petites boîtes, des manches de couteaux, etc. On peut obtenir des plaques assez résistantes si l'on a introduit une toile métallique dans cette huile durcie, ce qu'il est facile de faire en étendant une toile métallique très-mince sur une plaque de verre, et en mettant, comme plus haut, de l'huile préparée sur ce verre, de façon à ce que l'huile recouvre la toile métallique.

» Tous les produits que l'on peut faire avec les mélanges de chlorure de soufre et d'huile jouissent d'une transparence complète, si l'on a soin de tenir les objets confectionnés dans une étuve ou tout autre lieu chaud pour chasser les vapeurs de chlorure de soufre et empêcher l'humidité d'en altérer la transparence en décomposant et précipitant le soufre du chlorure de soufre. Ces combinaisons dures d'huile et de chlorure de soufre sont inattaquables aux influences atmosphériques; j'en ai laissé plusieurs années exposées aux injures du temps. Si le caoutchouc vulcanisé, c'est-à-dire combiné au soufre, est souple à froid, il n'en est pas de même de ces combinaisons d'huile et de chlorure de soufre, qui est aussi une véritable vulcanisation des huiles; elle les rend rigides et cassantes si on les manie brusquement, ce qui est un inconvénient. Un désagrément plus grave de ces combinaisons est une odeur assez marquée qu'elles conservent longtemps.

» J'ai cherché, et vainement pendant longtemps, à rendre ces combinaisons d'huile et de chlorure de soufre aussi dures que le caoutchouc durci, je n'ai pu y parvenir. Presque toutes les substances qu'on pouvait introduire dans ces mélanges subissaient, de la part du chlorure de soufre, des altérations et n'ajoutaient aucune dureté nouvelle.

» J'ai été plus heureux du côté de la coloration de ces combinaisons. J'ai obtenu les couleurs les plus variées, des veinages imitant le marbre. Il suffit, pour les colorer, de très-peu de couleur mêlée à l'huile avant d'y introduire le chlorure de soufre. Il est des couleurs que le chlorure de soufre modifie.

» Ces combinaisons d'huile et de chlorure de soufre, c'est-à-dire les huiles vulcanisées, résistent très-bien aux acides minéraux et aux alcalis moyennement étendus. Concentrés, ils saponifient le corps gras à la longue. Une chaleur de 120 degrés environ les brunit, une plus forte les fond avec une coloration noirâtre. Cette huile vulcanisée se prête très-bien au moulage en prenant des empreintes très-nettes. Elle porte avec elle son vernis, elle s'use et reste toujours lisse et polie. Elle jouit de propriétés électriques au plus haut degré et pourrait servir à faire des plateaux de machine électrique.

» Je n'ai pu appliquer sur les tissus cette huile qui a toujours une réaction acide qui les détruisait. J'ai pu en faire un plaqué en la déposant sur du bois rendu rugueux pour la faire tenir. Elle peut s'appliquer pour faire des tapis, des ronds de tables, des marbres factices pour dessus et intérieur de tables à toilette, pour vitres, pour les vaisseaux, etc.

» Le bromure de soufre saturé jouit des mêmes propriétés que le chlorure de soufre. »

17. *Vernis pour les objets en caoutchouc, de* H.-L. HALL.

On prend :

Fleur de soufre. . . . . 1 kilog.
Huile de lin. . . . . 10 litres.

on fait bouillir jusqu'à ce que ces substances soient intimement combinées ensemble, mais en ayant soin de ne pas pousser cette ébullition trop loin, ou bien on prend :

Litharge. . . . . 4 kilog.
Noir de lampe.. 1
Fleur de soufre. . . . . 150 gram.
Caoutchouc. . . . . 10 kilog.

Toutes ces substances sont introduites dans un dissolvant jusqu'à ce qu'elles soient dissoutes dans un état liquide, sous lequel on les applique au pinceau.

18. *Email cristallin, de* CANTELOT.

Cet émail cristallin sert spécialement à glacer et à lustrer les marbres artificiels. Il se compose de :

Sulfure de carbone. . . . . 1 kilog.
Copal demi-dur. . . . . 455 gram.
Lait essentiel résineux de chaux éthérée.. 545

Pour former 545 grammes de lait essentiel résineux de chaux éthérée, on prend :

    Chaux grasse éteinte.. . . . . 25 gram.

sur laquelle on verse :

    Essence de térébenthine. . . . . 510 gram.

en mélangeant le tout avec un pilon à mesure qu'on ajoute l'essence. Aussitôt que le mélange est devenu liquide, on y ajoute :

    Ether sulfurique. . . . . 10 gram.

Dans un flacon pouvant contenir un cinquième en sus de tous ces ingrédients, on verse le sulfure auquel on ajoute le copal qu'on laisse dissoudre à froid, en ayant soin d'agiter de temps en temps, et, après dissolution, on ajoute le lait essentiel résineux.

Ce produit doit être conservé dans un vase bien clos.

19. *Vernis incolore de laque pour les bois et les cristaux, de M. ELSNER.*

On réduit de très-petits morceaux des écailles de laque et on les couvre d'une quantité d'alcool à 70 pour 100, suffisante pour que la dissolution s'opère complètement à l'aide d'une légère chaleur. On introduit dans la solution assez de charbon animal pour que la matière forme une bouillie claire, que l'on expose pendant quinze jours à l'action de la lumière. En en filtrant une petite partie, on reconnaît si la solution est complètement décolorée. Ordinairement, elle reste encore un peu jaunâtre, mais bien transparente ; et cependant, si on l'emploie dans cet état, on trouve complètement incolore la couche de vernis qu'elle laisse, soit sur le bois, soit sur le métal. On peut employer aussi ce vernis pour l'ébénisterie. La laque qui a été blanchie, soit par le chlore, soit par l'acide sulfureux, attaque un peu les métaux, et la solution coûte beaucoup plus cher.

20. *Vernis pour le cuivre.*

Pour recouvrir le zinc d'un vernis adhérent noir velouté, M. Boettger dissout :

                           Parties en poids.

    Nitrate de zinc. 2

    Chlorure de cuivre cristallisé.. 3

dans :

    Eau distillée. 64

il ajoute :   Parties en poids.

    Acide chlorhydrique de 1,10 densité..   8

et dans la liqueur, plonge le zinc, préalablement écuré avec du sable.

    Ce vernis constitue une sorte d'alliage et il peut servir à graver en relief sur le zinc, en employant de l'acide nitrique étendu de 10 parties d'eau, attendu qu'il résiste à l'action de cet acide.

21. *Vernis à marquer les colis et les tonneaux.*

    On se sert ordinairement pour marquer les colis, les ballots, les caisses, les tonneaux, etc., de noir de fumée broyé à l'huile de lin ou au vernis ; mais cette couleur, quand on laisse les pots ouverts, s'épaissit, le noir tombe au fond, et de plus, elle sèche difficilement. En outre, chaque fois qu'on veut s'en servir, on perd une partie de la couleur. M. Boettger propose de dissoudre l'asphalte dans un liquide très-volatil, de façon que les marques sèchent promptement, et les liquides les plus propres pour opérer cette dissolution sont les huiles minérales de schiste. Ce vernis s'applique très-bien aussi sur le fer et le cuir, il est noir, brillant et sèche vite ; en y ajoutant du vernis d'huile de lin, il peut servir à vernir les cuirs et toutes sortes d'objets, attendu qu'il reste souple, élastique et ne s'écaille pas.

22. *Vernis des fondeurs.*

    Les fondeurs et ceux qui fabriquent les modèles en bois qui servent dans les moulages en sable ont coutume d'enduire ceux-ci d'un vernis pour les rendre moins accessibles à l'humidité. Ce vernis se prépare en incorporant du noir de lampe dans une dissolution de gomme-laque dans l'esprit de bois. Ce vernis s'applique au pinceau, sèche promptement et présente beaucoup d'adhérence. La pluie ou l'humidité ne l'affectent pas sensiblement.

23. *Mode de dissolution du copal.*

    MM. Hennebutte, de Lille, reprochent au procédé actuel de fabrication du vernis au copal d'être très-défectueux. En faisant, en effet, fondre le copal à feu nu, on dénature et même on carbonise en partie cette gomme qui ne donne plus, par conséquent, que des produits foncés en couleur qu'il est impossible d'appliquer sur des nuances pâles et claires. Suivant eux, le copal se compose de deux principes distincts, dont l'un est parfaitement soluble dans l'huile et l'essence de térébenthine, et l'autre tout-à-fait insoluble. Ils proposent, en conséquence, d'enlever par la distillation le principe insoluble qui se condense alors dans un récipient. Ce principe, suivant les qualités de la gomme, s'élève de 15 à 30 pour 100, et terme moyen, on arrête la distillation lorsque le récipient contient environ le quart du poids du copal. Les trois autres quarts de ce copal distillé sont parfaitement solubles au bain-marie et même à froid dans le mélange d'huile et d'essence nécessaire à la fabrication des vernis, et donnent, d'après eux, un produit supérieur..

24. *Vernis pour les clichés photographiques.*

M. A. Autrive a proposé le vernis suivant. On fait dissoudre :

Gomme-laque blanche. . . . . 30 gram.

dans :

Alcool. 200
Essence de lavande. 30

Pour obtenir la gomme-laque blanche, on prend de la gomme-laque ordinaire qu'on fait dissoudre à saturation dans une solution concentrée de potasse caustique. On précipite la gomme par un courant d'acide sulfureux, on recueille et fait sécher le précipité qui est d'une blancheur parfaite.

On prépare le vernis en dissolvant la gomme-laque blanche dans le mélange d'alcool et d'essence. Ce vernis s'applique à chaud sur la glace et donne naissance à une couche dure qui ne se fendille jamais.

On prépare aussi d'autres vernis pour le même objet avec le succin jaune dissous dans le chloroforme, mais ce vernis qui est excellent est d'un prix un peu élevé. On obtient aussi un très-bon vernis en dissolvant dans la benzine, l'ambre préalablement fondu, seulement ce vernis qui est moins cher est un peu coloré. On emploie aussi souvent dissolution de benjoin dans l'alcool à 40°, par exemple, 10 grammes benjoin dans 100 grammes alcool. Ce vernis ne poisse pas même à une température élevée comme les vernis du commerce, seulement il n'est peut-être pas assez dur.

APPENDICE.

DESCRIPTION

DE

QUELQUES APPAREILS A BROYER LES COULEURS ET FABRIQUER LES VERNIS.

SECTION Ire.

MOULIN A BROYER LES COULEURS.

Cette machine d'une excessive simplicité, et de l'invention de M. Rawlinson, a pour objet principal de neutraliser les effets souvent mortels de l'émanation des parties volatilisées du plomb qu'aspirent constamment les broyeurs par les procédés ordinaires du broyage sur le marbre, et qui produit cette *colique des peintres* si pernicieuse aux ouvriers de cette profession.

Elle est dessinée fig. 32.

A est un cylindre massif de 45 centimètres de diamètre, et de 12 à 13 centimètres de longueur. On le fait le plus souvent en marbre noir qu'on trouve plus dur et susceptible de recevoir un plus beau poli qu'aucune autre espèce de pierre.

B, une molette concave de la même matière que le cylindre. Elle ne couvre que le tiers seulement de la circonférence, il est indispensable que leurs proportions circulaires, c'est-à-dire convexes dans l'un et concaves dans l'autre, soient dans le rapport le plus minutieusement exact.

La molette est couverte d'un chapeau de bois *b* dans lequel elle est encaissée; ce chapeau est fixé par des charnières en *i, i,* sur l'établi E.

Cette molette a 60 à 80 centimètres carrés en contact continuel avec le cylindre. Or, la molette ordinaire ayant rarement plus de 11 centimètres de diamètre, n'agit que par une surface de 32 centimètres carrés. Le bénéfice, quant au travail, est donc dans la proportion d'environ 6 à 1.

Il est sensible, en outre, que le mouvement de la machine est beaucoup plus rapide que celui de la molette conduite par la main d'un homme à qui elle occasionne beaucoup plus de fatigue que le moulin.

On doit observer que la machine décrite ici est du plus petit modèle, et qu'un ouvrier d'une force ordinaire peut mouvoir facilement un cylindre de 60 à 65 centimètres de diamètre, ce qui accroît, dans la même proportion, le produit du travail.

C, une pièce de fer arquée et bien fixée en *f*; elle sert à presser la molette en *c* et à la tenir ferme par une vis qu'on serre plus ou moins sur le chapeau de bois *b*.

D, un grattoir mobile sur les deux points *d d*; on le voit incliné sur le cylindre. Cependant, il ne se trouve dans cette position que lorsque la couleur étant assez broyée, on veut l'enlever; alors on tourne le cylindre à contre-sens et le grattoir le nettoie.

Ce grattoir est monté, comme une lame de scie, sur quatre petites pièces de bois K; il est fait avec un ressort d'horloge de 9 à 10 centimètres de largeur.

E, bâtis en bois contenant le cylindre et recevant sa manivelle et autres pièces de la machine.

F, le tiroir où l'on met les couteaux dont on se sert pour nettoyer le cylindre; aucune autre lame n'y est aussi convenable que celle des couteaux des corroyeurs.

G, une planche à coulisse qu'on peut enlever à volonté et sur laquelle tombe la couleur qui glisse du cylindre.

H, une plaque de métal pour recevoir la couleur lorsque le grattoir la détache.

On ne met la couleur sur le cylindre qu'après l'avoir pulvérisée soit dans un mortier couvert d'un sac (connu chez les chimistes), soit dans le moulin qui sert à broyer à sec.

Au reste, cette première préparation des couleurs sèches n'est pas une innovation, elle est nécessaire aussi dans l'ancien mode.

Quand on a délayé la couleur dans l'huile ou dans l'eau, on la met avec une spatule sur le cylindre, près de l'extrémité de la molette à laquelle on peut donner du jeu en desserrant la vis *c* ; mais cela est peu nécessaire, parce qu'on peut mettre la couleur à plusieurs fois, jusqu'à ce qu'il y en ait assez pour que le cylindre en soit couvert partout, après qu'il a fait quelques tours.

Lorsqu'on veut nettoyer la molette, soit qu'on cesse de travailler, soit lorsqu'on change de couleur, on desserre la vis *c*, on enlève la pièce de bois qui joue alors en *i i* sur les charnières, et le dessus du marbre se trouve à découvert.

Les couteaux dont il a déjà été parlé sont appliqués sur le cylindre et le nettoient complètement dans un petit nombre de tours.

On ne peut dire quelle quantité de couleur doit être mise sur ce moulin, ni combien de temps elle doit y rester, la seule règle étant dans le degré de finesse qu'on veut obtenir ; mais l'expérience a prouvé partout que trois heures donnent un produit égal à celui d'une journée d'homme travaillant sur le marbre plat avec une molette, et qu'on perd beaucoup moins de matière.

L'inventeur conseille de renoncer à la manière ordinaire de remplir les vessies avec les couleurs. Il propose aux fabricants d'introduire une petite cheville de bois dans le col de chaque vessie et de la lier sur cette cheville. On n'aurait, dit-il, qu'à l'enlever pour mettre de la couleur sur la palette, et presser, comme l'on sait, ces petits sacs.

Il préférerait même qu'on employât un tuyau de plume ayant la pointe en haut, parce qu'on n'aurait qu'à le couper quand on voudrait faire usage de la vessie, et à le fermer ensuite avec une petite cheville pour empêcher la dessiccation.

Cette manière, observe-t-il avec grande raison, est beaucoup plus propre, plus conservatrice et plus économique que l'usage de percer les vessies avec un canif.

Il ajoute :

1.º Qu'on pourrait appliquer, à l'extrémité de l'axe tourné par l'ouvrier, une roue-balancier, moins encore pour ajouter au pouvoir que pour uniformiser le mouvement ;

2º Que lorsque la couleur est très-dure, il convient d'augmenter la pression de la molette et de diminuer la vitesse de la rotation ;

3º Qu'une trop grande vitesse nuit au brillant des couleurs délicates, surtout quand elle va jusqu'à échauffer les marbres.

SECTION II.

MOULIN POUR L'INDIGO SEC.

La figure 33 représente un mortier ordinaire de marbre ou de quelque pierre très-dure L, dans lequel tourne une molette M, ayant presque la forme d'une poire.

En N N, son axe tourne sur deux pièces de chêne fixées dans un mur Q.

O, montre les trous où l'on met les chevilles qui retiennent l'axe dans sa place.

P, la manivelle.

R, un poids qu'on ajoute accidentellement, c'est-à-dire lorsqu'il est nécessaire de donner plus de pesanteur à la molette.

La figure 34 montre la molette et son axe isolés, elle doit s'emboîter très-juste par sa base dans le mortier.

S, un long vide pratiqué dans la pierre.

On met dans le mortier une certaine quantité d'indigo concassé ; le mouvement circulaire de la molette fait tomber successivement tous les morceaux dans la longue rainure qui la traverse de part en part, et l'on obtient de la sorte la poudre la plus fine.

En élargissant un peu le bas de la rainure, on facilite l'opération.

Sur le mortier est placé un couvercle de deux pièces au centre desquelles passe l'axe ; ce couvercle empêche la poudre de sortir du mortier.

Dans les manufactures, ce moulin est toujours mû par la grande puissance motrice ; mais dans les boutiques ou les petites fabriques, il est mû à bras.

On remplace quelquefois le poids R par une roue-balancier qui sert aussi à uniformiser le mouvement ; mais comme en une telle position cette roue a une grande pesanteur, il faut la faire légère et ne pas lui donner plus de 60 à 65 centimètres de diamètre lorsqu'elle est en fer.

La sangle qui agit sur sa périphérie a 10 centimètres environ de largeur.

SECTION III.

PERFECTIONNEMENTS DANS L'EXTRACTION DES HUILES ET LA FABRICATION DES VERNIS ET DES COULEURS; PAR MM. H. BESSEMER ET J.-S.-C. HEYWOOD.

Les perfectionnements que nous allons faire connaître, consistent principalement dans les points suivants :

1º Un appareil mécanique propre à l'extraction des huiles et des corps oléagineux des matières qui les renferment.

2º Un traitement particulier des huiles et des corps oléagineux encore en combinaison avec les matières qui les produisent, à l'aide de l'eau pure ou imprégnée de corps alcalins et d'une pression hydraulique en vases clos.

3º Un mode pour régler la chaleur appliquée aux vases employés dans la fabrication des vernis, et consistant dans l'application d'un bain métallique ou d'un bain d'air, et d'un moyen pour aspirer et condenser les vapeurs qui s'élèvent des résines et des huiles employées dans la fabrication des vernis, et enfin un mode de cuisson des huiles pour la fabrication des couleurs.

4º Un procédé pour donner plus de corps et d'opacité aux couleurs produites par la combinaison de la silice avec un alcali, les terres alcalines ou les oxydes métalliques, et en faire des couleurs vitrifiées.

5º Un appareil ou moulin propre à broyer ces couleurs.

I. Relativement au premier point, c'est-à-dire à l'appareil mécanique propre à l'extraction des huiles et des corps oléagineux des matières qui les renferment, nous faisons usage de la presse à l'huile que nous avons fait représenter sur la planche 3.

Fig. 42. Elévation de la presse vue de côté.

Fig. 43. Plan de cette même presse.

Fig. 44. Coupe longitudinale suivant la ligne A, B, fig. 43.

Fig. 45. Coupe d'une portion du cylindre de la presse sur une plus grande échelle.

Le fond ou bâti a, a d'une seule pièce de fonte, forme en a', a' un réservoir ou bassin pour recevoir les corps huileux qui y coulent lorsqu'on les extrait par expression. Vers l'une des extrémités de ce fond, s'élèvent des paliers a^2, a^2 avec coussinets b, b et chapeaux c, c dans lesquels tourne l'arbre coudé *d*. A l'extrémité opposée, il existe deux autres paliers a^3, a^3 venus aussi de fonte avec le bâti, pourvus aussi de chapeaux *e, e*. Ces chapeaux ont pour fonction de retenir fermement en sa place le cylindre de pression *f*, qu'on fait en bronze à canon, et d'une épaisseur suffisante pour pouvoir résister à une pression intérieure considérable. Ce cylindre *f* est pourvu à l'intérieur de ce que nous nommons une doublure qu'on aperçoit plus distinctement dans la figure 45. Cette doublure consiste en un tuyau de bronze à canon *n*, portant à l'extérieur une gouttière ou rainure spirale *r*, et par conséquent présentant l'aspect d'une vis ordinaire à filet carré, et d'un pas très-petit. Dans tout le cours de cette gouttière spirale, on a percé des trous coniques *f*, qui traversent de part en part le tuyau *n*, et communiquent avec son intérieur. En *n'*, le diamètre intérieur de cette doublure augmente, et est pourvu en ce point d'un collier en acier *t*. L'extrémité du tuyau opposée à *n'* présente au contraire un diamètre réduit, et est pourvue extérieurement d'un autre collier en acier *u*. Un sac cylindrique simple *v*, ouvert aux deux bouts, en futaine, étoffe de crin ou autre matière perméable analogue et d'un diamètre convenable, s'adapte très-exactement dans l'intérieur du tuyau *n*, et dans ce sac est placé un cylindre *w* en toile métallique ou en tôle finement percée. Le collier d'acier *t* entre juste dans l'extrémité ouverte du cylindre de toile métallique qu'il presse dans la retraite formée en *n'*, et maintient fermement en place le sac *v*, et la toile métallique *w* étant alors fortement tirée par l'autre extrémité n^2 du tuyau, on chasse dessus le collier *u* qui les serre avec force et les retient tendus et immobiles. Alors on introduit le cylindre de doublure *n* dans le cylindre d'expression *n* jusqu'à l'épaulement *g, g*. On insère ensuite une pièce tubulaire *h, h* qu'on amène jusqu'au contact avec le collier *u*, et on met en place le bouchon à vis *i* qui maintient la doublure *n* avec fermeté dans l'intérieur du cylindre d'expression.

L'extrémité de ce cylindre d'expression est étranglée en *f'*, *f'*, et forme en ce point un épaulement contre lequel vient butter le collier *j* dont le diamètre d'ouverture règle la pression à laquelle sont soumises les matières sur lesquelles on opère. A l'intérieur du tuyau *n*, est adapté un piston plein *k* qui reçoit un mouvement de va-et-vient de l'arbre coudé *d* au moyen de la bielle *l*, le mouvement parallèle étant réglé à l'aide des roulettes *m, m* de la traverse *o* qui cheminent sur le bâti dans les points a^4, a^4. X est une trémie boulonnée sur un collet f^2 que porte le cylindre d'expression, et communiquant avec ce dernier par une ouverture percée dans le tuyau *n* et placée sous le bec de cette trémie, de manière que les matières que renferme celle-ci, puissent tomber dans ce tube lorsque le piston plein *k* démasque cette ouverture. Dans la portion du cylindre d'expression occupée par la doublure, on a percé un grand nombre de petits trous $f^3 f^3$ qui communiquent en différents points avec la gouttière spirale dans le tuyau *n*, et à l'extérieur de ce cylindre, il existe deux bagues $f^4 f^4$ butant contre les paliers a^3 et leurs chapeaux *e* et servant à maintenir fermement le cylindre d'expression à sa place.

Quand on emploie la force de la vapeur pour communiquer le mouvement à la presse à l'huile, on place la manivelle du piston de vapeur établi à l'extrémité *d'* de l'arbre coudé de la presse à l'huile, sous un angle tel, par rapport à la manivelle *d*, que quand celle-ci chasse en avant le piston plein *k* jusqu'à l'extrémité de sa course, le piston de vapeur soit arrivé à moitié de la sienne pour que la force motrice appliquée atteigne son maximum au moment où la presse présente la plus grande résistance et que le piston de vapeur, lorsqu'il passera par ses points morts, n'ait à surmonter que le frottement de la machine, seulement lorsque le piston plein *k* est au milieu de sa pulsation en retour. Quand on applique une autre force motrice pour tourner la manivelle *d*, il est nécessaire d'employer un volant qu'on placera sur l'arbre *d'* avec les engrenages utiles pour mettre en communication avec le premier moteur.

Quand on applique cet appareil à l'extraction de l'huile de lin, on broie et on chauffe ces graines de la manière actuellement en usage, puis on les introduit dans la trémie, et aussitôt imprimant le mouvement à l'arbre coudé *d*, le piston plein *k* exécute un mouvement de va-et-vient à l'intérieur du tube *n* du cylindre d'expression. Chaque fois qu'il recule vers l'arbre coudé, il démasque l'ouverture sous la trémie, et permet à une portion de graines broyées de tomber dans le tube, tandis que lorsqu'il revient par un mouvement contraire, il chasse ces graines vers la partie rétrécie du cylindre, où leur passage se trouve beaucoup retardé par le frottement contre les parois de la doublure, mais principalement par l'étranglement de l'ouverture de décharge à travers le collier *j*, qui occasionne un degré considérable de résistance, et où, par conséquent, le piston plein aura à exercer sur la pâte une pression proportionnelle à l'ouverture plus ou moins grande que le collier j, j laisse pour la décharge.

On remarquera que ce collier j est mobile et qu'en enlevant entièrement le piston plein du tuyau, on peut le changer pour un autre représentant une ouverture de plus grand ou de plus petit diamètre. La doublure peut aussi, dans tous les temps, être enlevée du cylindre pour en ôter les portions usées ou hors de service, toutes les fois qu'on le juge à propos.

L'action du piston plein ressemble à celle du piston d'une presse hydraulique ; les graines sont pompées ou aspirées à l'une des extrémités du cylindre d'expression, et s'échappent par l'autre. D'un autre côté, tout l'intérieur de ce cylindre renfermant les semences, est garni d'étoffe de crin ou autre matière résistante et perméable, propre à cet usage, et, pour protéger cette étoffe contre toute avarie, on la recouvre de toile métallique ou de tôle percée de trous fins ; ce sac se trouve donc ainsi complètement défendu à l'intérieur, tandis que, soutenu de toutes parts à l'extérieur par le tuyau n, il est ainsi peu exposé aux avaries ou au risque de crever.

L'huile exprimée passe à travers la toile métallique et l'étoffe en crin, et s'écoule par les trous s dans la gouttière spirale r, et de là sort par les trous f^3, dont est percé le cylindre d'expression. A mesure qu'elle coule, elle est reçue dans le réservoir a', d'où on peut l'extraire par l'ajutage y.

Quoiqu'on n'ait décrit qu'un seul cylindre d'expression, il est évident qu'on peut en disposer les uns à côté des autres, deux, ou un plus grand nombre, qu'on mettrait en action par une manivelle unique, ou plusieurs manivelles sur un même arbre, et disposées l'une par rapport à l'autre, de manière à égaliser autant que possible la résistance pendant tout le temps de la révolution de cet arbre. On a proposé une forme cylindrique pour le piston plein ; mais il est clair qu'on peut donner à ce piston ainsi qu'au cylindre une forme polygonale quelconque.

Dans la description de la presse à huile que nous venons de donner, nous n'avons pas indiqué de moyen pour chauffer la matière qu'on soumet à la pression. Or, comme on sait qu'il est nécessaire d'élever la température de certaines matières dont on extrait l'huile, nous indiquerons ici un procédé pour y parvenir.

Lorsqu'on veut appliquer la chaleur pendant l'opération du pressurage, on donne un diamètre un peu plus grand au cylindre d'expression, et aussi plus de longueur, et on divise le réservoir *a'* en deux compartiments distincts, sur lesquels doit s'étendre ce cylindre. Un fort tuyau en fer forgé pénètre par l'extrémité ouverte du cylindre, et s'étend jusqu'à mi-chemin de la trémie, et là, se termine en une pointe pleine. Ce tuyau occupe le centre du cylindre de pression, et par conséquent, laisse tout autour de lui, un espace annulaire qui est occupé par la farine ou les matières broyées. On introduit dans ce tuyau, de la vapeur qui en élève la température au degré voulu. L'extrémité de ce tuyau, qui dépasse le cylindre, a besoin de buter solidement contre une potence qui s'élève au bout du bâti et qui le maintient avec force en place, malgré l'effet exercé sur son extrémité pointue.

Le jeu de cette disposition consiste, en ce que les graines broyées ou les autres matières tombant dans le cylindre d'expression et poussées en avant par le piston plein, abandonnent une portion de leur huile à l'état d'huile à froid, qui tombe dans le premier compartiment du réservoir *a'*. La marche de cette farine dans le cylindre, l'amène bientôt en contact avec la pointe du tuyau chauffeur ; là, cette pâte se divise et passe dans l'espace annulaire, entre ce tuyau et la doublure, et ainsi étendue en couche mince autour du tuyau, elle en absorbe promptement la chaleur en laissant écouler une nouvelle portion d'huile, qui est tenue dans le second compartiment du réservoir, de façon que les opérations du pressurage à froid et du pressurage à chaud marchent simultanément.

II. Notre mode de traitement des huiles et des matières oléagineuses encore renfermées dans les substances végétales ou animales, dont on les extrait en les combinant avec de l'eau pure ou de l'eau rendue alcaline par le moyen de la presse hydraulique en vases clos, a été mis en pratique à l'aide de l'appareil dont nous allons donner la description.

Fig. 46. Vue en élévation de cet appareil.

Fig. 47. Section verticale prise par le milieu.

A est un réservoir de forme circulaire en fonte aux extrémités et ouvert à la partie supérieure. Sur l'une de ces extrémités est fixé un vase cylindrique B de forme

hémisphérique aux deux bouts, résistant avec une force
considérable à une pression de 36 atmosphères. Ce cylindre
est maintenu dans une position verticale par un collet C
qui porte et qui s'étend sur la moitié seulement de la
circonférence. Ce collet repose sur une pièce semblable
ménagée sur l'extrémité circulaire du réservoir A et y est
boulonné. La partie supérieure du vase B forme une
coupe ou petit bassin B^1, dont les rebords servent d'ap-
pui à un étrier en fer D. Au centre de la coupe il existe
un orifice débouchant dans le vase et garni d'un cuir
embouti E, retenu et pincé par le collier G. Le fond du
vase est percé également d'un autre orifice où l'on a disposé un second cuir embouti H, assujetti par l'anneau J,
lequel est solidement boulonné sur le vase. Une grosse
tige en fer K s'étend du fond du cylindre B jusqu'au
sommet de l'étrier D, en traversant ce vase dans toute
sa hauteur et en présentant deux renflements en forme de
bouchons K^1, K^2 ajustés dans les cuirs emboutis. La portion supérieure de la tige K est filetée en K^3 et traverse
l'œil D' de l'étrier pour entrer dans la boîte N, qui est ta-
raudée à l'intérieur et pourvue de deux poignées P, P,
qui, quand on les fait tourner, élèvent ou abaissent la
tige K du degré voulu.

R est un tube par lequel on peut injecter de l'eau dans
le vase B à l'aide d'une pompe foulante du genre de
celles dont on fait usage dans les presses hydrauliques ;
S, un robinet qui sert à évacuer une portion des matières contenues dans ce vase et à faire cesser la pression
quand la chose est nécessaire. Les deux bouchons K^1 et
K^2 ayant même aire, quelle que soit la pression exercée
à l'intérieur du vase B, celle-ci n'a aucune tendance à
pousser la tige K en haut ou en bas, tandis qu'en s'exer-
çant sur les cuirs emboutis, elle maintient les assembla-
ges étanches et s'oppose à ce que les matières qu'on
comprime s'échappent au dehors.

Une certaine quantité d'huile ou les matières oléagineuses ayant été extraites des substances végétales ou animales, et les portions qui restent étant plus difficiles à
obtenir, on traite ces matières de la manière suivante. Au
sortir de la presse, elles sont mélangées à une grande
quantité d'eau chaude ou d'eau légèrement imprégnée
de matières alcalines, afin de les réduire à un état demi-
fluide, et, en cet état, de les travailler dans l'appareil ci-
dessus décrit. A cet effet, on tourne les poignées P, P ; le
bouchon K^1 se lève au-dessus de l'orifice qu'il fermait,

tandis que le bouchon K², qui est beaucoup plus long, ferme toujours l'orifice inférieur. Les matières semi-fluides sont alors introduites dans le bassin B¹ d'où elles tombent dans le vase B, jusqu'à ce qu'il soit entièrement chargé. On abaisse alors la tige K dans la position représentée dans la figure 47, et la communication étant établie avec la pompe foulante de la presse hydraulique par l'ouverture d'un robinet sur le tuyau de cette pompe, l'eau afflue par le tuyau R dans le vase, et après quelques coups de piston les matières qui y sont contenues sont soumises à la pression requise.

En cet état, on abandonne au repos pendant quelques minutes pour que la combinaison de l'huile et de l'eau puisse s'opérer, puis on ouvre le robinet S, et on laisse échapper une portion des matières fluides contenues dans le vase dans le réservoir au-dessous. La pression étant ainsi supprimée, on fait de nouveau tourner les poignées P, afin de relever la tige K suffisamment haut pour dégager le bouchon K² de l'orifice supérieur. Les matières contenues dans le vase se mêlent alors dans le réservoir A, puis le bouchon K² étant abaissé de manière à clore l'orifice inférieur, on peut charger de nouveau le vase pour une autre opération.

La pression exercée ainsi sur le mélange de matières oléagineuses et d'eau, détermine l'huile qui s'y trouve renfermée à se mélanger avec ce dernier liquide et à former une liqueur d'apparence laiteuse dont on peut ensuite extraire l'huile, soit par le repos dans de vastes réservoirs, soit en évaporant l'eau par la chaleur.

Quand les huiles sont destinées à la fabrication du savon ou à quelques autres usages, on peut se servir de ce mélange d'eau et d'huile sans en effectuer la séparation, et lorsque c'est de l'huile de graine qu'on obtient ainsi, les matières mucilagineuses favorisent la combinaison des deux liquides.

Dès que les matières ont été enlevées du réservoir A, elles sont jetées sur un tamis, et les portions solides qui restent sont soumises à un nouveau pressurage, afin d'en extraire les parties fluides qui peuvent encore y rester. Dans quelques cas, on trouve qu'il est avantageux de faire bouillir la liqueur laiteuse résultant de l'opération qui vient d'être décrite, afin de coaguler les matières albumineuses et de favoriser ainsi la purification de l'huile.

III. Voici maintenant le moyen que nous employons pour régler la chaleur appliquée aux vases employés dans la fabrication des vernis à l'aide d'un bain métallique ou d'un bain d'air, et le procédé par lequel nous aspirons et condensons les vapeurs qui s'élèvent des résines et des huiles dans la fabrication des vernis ou des huiles en ébullition qu'on emploie à la fabrication des couleurs.

Dans le mode actuel de fabrication des vernis, les résines ou les gommes sont généralement liquéfiées dans un pot destiné à cet objet, par l'application directe du feu à l'extérieur de ce vase qui est en cuivre mince. La température de ce pot peut s'élever ainsi subitement à un degré tel, que les gommes en éprouvent un dommage sérieux et même prennent feu, tandis que parfois l'abaissement de la température au-dessous d'un certain degré produit des inconvénients d'un autre genre. En outre, à la haute température nécessaire pour mettre en fusion le copal, le succin, la résine animé et autres matières analogues, ces substances dégagent d'abondantes fumées consistant dans les éléments les plus volatils de ces corps. Le dégagement de matières volatiles affecte singulièrement les ouvriers employés dans ce genre de fabrication et parfois donne lieu à des explosions de la nature la plus grave, tandis, d'un autre côté, que les vapeurs qui s'échappent ainsi ont souvent une valeur considérable, soit qu'on les ajoute au vernis, soit qu'on en fasse des applications distinctes. Le pot à fondre les résines et les gommes a besoin d'être aussi ouvert pendant le travail, afin que les ouvriers puissent surveiller les opérations et agiter les matières de temps à autre. C'est ce qui a jusqu'à présent rendu si difficiles les moyens de prévenir la dissipation et la perte des matières volatiles en question, et nous a déterminé enfin à chercher le moyen que nous allons faire connaître.

Les résines, fig. 48, section verticale par le milieu du bain métallique et du pot à fondre.

Les résines, fig. 49, section horizontale de ce pot, par la ligne A B, fig. 48.

a est le foyer situé au-dessous du plancher de l'atelier comme à l'ordinaire ; *b*, la porte de ce foyer, et *c*, le cendrier. Sur ce foyer est placé un vase en fonte *d* qui est rempli presque en entier par un bain d'un alliage à parties égales de plomb et d'étain, le point de fusion du plomb seul étant trop élevé pour cet objet. Le carneau du fourneau qui monte en *e* débouche dans celui *f* qui, après avoir fait le tour du bain, se rend dans la cheminée qu'on n'a pas représentée dans les figures. *g* est le pot à fondre la résine, qui est en cuivre mince, laminé et pourvu d'un collet rivé *h h*. Dans ce collet, on a découpé trois échancrures à égales distances, et trois griffes *i i i*, établies sur la partie supérieure du bain, correspondent, quant à la distance entre elles, avec les échancrures du collet *h*, de façon que lorsque le pot est introduit dans le métal fondu, ces griffes passent à travers les échancrures, et qu'en tournant le pot, le collet *h* se trouve retenu par ces griffes résistant à sa tendance à sortir du bain.

Dans le voisinage du sommet du pot, on a pratiqué une découpure qui embrasse la moitié de sa circonférence, et on a abaissé la lèvre inférieure en dehors d'environ 12 millimètres, en laissant un intervalle *l* entre les deux lèvres. A l'extérieur du pot, est une pièce circulaire *m* rivée sur ce vase et embrassant les lèvres de l'ouverture *l*. Cette pièce *m* sert à fortifier le pot et à établir une communication avec son intérieur ; elle porte au centre un petit ajutage *n* qui débouche directement au-dessus d'un tube fixe *p* qui s'élève verticalement sur le couvercle du bain, et est par conséquent, par le moyen de l'ajutage *n*, en communication avec l'intérieur du pot. Ce tube, qu'on voit broisé en *p'* dans la figure, se prolonge vers une partie des bâtiments où il pénètre dans un serpentin établi dans un baquet d'eau froide comme à l'ordinaire. Ce serpentin, après avoir quitté le baquet, se divise en deux branches, l'une descendant perpendiculairement de $0^m,30$ et se termine par un robinet qui sert à évacuer les matières condensées dans les récipients, l'autre qui s'élève d'environ 1 mètre pour communiquer avec l'arbre percé d'un ventilateur excentrique ordinaire ou autre appareil aspirateur dont les fonctions consistent à faire appel de l'air du tube, et par conséquent à provoquer un courant vif dans le serpentin, afin d'entraîner l'air et tous les produits non condensables qu'il peut renfermer. Voici du reste la manière de se servir de l'appareil :

Le feu ayant été allumé, et le métal du bain étant entré en fusion, on y introduit un thermomètre par l'ouverture *p*, et on observe le degré de température qu'il marque. Dès qu'on a atteint la température exigée, le pot aux résines *g* est placé dans le bain où il est assujetti par les griffes *i*, en ayant soin de le tourner de manière que les tuyaux *n* et *p* se trouvent correspondre exactement l'un à l'autre. Il n'est pas nécessaire que leur point de jonction en *s* soit parfaitement imperméable. Une charge de 14 kilogrammes succin, supposons, est alors introduite dans le pot, surveillée et agitée à la manière ordinaire par la gueule du pot. Le ventilateur ou autre appareil d'épuisement étant alors mis en action, l'*huile d'ambre*, ou les portions volatiles du succin, s'élèvent du sein des matières sur lesquelles on opère, et coulent par l'échancrure en *l*, ainsi que l'indique la direction des flèches. Le courant énergique qui s'établit par cette ouverture, et qui s'étend sur tout le demi-diamètre du pot, fait arriver une portion d'air atmosphérique par la gueule ouverte de ce pot, air qui, en se mélangeant avec les vapeurs, les entraîne dans le serpentin où leurs portions condensables passent à l'état liquide, tandis que l'air s'échappe à travers le ventilateur.

On éprouve peu de difficulté à maintenir une température convenable et égale dans le bain métallique, parce que dans un intervalle aussi court que le temps pour fondre une charge, la température d'une masse aussi considérable de métal fondu éprouve peu de changement, même quand on aurait cessé entièrement le feu, ou qu'on l'aurait poussé vivement. Mais indépendamment de cela, on peut à tout moment modérer la chaleur, en insérant par l'ouverture *r*, pendant une ou deux minutes, une grosse pièce de fer froide qui abaisse la température du bain; en général, on peut se contenter de compter sur la chaleur contenue dans la masse fondue, dont la température ne peut pas beaucoup varier pendant le cours d'une opération, à moins qu'on ne néglige complètement de veiller à l'état du feu.

Lorsque la résine est en fusion et mélangée à l'huile, il faut l'enlever du bain métallique et transporter le contenu du pot dans celui à cuire, en ayant soin d'employer pour ce transvasement le côté *g*, pour que les matières n'entrent pas dans l'échancrure *l* et n'occasionnent pas d'inconvénient.

Ainsi, dans cette opération de liquéfaction des résines, on a réglé la chaleur sans inconvénient et sans avoir à craindre qu'il s'échappe de la fumée, et en condensant les matières volatiles dont le fabricant de vernis pourra faire ensuite l'usage qu'il jugera le plus avantageux.

La figure 50 est une section du pot dans lequel on cuit les huiles, les gommes et les résines dans la fabrication des vernis, pot qu'on peut aussi employer pour cuire les huiles dont on se sert dans la préparation des couleurs.

A, pot en cuivre ayant la forme ordinaire; B, bassine plate en fonte de fer et qu'on fait très-épaisse, tant pour empêcher que le feu ne la détériore, que pour qu'elle conserve la chaleur et ne permette pas aux fluctuations rapides qui ont lieu dans la température du foyer, d'agir sur l'air qu'elle renferme. La bassine B est soutenue sur le foyer C par un collet B¹, B¹ reposant sur la maçonnerie D du fourneau, dont le modèle peut varier suivant la commodité du fabricant. Le pot est suspendu dans le bain d'air de la bassine au moyen d'un collier A¹ rivé sur sa circonférence, et sur son ouverture est placé un couvercle E qui se rabat sur son bord extérieur en E¹, en présentant une grande ouverture centrale qu'on forme en courbant et estampant le métal suivant le profil représenté. Le bord intérieur du couvercle en E² touche presque les parois du pot, et laisse en G un canal annulaire à l'intérieur de celui-ci. Un tuyau H conduit de ce canal dans un serpentin condenseur à un volant ou autre aspirateur quelconque, ainsi qu'on l'a déjà dit. L'opération marche comme on va l'expliquer.

Le feu étant allumé dans le fourneau C, la chaleur se transmet à la bassine B, et l'air que celle-ci renferme, ainsi chauffée, communique sa température au pot à cuire, température qui ne se trouve plus aussi matériellement influencée par les irrégularités du feu, qu'elle l'eût été si le fond du pot était exposé, comme d'habitude, à l'influence directe du feu. L'aspiration produisant le vide dans le tuyau H et dans le canal annulaire G, les vapeurs qui s'élèvent des huiles bouillantes ou des vernis pénètrent dans ce canal par les ouvertures étroites en E² qui s'étendent sur tout le pourtour intérieur du pot, et de là passent dans le serpentin, où elles sont condensées, tandis que la grande ouverture que présente le couvercle, permet de surveiller attentivement la marche de l'opération et de faire librement usage de la spatule I, qui sert à incorporer les matériaux contenus dans le pot.

Comme la forme du bain d'air indiquée dans la figure 50 exige qu'on soulève le pot avant de le retirer du feu, on trouvera peut-être plus commode de donner à ce bain, ou à la bassine, la forme représentée en coupe dans la figure 51, dans laquelle J indique une plaque ou bassine épaisse en fonte de fer, présentant un bord relevé tout autour sur sa surface supérieure, et six bras ou côtés K ayant même hauteur que le bord. Cette plaque ou bassine est placée sur le foyer L, et sa face supérieure de niveau avec la maçonnerie M du fourneau. N est une portion du pot à cuire qui est placé dessus.

On a représenté dans la figure 52 cette plaque en plan; K K sont les bras qui ont pour objet de porter le pot, et Q, les espaces intermédiaires entre ces bras occupés par l'air chaud. Dans cette forme d'appareil, le pot peut être glissé horizontalement et hors de la plaque chaude, et même entièrement éloigné sans qu'il soit nécessaire de le soulever.

Il est évident qu'on pourrait appliquer aussi un bain métallique pour chauffer le pot et faire usage du bain d'air pour dissoudre les résines, mais nous nous bornons aux dispositions ci-dessus décrites.

IV. Nos procédés pour donner plus de corps ou d'opacité aux couleurs produites par la combinaison de la silice avec les alcalis, les terres alcalines et les oxydes métalliques, et former ainsi des couleurs vitrifiées, seront faciles à comprendre par la description ci-après.

Dans plusieurs arts, et entre autres dans la peinture sur porcelaine et sur verre, on se sert de couleurs composées avec les matériaux qui viennent d'être indiqués. Dans les applications, il n'est pas essentiel que les couleurs soient opaques; au contraire, dans la peinture sur verre, on cherche généralement à conserver autant de transparence qu'on le peut; mais commes les couleurs formées par la combinaison des oxydes métalliques avec la silice des alcalis et des terres alcalines, résistent éminemment à l'action de l'air ou à l'humidité, il était à désirer qu'on pût employer les couleurs vitrifiées aux travaux généraux de peinture, mais pour cette application, il était indispensable qu'elles eussent suffisamment de corps ou d'opacité pour bien couvrir les matériaux sur lesquels on les applique.

On sait que les verres de différentes espèces, mais plus particulièrement ceux qui renferment une grande proportion de chaux, éprouvent par une longue exposition à une chaleur rouge peu intense, un changement complet dans la disposition des molécules qui forment leur substance, et passent de l'état de verre ordinaire translucide à celui de corps à demi-opaque, état sous lequel on les connaît sous le nom de *verre dévitrifié* ou de *porcelaine de Réaumur*. C'est en cherchant à tirer avantage de ce fait, que nous proposons d'opérer comme il suit :

Dans un pot ordinaire à fondre le verre, on introduit le mélange que voici : 250 kilog. de sable blanc, 100 kilog. de sulfate de soude sec, 85 kilog. de phosphate de chaux et 4 kilog. de charbon de bois, charbon qu'on ajoute pour décomposer et chasser l'acide du sulfate de soude. Ce mélange fondu dans un four à verrerie est versé, sortant du pot, dans de l'eau froide avec une cuillère; saisie ainsi par cet abaissement subit de température, la masse de verre opaque se divise en petits fragments, qu'on recueille ensuite et introduit dans des cornues en terre semblables à celles dont on se sert généralement dans la fabrication du gaz d'éclairage avec la houille, cornues qu'on expose à une température entre 370 et 480° C. pendant une période de trois à quatre jours, au bout desquels on ouvre une des extrémités des cornues pour en extraire, avec un ringard, les matières brûlantes qu'on fait de nouveau tomber dans l'eau froide. Ces matières ainsi traitées se désaggrègent encore et sont rendues tellement friables qu'elles se réduisent aisément en poudre sous la meule verticale ordinaire.

La dévitrification opérée dans les cornues, par une chaleur basse soutenue, accroît encore l'opacité produite par le phosphate de chaux, et dans quelques cas où l'on désire obtenir une opacité extrême, on ajoute de l'oxyde d'étain dans les proportions qu'on juge convenables.

Le mélange des matières qu'on a donné sert à produire un corps blanc opaque, ou une base pour toutes les couleurs dont on a besoin.

On sait qu'on emploie généralement les oxydes métalliques pour colorer le verre; ce sont donc ces oxydes qu'on fait entrer en combinaison avec les matériaux indiqués ci-dessus, en les ajoutant à ceux-ci, avant de soumettre à la fusion dans le pot de verrerie, et cela dans des proportions propres à produire les nuances de couleur qu'on désire, proportions sur lesquelles il est inutile de nous appesantir ici, notre but ayant été uniquement de donner suffisamment de corps ou d'opacité aux composés vitreux pour les rendre aptes à servir soit à l'huile, soit à l'eau, comme les couleurs ordinaires.

Dans les proportions indiquées pour la formation de la base vitreuse, on peut, si on le désire, apporter des modifications étendues, par exemple, substituer la potasse à la soude, comme le font les verriers; nous n'avons donné, en conséquence, que la recette qui nous a paru la plus économique, en substituant le sulfate de soude, qui est à très-bon marché, aux carbonates de soude ou de potasse.

Pour amener les couleurs vitrifiées au degré convenable de finesse, on les réduit d'abord en poudre sous la meule verticale, puis on les soumet au broyage avec de l'huile ou de l'eau, dans un moulin à couleur. Ce broyage doit être effectué avec le plus grand soin, et c'est pour parvenir plus efficacement à ce but que nous proposons l'appareil ou moulin dont nous allons donner la description.

V. On sait que le moulin ordinaire à broyer les couleurs se compose d'une paire de meules, dont celle inférieure ou meule gisante est fixe, tandis que celle supérieure ou tournante n'a qu'un simple mouvement de rotation sur son axe. La couleur est fournie par une trémie qui la verse dans l'œil de la meule tournante, et après avoir passé entre les deux meules, cette couleur est reçue dans une gouttière formée sur le pourtour de la meule gisante. Chacune des portions de cette meule supérieure, qui ne tourne que sur son axe, parcourt donc sur celle inférieure un espace proportionnel à sa distance au centre, et par conséquent à chaque révolution les points les plus voisins de ce centre parcourant un espace moindre que ceux près de la circonférence, les meules doivent donc s'user inégalement, et leur action l'une sur l'autre devenir très-imparfaite, puisque les portions centrales, qui n'éprouvent que peu d'usure, s'opposent à ce que les meules soient dans un contact suffisamment intime à leurs bords extérieurs, qui s'atténuent d'autant plus qu'il y a excès de frottement dans ces points. Il y a plus, c'est que le mouvement de rotation simple d'une meule sur l'autre use la meule gisante suivant une série de sillons ou de crêtes par le passage continuel des parties les unes sur les autres, suivant les mêmes lignes. Or, les sillons ainsi produits s'opposent au contact intime et à l'action des meules sur les particules de matière qu'on leur présente, de façon qu'il y a rapide usure des meules en même temps que broyage extrêmement imparfait. C'est pour remédier à ces défauts, que nous avons construit le moulin que voici.

Fig 53. Vue en élévation de face des principales pièces dont se compose l'appareil. Une des deux paires de meules est vue de coupe sur la ligne A, B, fig. 54.

Fig. 54. Plan de ce moulin à couleur.

a, a, bâtis solide en bois, qui, avec son chapeau a^1, a d'une seule pièce, forme une sorte de table sur laquelle deux anneaux en fer b, b sont assujettis par des boulons traversant des rebords extérieurs c, c. Ces anneaux constituent une sorte d'auge circulaire d pour recevoir la couleur broyée, et sont munis en avant de goulettes e, e pour l'écoulement de celle-ci. f, f sont des talons à l'intérieur des anneaux pour porter les meules gisantes g, g qui sont adaptées dessus et assujetties avec du plâtre. A chacune des extrémités du bâtis a, a, il existe un arbre à manivelle h, h roulant dans une crapaudine i à la partie inférieure, et dans des colliers j, j dans leur portion supérieure. Chacun de ces arbres h est coudé en forme de manivelle k, et ces manivelles sont reliées entre elles par une bielle l pourvue de têtes et de clavettes comme à l'ordinaire. Les extrémités supérieures des arbres verticaux h, k portent aussi des manivelles simples m, m dont les manettes sont verticales et viennent se loger dans des cavités coniques ou des douilles n^2, n^2 pratiquées dans les extrémités du châssis mobile n, n, formé de barres de fer et portant deux ouvertures circulaires n', n', et qui sert en même temps de bielle de transmission pour rendre identique le mouvement des deux bielles, c'est-à-dire que lorsqu'on communique le mouvement d'un moteur quelconque au tambour o, l'arbre de ce tambour transmet le mouvement à l'autre arbre h par l'entremise des manivelles k, k de la bielle l et du châssis n, n, manivelles qui sont placées sur leurs arbres respectifs à angle droit avec celles m, m, et facilitent ainsi les passages par les points morts ; circonstance à laquelle concourt encore le volant q qui régularise le tout.

Les meules supérieures r, r sont pourvues de trémies s, s, et leur face inférieure est légèrement chanfreinée au centre pour faciliter l'introduction de la couleur entre elles pendant leur mouvement sur les meules gisantes. Ces meules r sont introduites dans les ouvertures n', n' du châssis n, où elles sont libres, et pèsent de tout leur poids sur celles g. Lorsqu'on verse les matières dans un état à demi-fluide dans les trémies, et que le moulin est mis en action, ces meules r sont entraînées par le châssis n, qui les embrasse sur la surface de celles g, où elles n'ont pas seulement un mouvement sur leur axe propre, mais tournent encore dans un cercle d'un diamètre égal au bras des manivelles m. Il en résulte que tous les points de leur surface entière parcourent des espaces égaux, et que par un changement continuel dans les positions relatives, et un mouvement excentrique, l'usure est la même dans toutes leurs parties. D'ailleurs, pour qu'il y ait constamment changement entre les faces en contact, on donne aux meules un jeu de 1 centimètre au plus dans

Couleurs et Vernis.   Tome 2.   33

les ouvertures *n'*, *n'*. Ce mouvement est le même que celui des meules dans certaines machines à polir les glaces. Les meules à broyer les couleurs acquièrent ainsi par l'usage un dressage parfait, et ce dressage, en même temps qu'il leur permet d'agir sur une plus grande proportion de couleur, s'oppose à ce que cette couleur puisse s'échapper par les bords sans avoir été convenablement broyée ; car il est évident que la finesse à laquelle on peut amener les particules qu'on travaille dépend du contact plus ou moins étendu et intime des surfaces frottantes et de leur dressage, qui s'oppose à ce que les particules les moins fines puissent passer sans avoir été convenablement broyées.

SECTION IV.

DESCRIPTION D'UN MOULIN ANGLAIS PROPRE A BROYER LES COULEURS.

Les figures 55, 56 et 57 de la planche 3 montrent cette machine sous trois aspects différents.

La figure 55 montre une élévation du moulin vu du côté de la manivelle.

La figure 56 montre une seconde élévation prise du côté de la ligne *c, d,* du plan (fig. 57).

La figure 57 indique le plan de la machine, ou, pour parler plus exactement, elle en montre la vue à vol d'oiseau.

Les mêmes lettres désignent les mêmes objets dans les trois figures.

Le bâti A du moulin est en bois solidement assemblé ; ce bâtis est consolidé par deux barres de fer BB.

La meule gisante CC est en fonte de fer ; elle porte à sa surface supérieure des rayures semblables à celles des meules de moulin en pierre. Elle est fixée sur les deux barres de fer BB.

La meule C est environnée d'un large cercle de fer D, afin de retenir la couleur et de l'empêcher de se répandre au dehors. La couleur ne peut sortir que par le trou E (fig 56) pratiqué exprès dans ce cercle. Lorsque la couleur est suffisamment broyée, on la fait sortir par ce trou E ; elle est reçue dans le vase X qui est placé au-dessous.

La meule tournante F est aussi en fonte de fer. Les lignes ponctuées en désignent la forme : on voit qu'au centre on a ménagé une ouverture à rebords GG ; on a pratiqué de même un rebord à sa circonférence extérieure, et on les a tenus assez hauts pour que la couleur qui s'amasse, tant à l'extérieur qu'à l'intérieur, ne puisse pas s'élever au-dessus de ces rebords.

Un axe vertical en fer H soutient la meule tournante F, et la fait mouvoir avec lui.

Une roue d'angle K, qui est en fer et horizontale, porte vingt-sept dents en bois : elle est fixée sur le bout supérieur de l'arbre vertical H.

Une semblable roue d'angle L, ayant aussi vingt-sept dents, est placée verticalement sur l'axe horizontal en fer MM. Elle engrène dans la roue K.

Cet arbre horizontal M porte à l'une de ses extrémités une manivelle N, sur laquelle s'exerce l'ouvrier pour faire tourner la meule F. Sur l'autre extrémité du même axe est fixé le volant O, qui sert à régler le mouvement du moulin. Sur un des rayons du volant est pareillement fixée une manivelle P P, qui sert au besoin à faire tourner la meule. Cette seconde manivelle est disposée de manière qu'on peut augmenter ou diminuer son rayon en la fixant au point convenable par l'écrou J.

On jette la couleur à broyer dans la trémie R. Au-dessous de cette trémie est suspendu l'auget S, qui verse uniformément la couleur par l'ouverture de la meule G. Une corde ou chaîne T, au moyen de laquelle l'auget S est suspendu à une hauteur convenable pour verser une quantité nécessaire de couleur entre les meules, tire obliquement l'auget et fait appuyer son bec contre l'arbre carré et vertical H. C'est par ce moyen que l'auget est continuellement agité, afin qu'il lâche plus ou moins de couleur, selon qu'il est plus ou moins incliné. On règle l'inclinaison nécessaire par le moyen du cylindre V (fig. 56), sur lequel s'enveloppe la chaîne T. On tourne ce cylindre à la main par le double manche qui traverse la tête.

Une boîte en cuivre X reçoit la couleur au fur et à mesure qu'elle est broyée On voit en Z Z les deux anses qui servent à la transporter lorsqu'elle est pleine. Un robinet Y sert à soutirer la couleur, même sans déplacer la boîte, lorsqu'on en a besoin.

SECTION V.

APPAREILS SERVANT A LA FABRICATION DES VERNIS.

Vernis à l'alcool.

Pl. 3, fig. 58. Appareil distillatoire ordinaire, monté sur son fourneau et muni d'un serpentin. Il ne diffère que par la tige de fer qui pénètre jusqu'au fond du bain-marie, qui porte une croix à sa partie inférieure et une manivelle à la partie supérieure.

Fig. 59. Chapiteau de l'alambic coupé en deux pour laisser voir la pièce en fer qui le traverse, et qui porte un trou à son milieu, correspondant perpendiculairement avec la douille du chapiteau; elle sert à tenir la tige de fer dans une position verticale.

Fig. 60. Bain-marie, coupé en deux pour laisser voir la tige, qui porte une croix et qui pénètre jusqu'à son fond.

Fig. 61. Tige de fer munie de sa manivelle; elle porte un carré à sa partie inférieure, sur lequel s'ajuste la croix en fer, et est terminée par un pas de vis muni de son écrou, qui sert à consolider les deux pièces ensemble.

Fig. 62. Croix en fer séparée de la tige; elle porte en son milieu un trou carré dans lequel s'ajuste le carré de la tige.

Appareil pour la fabrication des vernis gras.

Fig. 63. Ballon en cuivre portant une espèce de gouttière en même métal autour de sa panse, servant à retenir le copal en fusion, quand il arrive que le boursoufflement qui a lieu dans le vase le force à se répandre au dehors. Il est muni d'anses pour les transporter commodément.

Fig. 64. Le même ballon, avec le tube de cuivre ou de fer, garni de toile métallique, indiqué par M. Mérimée.

Fig. 65. Tube de M. Mérimée, garni en toile métallique, séparé du ballon et vu de profil. Il porte à sa partie inférieure une gorge qui s'ajuste sur le collet du ballon.

Fig. 66. Le même tube de M. Mérimée, vu en dessus.

Appareil de TINGRY, *pour la fusion du copal.*

Fig. 67. Appareil monté et coupé en deux pour montrer la position du tube de fer qui traverse le diaphragme, et dans lequel s'opère la fusion du copal.

Toute la partie vide entre le tube et la paroi interne du fourneau, sert à contenir le charbon. L'air nécessaire à la combustion arrive par les trous pratiqués au pourtour.

Fig. 68. Sac en toile métallique, dans lequel on place le copal; il entre dans le tube de fer et s'appuie sur son bord supérieur.

Fig. 69. Tampon en terre cuite, que l'on place sur le haut du tube; il sert à empêcher la communication du feu avec le copal; on le lute avec de la terre à four.

Fig. 70. Capsule que l'on place dessous la partie inférieure du tube; elle sert à recevoir le copal en fusion à mesure qu'il s'écoule.

Fig. 71. Appareil tout monté et vu extérieurement.

SECTION VI.

MOULIN HERMANN.

M. Hermann, constructeur habile et bien connu pour la construction des appareils de broyage, a inventé une nouvelle disposition de machine à broyer les couleurs à l'huile et à l'eau.

Cette disposition se distingue par sa simplicité, et par la position de la meule excentrique en granit, placée verticalement dans une auge de même matière ou autre pierre dure, de sorte que le mouvement de rotation imprimé à cette meule produit, sur la matière que contient l'auge, un broyage circulaire excentrique qui déplace constamment les points de contact des parties frottantes, et, par ce fait, permet de pulvériser, triturer et porphyriser les couleurs ou autres produits, avec une perfection toute particulière.

SECTION VII.

APPAREIL A PRÉPARER LES VERNIS.

M. N.-C. Szerelmey a proposé tout récemment un nouvel appareil pour purifier les huiles et les vernis, dont on se formera une idée par la description suivante.

L'huile ou le vernis est placé dans un vase dont le fond est percé de trous très-fins. Un morceau de flanelle est étendu sur ce fond et l'huile filtre à travers cette flanelle et le fond perforé. La finesse de la flanelle et la petitesse des trous sont réglés de façon que l'huile s'écoule goutte à goutte. Le vase s'adapte dans un autre en métal plus profond et à doubles parois, et la distance entre les fonds est d'environ 16 centimètres. De l'eau chaude ou de la vapeur circule entre les doubles parois du second dont le fond est aussi percé de trous et recouvert d'une flanelle. Sur cette flanelle est déposée une couche de quarz réduit en poudre grossière sur une épaisseur de 2 à 3 centimètres et au-dessus de ce quarz une couche de 5 centimètres de coke ou de pierre ponce en morceaux de la grosseur d'une aveline qu'on a préalablement plongés dans une solution de silicate de potasse et fait sécher. L'huile ou le vernis coulent à travers le coke, le quarz, la flanelle et le fond percé et tombent sur le fond d'un autre vase sur lequel s'adapte le précédent, qui est aussi à doubles parois pour contenir de l'eau chaude ou de la vapeur et dont le fond double est garni de bouts de tubes de 6 millimètres de longueur dans chacun desquels est une mèche de coton. L'huile ou le vernis qui filtre à travers ce coton tombe dans un autre vase semblable en tout au précédent, et enfin est reçu dans un dernier vase ou compartiment, à l'état parfaitement purifié, et où on peut l'extraire par un robinet. Dans cette cascade de cinq compartiments, tout doit être disposé pour que la filtration marche d'un même pas dans tous les vases et on doit faire attention que pour le vernis qui est moins fluide, les mèches de coton doivent être moins épaisses.

FIN DU TOME SECOND.

TABLE DES MATIÈRES

CONTENUES

DANS LE TOME SECOND.

———

		Pages.
Section VI. Couleurs vertes.		1
§ 1. Terre de Vérone.		1
§ 2. Malachite.		2
§ 3. Vert d'iris.		2
§ 4. — de vessie.		3
§ 5. — d'acide picrique.		5
§ 6. — de Brême.		6
§ 7. — de Brunswick.		10
§ 8. — de Scheele.		10
§ 9. — de Schweinfurt.		12
§ 10. — Mittis.		14
§ 11. Cendres vertes.		14
§ 12. Vert sans arsenic.		15
§ 13. — d'Erlaa.		15
§ 14. — minéral.		16
§ 15. — Paul Véronèse.		16
§ 16. — anglais.		16
§ 17. — de Neuwied.		16
§ 18. — Milory.		17
§ 19. — de stannate de cuivre.		18
§ 20. — de Elsner.		18
§ 21. Cinabre vert.		19
§ 22. Laques vertes.		19
§ 23. Vert minéral.		21
§ 24. — de Rinmann.		21
§ 25. — de chrome.		25
§ 26. — émeraude.		27
§ 27. — de titane.		32
§ 28. Ocre verte.		34
§ 29. Outremer vert.		34
§ 30. Vert de gris.		34

§ 31. Verdet. 35
§ 32. Sulfate de zinc. 36

Chap. III. Dessiccation et adhérence des couleurs. 39

Section 1. Siccatif applicable au blanc de zinc. . 39
Section 2. Huiles siccatives. 40
Section 3. Siccatif en poudre de Guynemer. . . 40
Section 4. Siccatifs divers, zumatique. . . . 41
    1o Benzoates de cobalt et de manganèse.. . . 44
    2o Borate de cobalt. 45
    3o Emploi des résines. 45
    4o Borate de manganèse. 45
Section 5. Propriétés des peintures à l'huile. . 48

Chap. IV. Bronzage. 53

Section 1. Vrai bronze. 54
Section 2. Bronzes sur métaux.. 54
Section 3.   —   des fondeurs. 58
Section 4. Manière d'appliquer le bronze. . . 58
Section 5.   —   de donner la teinte au bronze. . 59
Section 6. Bronzage des canons de fusil. . . . 60
Section 7.   —   des ouvrages en cuivre et zinc. . 60
Section 8.   —   pour plâtre. 66
Section 9. Bronze vert. 61

DEUXIÈME PARTIE.

FABRICATION DES VERNIS.

Connaissance des matières premières propres à la
    fabrication des vernis. 63

Chap. I.. 63

Section 1. Résines, poix, etc., en usage dans la fa-
    brication des vernis. 63
    1. Animé. 63
    2. Asphalte. 64
    3. Benjoin. 64
    4. Ambre jaune, karabé, succin. 65
    5. Colophane ou arcanson.. 67
    6. Copal. 68
    7. Dammar. 69
    8. Sang-dragon. 70
    9. Élémi. 71

10. Caoutchouc. 72
11. Gutta percha. 73
12. Gommes. 74
13. Gomme-gutte. 75
14. Aloès. 76
15. Gomme laque. 77
16. Mastic. 79
17. Sandaraque. 80
18. Oliban, encens. 80
19. Térébenthine. 81
20. Copahu. 83
21. Liquidambar. 88
22. Vernis chinois. 84
23. Goudron. 85

Section 2. Dissolvants. 86

   A. Esprits, alcools, éthers. 86

      1° Alcool ou esprit de vin. 86
      2° Ether. 89
      3° Esprit de bois. 90
      4° Acétone. 91
      5° Chloroforme. 91

   B. Huiles grasses et fixes. 92

      1° Huile de lin. 92
      2° — d'œillette. 94
      3° — de noix. 95

   C. Huiles essentielles, essences. 96

      1° Essence de térébenthine. 96
      2° Pinoline, essence d'Amérique. . . . 97
      3° Essence de lavande. 98
      4° Huile d'aspic. 98
      5° Essence de romarin. 98
      6° Camphre. 98

   1. Naphte de houille. 100
   2. Benzole, benzine. 100
   3. Créosote. 101

Section 3. Matières colorantes qui entrent dans
   les vernis. 101

   1. Rocou, arnotto. 101
   2. Orseille, persio, cudbear. 102
   3. Curcuma. 104
   4. Safran. 105
   5. Noir de fumée. 107

Section 4. Produits chimiques employés dans la
    fabrication des vernis. 108

  1. Litharge. 108
  2. Peroxyde de plomb, minium. 109
  3. Sucre de saturne, acétate neutre de plomb. 109
  4. Acétate basique de plomb. 110
  5. Céruse. 110
  6. Sulfure de plomb. 111
  7. Alun. 112
  8. Sulfate de zinc. 113
  9. Blanc de zinc. 114
 10. Terre d'ombre. 115
 11. Sulfate de chaux. 116
 12. Acide chlorhydrique. 116
 13. — azotique. 117
 14. Cinabre. 118
 15. Peroxyde de manganèse. 118
 16. Protoxyde de manganèse. 119
 17. Borate de manganèse. 120

Section 5. Produits naturels divers employés dans
    la fabrication des vernis. 120

  1. Os de sèche. 120
  2. Pierre ponce. 120

Section 6. Préparation des matières premières. . 122

  1. Epuration des matières sèches. 122
  2. Pulvérisation. 123
  3. Fonte et mise en fusion. 124
  4. Digestion. 126
  5. Clarification. 128

Section 7. Instruments et ustensiles employés dans
    la fabrication des vernis. 129

  1. Thermomètre, thermoscope. 129
  2. Alcoomètres. 131
  3. Aréomètres. 133
  4. Appareil distillatoire. 140
  5. Fourneau. 141
  6. Autres ustensiles. 141

CHAP. II. Préparation des vernis. 143

Section 1. Vernis d'huile de lin, huiles siccatives
    ou oxydées. 145

A. Instruction sur la préparation des vernis
       à l'huile de lin ou des huiles siccatives. .   144
B. Vernis à l'huile de lin pour impressions. .   148

Section 2. Vernis gras à l'huile et aux résines. . .   171

A. Vernis au copal.   173
   a. Vernis gras au copal.   173
   b. Vernis composés au copal.   181
B. Vernis au succin.   189
   a. Vernis simples au succin.   189
   b. Vernis gras composés au succin. . . .   197
C. Vernis gras à l'or, mordants à l'or. . . .   203
D. Vernis au caoutchouc.   208
E. Vernis gras au bitume, Japon.   212
   a. Vernis au bitume de Judée.   212
   b. Vernis au bitume artificiel.   216
F. Vernis au goudron.   219

Section 3. Vernis à l'essence de térébenthine. .   222

I. Vernis à l'essence pure.   222
   —   au copal.   225
   —   au mastic.   232
   —   à la sandaraque.   235
   —   à la dammar.   239
   —   au bitume et à l'essence.   240
   —   d'or à l'essence.   242
   —   divers aux essences.   246
II. Vernis mixtes à l'essence.   247
   —   mixtes au succin.   250
   —   mixtes au mastic.   255
   —   divers aux résines, gommes et es-
          sences.   257
   —   mixtes à l'or et l'essence.   259

Section 4. Vernis à l'éther.   264

I. Vernis à l'éther pur.   264
II.   —   mixtes à l'éther.   265
III.   —   à la benzine, chloroforme, sulfure de
          carbone, huiles essentielles. . . .   269

Section 5. Vernis à l'alcool.   276

I. Vernis à la sandaraque.   279
II.   —   au mastic.   299
III.   —   à la gomme-laque.   304

A. Vernis d'ébénistes, frottis. 304
B. — à la gomme-laque. 306
    — d'or. 321
    — colorés. 331
IV. Vernis au copal. 334
    — mixtes au copal. 341
    — au succin. 342
Polissages au copal. 345

Section 6. Vernis divers. 349

APPENDICE.

Description de quelques appareils à broyer les cou-
    leurs et fabriquer les vernis. 366
Section 1. Moulin à broyer les couleurs.. . . 366
Section 2. Moulin pour l'indigo sec. 370
Section 3. Extraction des huiles. 371
Section 4. Moulin anglais à broyer les couleurs. 387
Section 5. Appareil servant à la fabrication des
    vernis. 388
Section 6. Moulin Hermann. 389
Section 7. Appareil à préparer les vernis. . 389

FIN DE LA TABLE DES MATIÈRES.

BAR-SUR-SEINE. — IMP. SAILLARD.

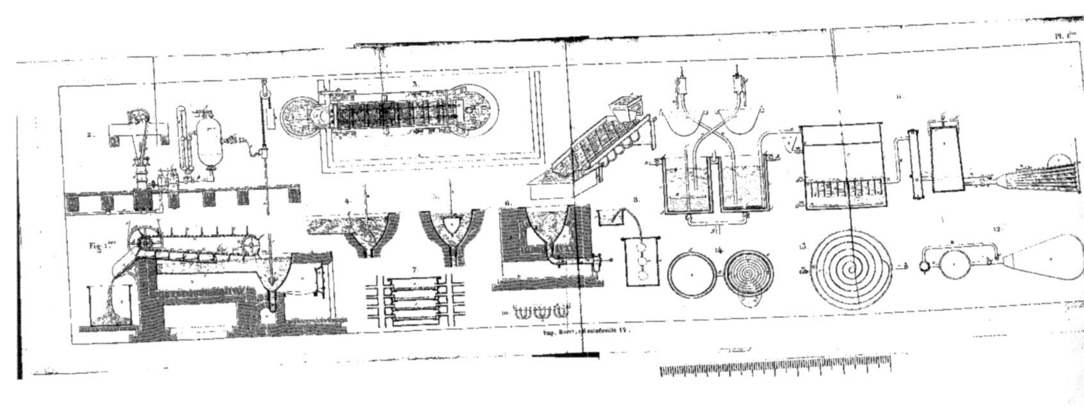

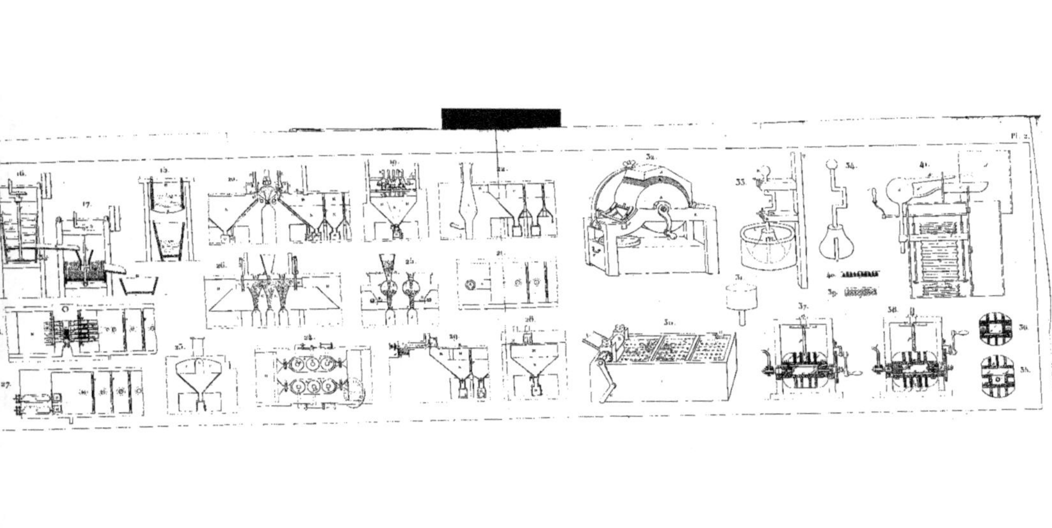

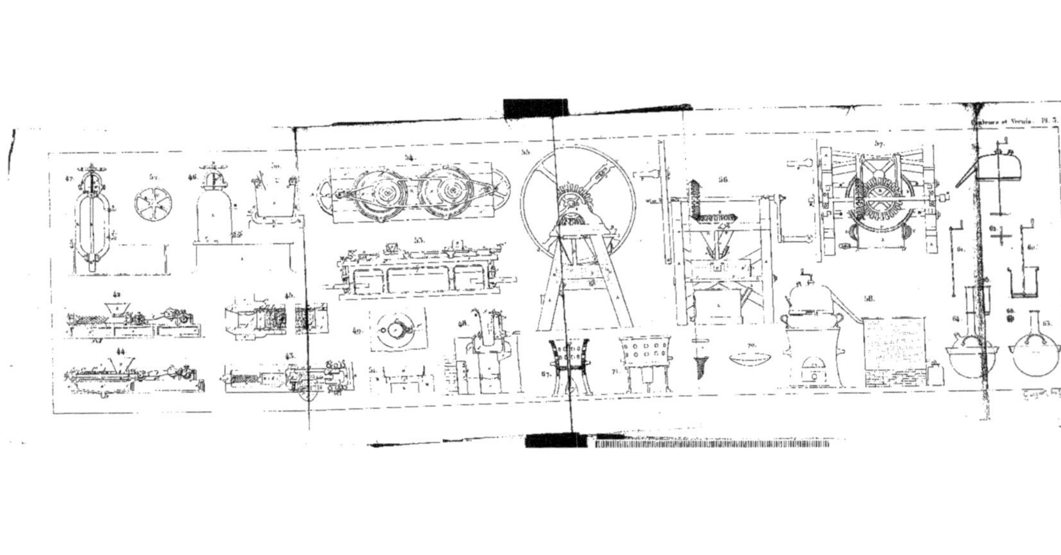

Couleurs et Vernis. Pl. 7.

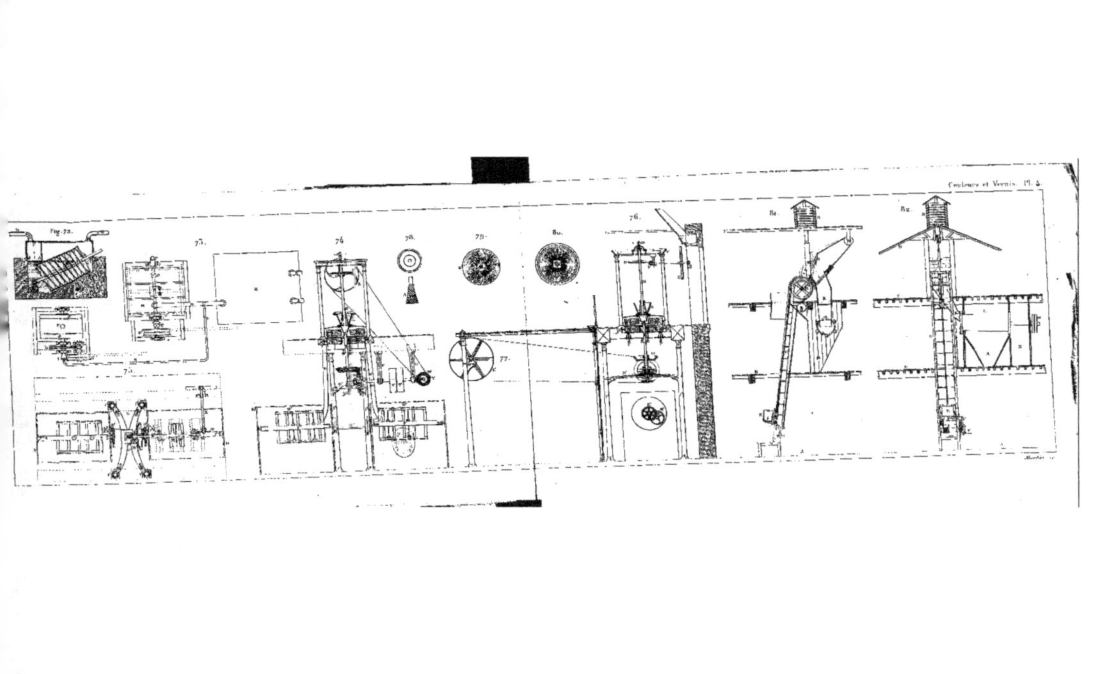

Couleurs et Vernis. Pl. 4.
Fig. 73.

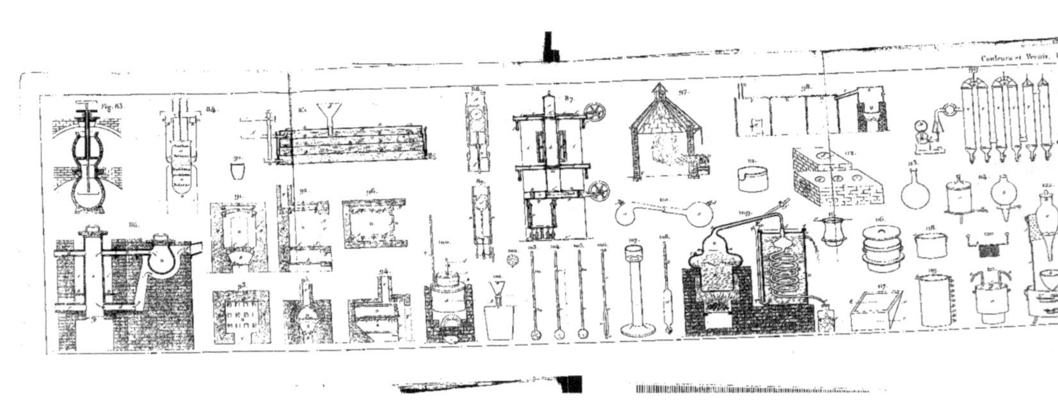